Kritische Studie zur Evolutionstheorie

DIES ACADEMICUS

SCHRIFTENREIHE DES INSTITUTS FÜR PHILOSOPHIE DER HOCHSCHULE HEILIGENKREUZ

Herausgegeben von Marian Christof Gruber und Wolfgang Wehrmann

BAND 3

PETER LANG
EDITION

André Derndarsky / Marian Christof Gruber /
Wolfgang Kammerer / Wolfgang Wehrmann /
Alois Wimmer

Kritische Studie
zur Evolutionstheorie

Paradigmenkritik der Evolutionstheorie
aus neuerer interdisziplinärer Sicht

PETER LANG
EDITION

Bibliografische Information der Deutschen Nationalbibliothek
Die Deutsche Nationalbibliothek verzeichnet diese Publikation
in der Deutschen Nationalbibliografie; detaillierte bibliografische
Daten sind im Internet über http://dnb.d-nb.de abrufbar.

ISSN 1868-257X
ISBN 978-3-631-65022-6 (Print)
E-ISBN 978-3-653-03973-3 (E-Book)
DOI 10.3726/978-3-653-03973-3

© Peter Lang GmbH
Internationaler Verlag der Wissenschaften
Frankfurt am Main 2014
Alle Rechte vorbehalten.
Peter Lang Edition ist ein Imprint der Peter Lang GmbH.

Peter Lang – Frankfurt am Main · Bern · Bruxelles ·
New York · Oxford · Warszawa · Wien

Diese Publikation wurde begutachtet.

www.peterlang.com

Dank und Widmung

Wir möchten Herrn Univ.-Prof. P. Dr. Otto Muck SJ für seine freundliche Durchsicht des Manuskriptes sehr herzlich danken.

Ebenfalls möchten wir Herrn Univ.-Prof. Gernot Falkner für seinen Gedankenaustausch über lebende Systeme und die Anpassungsfähigkeit von Zellen an sich ändernde Umweltbedingungen danken.

Eine herzliche Widmung geht an meine liebe Frau Elisabeth Wehrmann, ohne deren Liebe, Unterstützung und Ermutigung ich die Mühe kaum auf mich genommen hätte, mich mit meinen philosophisch-mathematisch-technisch-wissenschaftlich kritischen Beiträgen in die Höhle eines ganzen Rudels von biologischen Mainstream-Löwen zu begeben.

Wolfgang Wehrmann, im April 2014.

Besonderen Dank möchte die Autorenschaft Herrn MMag. Wolfgang Kammerer für seine Arbeiten im Rahmen der Manuskripterstellung aussprechen.

Inhaltsverzeichnis

Die fünf Hauptkritikbereiche der Evolutionstheorie

Wolfgang Wehrmann / Wolfgang Kammerer

1. Erkenntnistheorie und Logik

Wenn man als Philosoph und technischer Wissenschaftler die Veröffentlichungen der Evolutionsbiologen im Zusammenhang mit den Evaluierungen von Ergebnissen der Evolutionsforschung liest, fallen bei deren Interpretationen und den daraus abgeleiteten Theoriebildungen deutlich große Ungenauigkeiten bezüglich erkenntnistheoretischer Begriffe, Ebenen, Gegenständen und Dignitäten der Erkenntnis sowie syllogistischer Methoden auf. Diese führen zu logischen Deformationen, die zu Fehlern im Erkenntnisprozess und dessen Interpretationen führen, wodurch diese oft zu persönlichen Meinungen devaluiert werden. Hauptsächlich betreffen diese Mängel narrativ genannt die Äqui- und Univokation, die logischen Grundsätze der Identität, des Widerspruchs, des ausgeschlossenen Dritten und des hinreichenden Grundes sowie die logischen Deformationen der Totalisierung, der Identisierung und der Singularisierung nach LEO GABRIEL.[1]

Die Einhaltung der Gesetze der Logik ist ein ungeschriebenes Gesetz in allen Wissenschaften, somit auch in den Naturwissenschaften und im Bereich der Evolutionstheorie. Ohne genaueste Einhaltung dieser Gesetzmäßigkeiten würde kein Computer funktionieren. Somit ist es redlich, die Gültigkeit der Logik auch im Bereich der Erkenntnisfindung in der Biologie einzufordern. Alles Andere wäre Ideologie, aber nicht Wissenschaft.

Da aber die erkenntnistheoretische und mathematische Seite der Evolutionstheorie deren größte interdisziplinäre Schwachstellen darstellen, kommt von dieser Seite die stärkste Kritik. Es wird an dieser Stelle aber ausdrücklich betont, dass die naturwissenschaftlichen (biochemischen, biologischen) Ergebnisse der Evolutionsforschung nicht Gegenstand der Kritik sind sondern als gültig vorausgesetzt werden.

1.1 Was ist Evolution?

Die genannte babylonische Sprachen- und Begriffsverwirrung beginnt bereits beim Begriff Evolution. Was ist Evolution? Die Fachlexika liefern seitenlange, sachlich unterschiedliche Beschreibungen. Eine konsensuale univoke Definition fehlt. Es besteht nach wie vor ein paradigmatisch bedingtes teilweise kontradiktorisches Spannungsfeld zwischen der alten mechanistischen Mainstream-Biologie und der neueren prozessphilosophischen System/Umwelt-Biologie.

---

1   J.K. MADER, Der Philosoph 1, Verlag Carl Ueberreuter, Wien-Heidelberg 1966, 170.

Nicht einmal über den Artbegriff ist man sich durchgehend einig. Dieser Umstand des Paradigmenstreites und der Mangel der Äquivokation sind schwere wissenschaftliche Hindernisse und müssten endlich behoben werden. Das erfordert aber einen erkenntnistheoretischen Paradigmenwechsel.

Das Wort Evolution bedeutet an sich aus dem Lateinischen übersetzt „Herausrollung" und wird mit dem Begriff Entwicklung sinngemäß repräsentiert. Über diese begriffliche Repräsentation herrscht auch noch Konsens, ebenso darüber, dass Evolution an sich eine biologische Tatsache ist. Nur, in welcher Form gibt es Evolution, was bedeutet Entwicklung konkret? Da scheiden sich die Geister der Fachbiologen, aber auch der Fachphilosophen. Konsistent reflektiert CHRISTOF GRUBER dieses Problem auf dessen Fokus, dass für einen wissenschaftlich redlichen Evolutionsforscher der evolutive Zusammenhang zwischen früheren und späteren Naturformen nie ein streng kausaler, sondern ein empirisch festgestellter und damit kontingenter Sachverhalt bleibt:[2]

> „ ‚es gibt Evolution', wobei Evolution im oben bestimmten Sinne des Konditional-
> zusammenhanges zwischen früheren und späteren Arten zu verstehen ist".

Das Ganze ist nicht so einfach mit der Aussage „die Evolution ist eine Tatsache" abzutun. Diese Behauptung ist an sich erkenntnistheoretisch unkorrekt. Der gegenständliche fachlich kritische Diskurs beginnt bei dieser Behauptung der Naturalisten, dass Evolution eine Tatsache ist und der Frage nach einer Definition des Begriffes Evolution.

Die Main-Stream-Biologen verstehen unter Evolution die durchgängige Phylogenese des Lebens. Diese ist im Sinne objektiver Naturwissenschaft nicht beweisbar und wird sogar durch die Polymerchemie widerlegt[3]. Diese wissenschaftliche Beweislage ist den Main-Stream-Biologen zwar bekannt und verständlich, wird aber gegen besseres Wissen ignoriert. Jeder, der Evolution als Tatsache in Frage stellt, wird von den Evolutionisten als nicht ernst zu nehmen eingestuft.

THOMAS NAGEL, atheistischer Philosophieprofessor in New York, meint, dass die

> „derzeitig verfügbare Beweislage bei Weitem nicht" ausreicht, um als Tatsache zu
> behaupten, „dass die evolutionären Standardmechanismen die Evolution des Lebens
> insgesamt erklären".[4]

---

2   CHRISTOF GRUBER, Der Zauberlehrling der Evolution, Kapitel 10, 153.

3   Vgl. die Ausführungen in Kapitel 4.9.3 sowie BRUNO VOLLMERT, Das Molekül und das Leben, Rowohlt, Reinbek bei Hamburg, 1985, 65ff., 84-89, 128ff.

4   JOHN LENNOX, Hat die Wissenschaft Gott begraben, SCM R. Brockhaus 2009, Wuppertal, ISBN 978-3-417-26261-2, 17.

Die Natur- und Geisteswissenschaftler, die die wissenschaftliche Beweislage der Mainstream-Biologie im Zusammenhang mit Evolution nicht voll akzeptieren sind evolutionskritisch und suchen nach besseren Evolutionsmodellen. Wenn das aber trotzdem als Tatsache behauptet wird, so entspricht das einer Vermutung. Auch wohl begründete Vermutungen dürfen nicht Tatsachen gleich gesetzt werden, sonst macht man sich der logischen Deformation der Identisierung schuldig. Ähnlich äußern sich auch andere bekannte Philosophen wie z.B. DIETER MUTSCHLER oder GEERT KEIL. KARL POPPER, ein bekannter Erkenntnistheoretiker meint, dass eine wissenschaftliche Theorie zu einem etablierten Dogma werden kann,

„so wie es sicherlich auf die Evolutionstheorie zutrifft"[5].

Intellektuell redlich bedacht und wissenschaftlich objektiv gesehen herrscht bezüglich der Frage „was ist Evolution?" eine gewisse erkenntnistheoretische Aporie.

Bezüglich der verschiedenen Ebenen, Gegenstände und Dignitäten der Erkenntnis vermisst man in den Publikationen der Evolutionsbiologen wichtiges erkenntnistheoretisches Wissen. Bei den Ebenen muss man mindestens drei unterscheiden, die primäre erkenntnistheoretische, die sekundäre fachwissenschaftliche und die tertiäre Daten- und Faktenebene. Bei den Gegenständen sind zumindest die Begriffe Richtigkeit, Wirklichkeit und Wahrheit hinsichtlich Inhalt und Gültigkeit auseinander zu halten. Bei der Dignität könnte man zwischen den Wertungen ideal, optimal und normal wählen.

In diesem kritischen Zusammenhang hat die Trennung von Naturwissenschaft und Philosophie beiden Wissenschaften nicht gut getan. Das Gleiche gilt für Begriffe, Definitionen, Hypothesen, Axiome, axiomatische Systeme und Dogmen. Da die genannten Begriffe überdeckende Begriffselemente enthalten, kommt es häufig zu ungenauen Abgrenzungen und Synektiken, die zu unzulässigen Begriffsverfremdungen führen. Die Hierarchie der Gültigkeiten bezüglich der Wertungen richtig, wirklich und wahr wird viel zu wenig beachtet und teilweise unkorrekt zugeordnet. Was auf der primären Erkenntnisebene richtig bzw. falsch ist, kann nicht auf der sekundären Ebene inverserweise falsch bzw. richtig sein. Dadurch ergeben sich Fehlerquellen, logische Deformationen, Antinomien und daraus Desinformationen, Desorientierungen und Aporien. Das ist umso kritischer und bedauerlicher, da, wie gezeigt wird, Antinomien aus GÖDELschen unentscheidbaren Aussagen legitim ableitbar sind, weil solche Aussagen weder beweis- noch widerlegbar sind.

Es kommt zur Vermischung von Univokation und Äquivokation. Weder beim Evolutions- noch beim Artbegriff herrscht unter den Evolutionsbiologen

---

5   JOHN LENNOX, Hat die Wissenschaft Gott begraben, Wuppertal, 2009, 137.

Univokation, sondern nur Äquivokation. Definitionen und Ergebnisse müssen univok, Interpretationen können äquivok sein. Hier verifiziert sich der WEHR-MANNsche Satz „Wahrheit und Irrtum können zwei richtige Lösungen des selben Problems sein."

1.2 Der Paradigmenstreit in der Biologie

Der Widerspruch bei der Interpretation des Lebendigen zwischen Naturwissenschaft und Philosophie bzw. Theologie beruht letztlich auf einem Paradigmenstreit, ist wissenschaftlich unnötig und kann durch eine Paradigmenkorrektur überwunden werden.

Der Philosoph und Theologe CHRISTOF GRUBER zitiert den Darwinisten und Nobelpreisträger KONRAD LORENZ, der in einer seiner Vorlesungen gesagt haben soll: [6]

„Reinen Unsinn zu glauben ist ein Privileg des Menschen",

weil er die Kontrollen abschaffen kann, um umkehrbar aus Geist Materie zu machen, wie es passt. Seit der Aufklärung erfolgt axiomatisch eine monomodale Zuweisung der Materie als einzig gültige Form der Wirklichkeit in den Naturwissenschaften. In den Gesetzeskodices der Wissenschaften über die Natur spielt der Geist als dualer Modus der Wirklichkeit keine Rolle. Die Naturwissenschaft beschränkt damit einerseits die Erkenntnisfähigkeit des Menschen auf die Ratio und andererseits die Wirklichkeit als Gegenstand dieser Erkenntnis auf die Materie. Gegenüber den Wissenschaften Philosophie und Theologie bedeutet das eine Verarmung, eine erkenntnistheoretische und ontologische Einschränkung.

Die apriorische Erkenntnis in der Philosophie und das Mysterium in der Theologie erfordern eine erkenntnistheoretische Erweiterung und definieren letztlich fides et ratio[7] als die Erkenntniswerkzeuge des Menschen und mit Materie und Geist die Dualität des Seins. Dieser paradigmatische Streit zwischen den Wissenschaften ist ein prinzipieller und kann nur durch einen Paradigmenwechsel überwunden werden. Aufgrund dieser monomodalen Zuweisung setzt sich die Naturwissenschaft nur mit systemimmanenten Richtigkeiten auseinan-

---

6 Vgl. CHRISTOF GRUBER, Der Zauberlehrling der Evolution, Kap.1, 129.

7 Die Enzyklika Fides et Ratio von JOHANNES PAUL II. widmet sich diesem Thema: So heißt es in der Einleitung: „Glaube und Vernunft (*Fides et ratio*) sind wie die beiden Flügel, mit denen sich der menschliche Geist zur Betrachtung der Wahrheit erhebt." Vgl. http://www.vatican.va/holy_father/john_paul_ii/encyclicals/documents/hf_jp ii_enc_15101998_fides-et-ratio_ge.html.

der und nicht mit wahrheitstheoretischen Finalfragen. Wohl können dies die Naturwissenschaftler tun und machen es auch häufig. Die Ablehnung der Existenz von Intelligiblem, wozu der Geist bevorzugt gehört und damit auch die Existenz einer Hyperintelligenz wenigstens in der Form eines Gottes der Philosophen,[8] ist keine Voraussetzung für eine gute Naturwissenschaft, wohl aber ein Hindernis für einen guten Naturwissenschaftler, weil er ohne seinen Geist nicht auskommt und Informationen verarbeiten muss. Beides ist nichts rein Materielles, wie die moderne Gehirnforschung[9] bzw. die Informationstheorie[10] lehrt. Wasser der Materie zu predigen und Wein des Geistes zu trinken entspricht einer wissenschaftlichen Bewusstseinsspaltung. Die stringente Annahme der Existenz des Intelligiblen als dualen Modus der Wirklichkeit neben dem Modus Materie ist also erkenntnistheoretisch zwingend erforderlich.

Die Naturwissenschaft, wenn auch nicht der Naturwissenschaftler, könnte mit dem eingeschränkten monomodalen Paradigma der Wirklichkeit an sich gut leben, wenn nicht die Biologie zu den Naturwissenschaften gezählt würde. Biologie hat mit Leben zu tun und die genetische und epigenetische Information ist zu einem essentiellen Phänomen in der Biologie geworden. Weil die Information nichts rein Materielles sondern eine komplexe Wirklichkeit ist, durchbricht die Naturwissenschaft mit der Biologie die mentale Beschränkung ihres ontologischen Erkenntnisgegenstandes auf die Materie als monomodale Form der Wirklichkeit. Die Evolutionstheorie in der Biologie wird dadurch zur Schnittstelle und zum Spannungsfeld zwischen Naturwissenschaft, Philosophie und Theologie.

Die Information ist Bürger zweier Welten, repräsentiert eine komplexe Wirklichkeit durch ihre materielle Form und ihren intelligiblen Inhalt. Mathematisch gesprochen ist die Form der Realteil der Information und der intelligible Inhalt ihr Imaginärteil. Darauf wird im Kapitel 3 noch genauer eingegangen. Die Gesamtwirklichkeit der Information als komplexe Wirklichkeit in der biologischen Forschung praktisch zu verwenden, dabei aber nur das Materielle in der Information als Wirklichkeit theoretisch anzuerkennen, daher das Intelligible einfach für materiell zu erklären und den Geist in der Gesamtwirklichkeit speziell in der Biologie abzulehnen, bedeutet eine wissenschaftliche Unredlichkeit und widerspricht den wissenschaftlichen Tugenden, wie sie in Kapitel 2 ausführlich dargestellt sind.

---

8 Vgl. W. WEISCHEDEL, Der Gott der Philosophen, wissenschaftliche Buchgesellschaft Darmstadt 1998, ISBN 3-89678-085-9.

9 Vgl. J.C. ECCLES und K.R. POPPER, Das ich und sein Gehirn, Piper München 1997, ISBN 3-492-21096-1.

10 Vgl. J. SOHNS, Zufall, Selbstorganisation und Emergenz, SCM Verlag, 71088 Holzgerlingen 2011.

Die Main-stream-Biologie und die Evolutionsbiologen als ihre Vertreter wollen aus paradigmatischen Gründen ihre monomodalen Elfenbeintürme in der Naturwissenschaft begreiflicherweise nicht verlassen und kommen dadurch in massive Aporien bei der Erklärung der Entstehung und der Entfaltung des Lebens im Rahmen der Evolutionstheorie, weil Leben mit Information und Information mit Materie und Geist zu tun hat. Diese untragbare wissenschaftliche Situation in der Biologie versuchen die System/Umwelt Theorie von LUH-MANN[11] und andere Theorien intellektuell redlich und wissenschaftlich kompatibel zu bereinigen, die aber nur von einer Minderheit der Biologen derzeit vertreten werden. Die Hauptströmungen der Biologie ignorieren diese Modelle. Das ist zwar menschlich verständlich, aber wissenschaftlich unredlich. Für den modernen wissenschaftlich orientierten Zeitgeist eine unwürdige Situation, die zu bereinigen besonders die Arbeiten von GERNOT FALKNER helfen möchten.[12]

1.3 Der hinreichende Grund

Der logische Schluss ist ein streng geregelter Akt des Denkens. Die Regeln dazu werden durch logische Grundsätze repräsentiert. Der Grundsatz des hinreichenden Grundes kann als Prinzip des logischen Schlusses gelten. Im Mittelpunkt der aristotelischen Logik steht der Syllogismus. Im Folgenden geht es nicht um eine philosophische Einführung in das logische Denken sondern um die logische Kritik an der persönlichen Großzügigkeit, man sollte genauer sagen Leichtfertigkeit, mit der manche Wissenschaftler mit logischen Grundsätzen umgehen und wissenschaftlich objektive Ergebnisse subjektiv interpretieren. Damit entsteht die Gefahr einer Ideologisierung.

Oft wird das Fehlen des hinreichenden Grundes übersehen oder nicht beachtet. Das betrifft die geradezu dogmatisierte Behauptung der Evolutionstheoretiker, dass nämlich Evolution eine Tatsache ist. Die Existenz des Lebens ist eine Tatsache, aber nicht, dass es ausnahmslos nach den Gesetzen von Physik und Chemie und nur nach den Prozessen von Mutation und Selektion entstanden ist, weil der hinreichende Grund dafür unbekannt ist und daher fehlt. Die weltbekannten Experimente von STANLEY MILLER im Jahre 1953 und ihre Nachfolgeexperimente haben diese Wissenslücke nicht geschlossen sondern bestätigt,[13] und diese Bestätigung hat sich nach mehr als 50 Jahren seit Miller noch erhärtet.

---

11 N. LUHMANN, Soziale Systeme, Suhrkamp-Verlag, Frankfurt 1984.
12 Vgl. GERNOT FALKNER, Die Unvereinbarkeit des darwinistischen Paradigmas mit systemtheoretischen Erklärungen biologischer Entwicklungsprozesse, in: Herzog E. M. u. Bauer H. (Hrsg.): Blickpunkt Darwin, Verlag: Books on Demand GmbH, Norderstedt 2011, 105-139.
13 Vgl. Kapitel 4.9.3 in diesem Buchteil.

Es ist erkenntnistheoretisch unzulässig, Wissenslücken durch Vermutungen im Rahmen von Extrapolationen in die Vergangenheit generell zu schließen und diese Schlüsse durch Dogmatisierung vor Kritik zu schützen. Solche Lücken können Fragestellungen umfassen, die durch naturwissenschaftliche Forschung allein nicht beantwortet werden können wie z.b. Original- und Finalfragen, die mit dem Leben zusammenhängen.

Weder Indizien, noch abgesicherte Vermutungen, noch Behauptungen oder Unterstellungen, sind hinreichende Gründe für Beweise. Selbst Tatsachen sind weder Beweise noch Erklärungen für ihr Zustandekommen sondern Gegebenheiten. Die Aussage: „Evolution ist eine Tatsache" ist eine Behauptung und in dieser allgemeinen Form ohne Beweischarakter und ohne Wahrheitsgehalt. Erst eine Definition des Begriffes Evolution würde diese Aussage qualifizieren. Evolution verstanden als biologische Gegebenheit verschiedener Lebensformen von der Pflanze über die Amöbe bis zum Menschen ist eine Tatsache. Evolution, gedeutet als jeweils zufallsbedingte eigenkreative und selbstorganisierte Höherentwicklung der verschiedenen Lebensformen aus sich selbst, von der Pflanze bis zum Menschen, ist eine Behauptung und keine Tatsache, denn es fehlt dafür der hinreichende Grund und die durchgehende logische Stringenz. Ob die Entstehung und Evolution des Lebens ein echter Zufallsprozess oder ein Schöpfungsakt ist, kann, wie gezeigt wird, wegen des stochastischen Dilemmas bezüglich Zufall und Pseudozufall nicht entschieden werden. Aussagen darüber können nicht hinreichend logisch stringent getroffen werden, sie stellen naturwissenschaftlich unentscheidbare Aussagen im GÖDELschen Sinn dar. Daher liefert ein außenbeobachteter Zufallsprozess aus wissenschaftlicher Sicht keinen objektiven Beweis für eine ziel-, plan- und geistlose Evolution, dennoch wird sie von der Main-stream-Biologie als solche dogmatisiert.

Der logische Fehler besteht nicht in der Behauptung der Existenz von toter und lebender Materie als Tatsache sondern darin, die Existenz von toter und lebender Materie als Beweis zu betrachten, diese ontologische Transformation sei ausschließlich durch die Wechselwirkungen Mutation und Selektion zwischen Materie und Materie, beschränkt auf die Gesetze von Physik und Chemie, entstanden. Dieser Schluss folgt nicht aus dem Syllogismus sondern aus der ideologischen Beschränkung des Seins ausschließlich auf den ontologischen Modus Materie. Das ist eine schwere logische Deformation des hinreichenden Grundsatzes und ein Zirkelschluss in der Evolutionstheorie.

Ein weiteres markantes Beispiel für die Verletzung des Satzes vom hinreichenden Grund ist die Erklärung einer durchgängig kontinuierlichen Höherentwicklung des Lebens von der Amöbe bis zum Menschen durch Mutation, Selektion und Gradualismus.

Es gibt bekannte argumentative Ansätze für eine gradualistische Annahme einer Höherentwicklung des Lebens, aber die logische Kette der Argumente kann wissenschaftlich korrekt nicht geschlossen werden, es bleibt eine Lücke, wie sie bedeutende Evolutionsbiologen bestätigen. Dabei wird weiter die Theorie des Gradualismus bemüht, obwohl allen Evolutionsbiologen bekannt ist, dass die Gesetze der Polymerchemie und Stochastik diese Erklärung als in hohem Maße unmöglich bestätigen, also widerlegen.

Wie später dargestellt, widerlegt das Ergodentheorem der Stochastik den gradualistischen Ansatz als Ausweg aus der gigantischen Unwahrscheinlichkeit schrittweiser durchgängiger Höherentwicklung. Wenn man trotz dieser Lücke und trotz der oben genannten massiven wissenschaftlichen Gegenargumente, den Gradualismus als ausreichenden Grund weiterhin postuliert, wird der Satz vom hinreichenden Grund massiv verletzt. Dadurch ergibt sich ein schwerer logischer Widerspruch und diese gradualistische Begründung ist damit logisch obsolet.

1.4 Wirklichkeit und ihre Modelle

An sich ist jedem Wissenschaftler auch Nichtmathematikern bekannt, dass zwischen hinreichend und notwendig, ein wesentlicher Unterschied besteht. Notwendig ist stringent und hinreichend konditional. Dennoch kommt es immer wieder zur Vermischung von Kausal- und Konditionsanalyse. Ein bekanntes Beispiel dafür in der Evolution ist die Frage: „Piekt der Vogel, weil er einen Schnabel hat" oder ist es umgekehrt? Die beiden möglichen Antworten trennen daraus abgeleitete Interpretationen in antithetischer Weise.

Ein besonderes Problem für die Evolutionsbiologen ist in diesem Zusammenhang der Unterschied zwischen Wirklichkeit und ihren Modellen als deren Abbildungen. Naturgemäß gibt es zu einer Wirklichkeit mehrere mögliche Modelle als deren Abbildungen, weil die Wirklichkeit das Original und das Modell dessen unvollkommenes Bild ist. Die Umkehrung gilt nicht. Man kann nicht verschiedene eigentümliche Wirklichkeiten durch ein einziges Modell abbilden. Die Wirklichkeit ist immer mächtiger als ihre Modelle. Dabei kommt es meist zu Widersprüchen zwischen Biologen und Mathematikern, denn die Biologen haben die Wirklichkeit vor Augen, die sie in Modellen beschreiben. Die Mathematiker können nur die Modelle der Biologen simulieren. Wenn es dabei zu Widersprüchen kommt, ja sogar zu Antithesen, liegt es nicht an den falschen Berechnungen der Mathematiker sondern an den fehlerhaften, weil unvollkommenen Abbildungen der Wirklichkeit durch die Modelle der Biologen. Selbst die Biologen sind sich nicht einig über die Gültigkeit ihrer Modelle wie in Abschnitt 1.5 näher ausgeführt wird

Objektive Forschungsergebnisse sind erkenntnistheoretisch Aussagen und beziehen sich direkt auf die Wirklichkeit. Ihre subjektiven Interpretationen sind Erklärungen mit unterschiedlichen Wertungen und Gültigkeiten in der Bedeutungshierarchie und haben daher Modellcharakter. Dabei kann es selbst unbeabsichtigt zu ideologischen oder religiösen Implikationen kommen. Erklärungslücken werden dann oft durch Ideologisierungen überbrückt sowie durch Dogmatisierungen infallibel gesetzt und dadurch illegal geschützt. Dazu gehört sowohl die unspezifizierte Behauptung, „Evolution ist eine Tatsache", als auch die bisher nicht hinreichend bekannte und erklärbare ontologische Transformation des Lebens aus toter Materie. Da man, wie schon gesagt, verschiedene eigentümliche Wirklichkeiten nicht durch ein einziges Modell abbilden kann, führt der Versuch, die eigentümlichen Wirklichkeiten der verschiedenen tierischen Grundtypen durch das durchgängige Einzelmodell der Evolutionstheorie abzubilden, zu Widersprüchen.

Die Wirklichkeit ist immer das Original und das Modell sein Abbild. Selbst bei Identität zwischen beiden steht das Original in der Bedeutungshierarchie immer über dessen Abbild, weil es sich philosophisch nur um „vollkommene Gleichheit" handelt. Will man Wirklichkeiten durch Naturgesetze mathematisch beschreiben, ist eine Modellbildung meist unumgänglich. Ein ungeschriebenes Gesetz der Naturwissenschaft besagt, je mathematisch eleganter man ein Modell beschreiben kann, desto besser hat man die dahinter stehende Wirklichkeit verstanden. Empirie und Logik bilden eine unvermischte und ungetrennte Einheit der Identität und Differenz.[14] Beide können einander weder gegenseitig reduzieren noch indifferent nebeneinander bestehen. Dies ist besonders bei der Modellbildung zu beachten. Die Möglichkeit der Anerkennung der Richtigkeit eines Modells setzt seine logische Widerspruchsfreiheit und Stringenz voraus.[15] Daher werden in der Modelltheorie immer Gültigkeitsbereiche angegeben. Nur wenn Aussagen den logischen Basisaxiomen der Erkenntnistheorie genügen, geht ihre Gültigkeit im universalen Sinn über das empirisch Beobachtbare hinaus. Dies muss insbesondere im Zusammenhang mit der Extrapolation von Ergebnissen in die Vergangenheit und den daraus abgeleiteten Hypothesen der Evolutionstheorie und Evolutionsmodellen beachtet werden, die es nur in der Evolutionstheorie gibt.

Extrapolierte Ergebnisse aus einer unbeobachteten und nicht reproduzierbaren Vergangenheit an sich als Beweise zu verwenden, wie es in der Evolutionstheorie laufend geschieht, ist erkenntnistheoretisch nur sehr bedingt korrekt. Da-

---

14 Vgl. KONCSIK, Wissen und Weisheit Band 61/2, Sonderdruck Dietrich-Coelde-Verlag, Werl 1998.
15 Vgl. KONCSIK, ebd.

bei wird der Unterschied zwischen Wirklichkeit und Modell als Nachbildung der Wirklichkeit zu wenig beachtet. Dieser oft fehlende Nachweis der Stringenz wird hier als Fehlerquelle kritisiert.

Eine geeignete Diversifizierung der Evolutionstheorie in verschiedene Modelle mit verschiedenen Gültigkeitsbereichen wäre notwendig und zielführend.

1.5 Kritik ist wichtiger als das Dogma

Im Kunterbunt objektiver Forschungsergebnisse, deren subjektiver Interpretationen, eigener Ideologisierungen, Dogmatisierungen und Spiritualisierungen, erhebt sich eine Fülle erkenntnistheoretischer Kritik. Wissenslücken durch persönliche Meinungen zu überbrücken und diese durch Dogmatisierung vor Kritik zu schützen ist intellektuell unredlich.

Ablehnung von Kritik an sich und Schutz des Systems gegen Kritik ist wissenschaftlich obsolet. Das weiß man nicht nur aus der Philosophie durch den POPPERschen Satz „Kritik ist wichtiger als das Dogma" sondern auch aus der technischen Systemtheorie durch die Methode der „Systemidentifikation durch Störgrößenaufschaltung" und sogar aus dem bemannten Weltraumflug[16] durch die Erkenntnisse der Medizin über den „Einfluss von Mikrogravitation auf das Biosystem des menschlichen Organismus".

Allen drei Beispielen liegt immer das gleiche Prinzip zugrunde. Die Kritik ist immer eine Störgröße für die (Denk)systeme der Theoretiker. Die Mikrogravitation stört z.B. das Biosystem Mensch. In der Systemtheorie ist dieser Grundsatz selbstevident. In allen drei Fällen fordert die Störgröße das System und seinen Erfinder heraus, sich unter dem Druck der Anfechtung besser durch Verifikation zu identifizieren. Objektive Wissenschaft erfordert daher eine obligate Offenheit gegenüber Kritik.

1.6 Gödelsche Lücken

Die Wissenschaftstheorie zeigt, dass die Fragestellungen der verschiedenen Wissenschaften naturgemäß verschiedene Schwerpunkte haben. So stellt die Naturwissenschaft schwerpunktmäßig die Wie-Frage nach dem Know-How des Phänomens, die Philosophie die Was-Frage nach dem Wesen der Dinge als Rätsel und die Theologie die Wer-Frage nach der Person Gottes als Geheimnis. Philosophie und Theologie stellen auch Ursprungs- und Finalfragen.

Aus den unterschiedlichen Schwerpunkten der Fragestellungen der verschiedenen Wissenschaften kommen logischerweise auch verschiedene Antworten

---

16   ASM, Positionierung der österreichischen Forschung in der Weltraummedizin und Space Life Science, Facultas Verlag 2007, ISBN 978-3-85076-783-5.

zur selben Frage zustande, die nicht so ohne weiteres miteinander verglichen werden können oder koinzidieren. Dazu kommt noch die Problematik unentscheidbarer Aussagen nach GÖDEL und der WEHRMANNsche Satz über Richtigkeit und Wahrheit. GÖDEL wies mathematisch exakt nach, dass das HILBERT-Programm nicht realisierbar ist.[17] Er bewies in seinem ersten Unvollständigkeitssatz, dass es in jedem System (Wissenschaft, Theorie) Aussagen gibt, die man mit den Mitteln dieses Systems weder beweisen noch widerlegen kann, die aber dennoch wahr sein können. GÖDEL nannte solche Aussagen unentscheidbar. GÖDEL zeigte damit, dass die menschliche Erkenntnis in den Theorien der einzelnen Wissenschaften GÖDELsche Lücken aufweist und prinzipiell begrenzt ist.

Man kann korrekterweise einwenden, dass GÖDELsche Lücken in einer Theorie durch Einbettung in eine umfassendere Theorie geschlossen werden könnten. Aber auch bei GÖDELschen Lücken ist erstens nicht sicher, ob umfassendere Theorien gefunden werden, in denen sie geschlossen werden können und zweitens bleibt diese umfassendere Theorie wieder unvollständig im GÖDELschen Sinne mit einem Erkenntnis-Gap.

Wenn auch die theoretische Möglichkeit besteht, die GÖDELsche Unentscheidbarkeit in einer Theorie T(i) durch Einbettung dieser in eine umfassendere Theorie T(i+1) aufzuheben, gilt wie schon erwähnt die Unentscheidbarkeit in prinzipiell gleicher Weise ebenso für die umfassendere Theorie T(i+1). Der Philosoph und Erkenntnistheoretiker SERGIO GALVAN[18] spricht daher vom beweistheoretisch Infiniten der Wahrheit, das nur mittels eines infiniten Regresses aufgehoben werden könnte. Diesen Regress kann man aber unmöglich durchlaufen, denn dann müsste der Index (i) unendlich groß werden und ebenso die dafür erforderliche Zeit, die als solche nicht zur Verfügung steht.

Die genannte Unmöglichkeit des infiniten Regresses begründet nach Meinung von GALVAN das Infinite der Wahrheit als unerreichbare Grenze einer Theorie und die Notwendigkeit der unbewiesenen Akzeptanz der Wahrheit.

Mathematisch gesehen erscheint dieser infinite Regress wie eine Limesrelation, die in der absoluten Wahrheit ihren Grenzwert, mathematisch limes genannt, erreicht und in der sich die Unentscheidbarkeit auflöst. Formal könnte man dafür die metamathematische Relation wählen

$$\lim_{i \,=>\infty} [\text{unentscheidbare Aussagen in Theorie T(i)}] = \text{Wahrheit}$$

---

17 Vgl. JOHN LENNOX, Hat die Wissenschaft Gott begraben, SCM R. Brockhaus, Wuppertal, 2009, 75.

18 Vgl. SERGIO GALVAN, Einführung in die Unvollständigkeitstheoreme, mentis, Paderborn 1998, 157.

Selbst wenn man durch entsprechende Forschungen den Wert des (i) der jeweils umfassenderen Theorie um Zehnerpotenzen erhöhen könnte, bliebe der inhaltliche Abstand zwischen dem entscheidbaren Erkenntnisstand der jeweiligen Theorie und dem Infiniten der Wahrheit, also dem verbleibenden „Erkenntnis-Gap", unendlich (∞) groß. So wird aus der *graduellen* Begrenzung der menschlichen Erkenntnis in den Theorien eine *prinzipielle* bezüglich dem Infiniten der Wahrheit. Damit ist aber die Wahrheit eine absolute,vom Menschen mit der Ratio allein nicht voll erfassbare Wirklichkeit. Es braucht Fides et Ratio.

Dieses Gap könnte nach dem Erkenntnistheoretiker SERGIO GALVAN, wie schon gesagt, theoretisch nur durch einen infiniten Regress letztlich geschlossen werden, der aber konkret unmöglich durchlaufen werden kann, weil er erst im Infiniten der Wahrheit enden würde. Außerdem wurde schon darauf hingewiesen, dass bezüglich des Grenzwertes dieses infiniten Regresses das jeweils verbleibende Gap weiterhin unendlich groß bleibt. Für die Evolutionstheorie gibt es bis heute keine solche umfassendere Theorie. Es wird immer nur „Flickschusterei" betrieben. In der gegenständlichen Studie wird in der Folge eine solche umfassendere Theorie durch einen Paradigmenwechsel vorgeschlagen.

Der WEHRMANNsche Satz ergänzt die GÖDELsche Erkenntnis mit der Aussage, dass Irrtum und Wahrheit zwei richtige Lösungen für das gleiche Problem, also zwei gültige Antworten auf die gleiche Frage sein können. Diskriminator zwischen Irrtum und Wahrheit ist das Randbedingungssystem der Lösungsmenge, in der Biologie die Umwelt (Milieu) des organismischen Systems.

Aus dieser problematischen Konstellation von Fragen, Antworten und deren Bewertungen ist der Ausschluss von Philosophie und Theologie aus Sicht der Erkenntnistheorie nicht aufrecht zu erhalten. Seit den Lehrsätzen des Mathematikers KURT GÖDEL im 20. Jahrhundert über die Unvollständigkeit der menschlichen Erkenntnis weiß man, dass – gelegen oder ungelegen – dieser Ausschluss wissenschaftlich äußerst fragwürdig, ja unzulässig ist. Jedoch kommt der Name GÖDEL in den Veröffentlichungen der Evolutionsbiologen nicht vor, weil seine Sätze den Biologen möglicherweise unbekannt sind. Durch diesen Mangel wissen die Biologen zwar immer mehr, wie sie tun aber immer weniger, was sie tun obwohl ihre Wissenschaft ontologische Fragen berührt.

1.7 Atheismus keine Voraussetzung für echte Wissenschaft

In der Naturwissenschaft gilt eine monomodale materialistische Definition der Wirklichkeit. Wegen dieser Selbstbeschränkung ist die Frage nach Gott naturwissenschaftlich weder notwendig noch sinnvoll. Daher ist weder Theismus noch Atheismus eine notwendige Voraussetzung für eine seriöse Naturwissenschaft im heutigen Sinn.

Allerdings folgen aus der Beschränkung auf eine monomodale Wirklichkeit und aus den GÖDELschen und WEHRMANNschen Sätzen obligatorisch systemimmanente Wissenslücken, die durch monomodale Forschung nicht geschlossen werden können. Wissenslücken repräsentieren fehlendes Wissen. Aus dem Fehlen kann nicht auf Nichtexistenz des Fehlenden geschlossen werden. Das gilt auch für Entitäten. Das Fehlen einer Entität bedeutet nicht deren Nichtexistenz. Wenn die Naturwissenschaft Gott für ihre Erklärungen nicht braucht, ist das kein Beweis dafür, dass Gott nicht existiert. Das sollten die Naturalisten bedenken. Umgekehrt gilt, dass, wenn man gewisse Phänomene (noch) nicht erklären kann, dies noch kein Beweis für einen Schöpfer ist. Das sollten die Theisten bedenken. Allerdings zeigen Spekulationen und Reflexionen über das Wesen GÖDELscher Lücken, dass die Theisten den pars sanior gewählt haben.

Man sollte daher in der Evolutionstheorie Bezüge zu Ideologien, Glaubensbekenntnisse und Dogmen in den Diskussionen vermeiden und eine redliche objektive Wissenschaft betreiben.

1.8. Glaube kein Hindernis für seriöse Naturwissenschaft

Im Bewusstsein, die Schöpfung zu untersuchen, ergeben sich zwangsläufig Ehrfurcht und Respekt vor dem Aufbau der materiellen Welt für einen gläubigen Naturwissenschaftler. Dieser hat jedoch einerseits nicht das Recht, Forschungsergebnisse, die mit wissenschaftlichen Methoden gewonnen worden sind, im Sinne seines Glaubens anders darzustellen als die Regeln der entsprechenden Wissenschaft es gebieten, andererseits aber auch nicht die Pflicht, das Staunen über die Ordnung in der Schöpfung, die er im Lichte seiner naturwissenschaftlichen Tätigkeit weit besser erkennt als der Laie, zu unterdrücken.

Da ein gläubiger Mensch aus seiner religiösen Grundhaltung heraus verpflichtet ist, nach der Wahrheit zu streben, ist es für ihn selbstverständlich, dies im Bereich der Naturwissenschaften gleichfalls zu tun. Insbesondere, weil GÖDEL und GALVAN mathematisch-philosophisch nachgewiesen haben, dass es so etwas wie eine *absolute Wahrheit* geben muss. Diese Erkenntnis ist heute allgemein wissenschaftlich anerkannt. Es ist daher nicht hinderlich für die Forschungsergebnisse, dass ein Naturforscher einen Glauben, eine religiöse Überzeugung bzw. eine spirituelle Grundeinstellung hat.

Es sei in diesem Zusammenhang nur erwähnt, dass viele bedeutende Naturwissenschafter wie FRANCIS BACON, SIR ISAAC NEWTON, JOHANNES KEPLER, DESCARTES, ANDRÉ AMPERE, ROBERT BOYLE, MAX PLANCK, MAX BORN, ALBERT EINSTEIN und andere ein Weltbild hatten, in dem Gott vorkam.

2. Wissenschaftlicher Ehrenkodex

Objektive redliche Forschung erfordert einen wissenschaftlichen Ehrenkodex. Dieser wissenschaftliche Ehrenkodex besteht aus einer Reihe von Tugenden, die in der Forschung aus Gründen der Objektivität und Effizienz unbedingt geübt werden sollten.

2.1 Wissenschaftliche Tugenden

Neben möglichst großer fachlicher Kernkompetenz zählen zu den wissenschaftlichen Tugenden:

1. intellektuelle Redlichkeit
2. wissenschaftliche Objektivität
3. erkenntnistheoretische Korrektheit
4. logische Stringenz
5. persönliche Integrität
6. kollegialer Anstand

Es sollte jedem Wissenschaftler bewusst sein, dass Interpretationen wissenschaftlich objektiver Ergebnisse immer subjektive persönliche Meinungen repräsentieren, weil sie Bewertungen in Form mentaler Transformationen enthalten, die gesteuert durch Wille, Wissen und Werte zustande kommen. Aussagen der Wissenschaftler sind nicht immer identisch mit den Aussagen der Wissenschaft. Bei der erkenntnistheoretischen Deutung evolutiver Forschungsergebnisse besteht immer die Gefahr persönlicher Ideologisierung durch die Materialisten bzw. deren Spiritualisierung durch die Theisten.

Das Erfordernis einer Kernkompetenz in der wissenschaftlichen Forschung ist selbstevident. Die intellektuelle Redlichkeit und wissenschaftliche Objektivität verpflichtet, Forschungsergebnisse gelegen oder ungelegen objektiv als richtig gelten zu lassen. Da es neben der primären erkenntnistheoretischen Ebene auch die sekundäre fachwissenschaftliche Ebene der Erkenntnis gibt, muss der primären Ebene aus Gründen der Erkenntnisdignität korrekterweise eine Priorität gegenüber der sekundären Ebene in der Hierarchie der Gültigkeiten eingeräumt werden. Dass exakte Beweise eine logische Stringenz aufweisen müssen, ist ebenso selbstevident wie die nötige Univokation ihrer Determinanten. Schließlich sieht jeder vernünftige Mensch ein, dass man sich um eine korrekte soziale Kompetenz bemühen muss und dass dazu persönliche Integrität Voraussetzung ist. Genauso wichtig ist aber der kollegiale Anstand, der sicherstellt, dass man bei Meinungsunterschieden sachlich bleibt und nicht persönliche Kritik übt. Killermechanismen und Gehässigkeiten haben in einer seriösen wissenschaftlichen Diskussion nichts verloren. Ebenso hat der scholastische Grundsatz „sine ira et studio" nach wie vor seine fraglose Bedeutung genauso wie die Präferenz des „pars sanior" bei Interpretationen durch die praktische Vernunft.

2.2 Antinomische Dialektik

Die antinomische Dialektik gehört zu den Methoden, in denen es KARL MARX und MARTIN HEIDEGGER zu einer gewissen Meisterschaft gebracht haben.

Diese Methode ist philosophisch anerkannt. Lange vor MARX und HEIDEGGER war bereits der berühmte Theologe THOMAS VON AQUIN ein Meister dieser Dialektik, die er durchaus offen und ehrlich in seinen berühmten Quaestiones demonstrierte. Er zeigt in der Gliederung dieser Quaestiones in die Teile Praeterea, sed contra und respondeo das Prinzip dieses Verfahrens auf und legt gekonnt, geistreich, fulminante sowie methodisch elegante antinomische Argumentationen dem Leser bewusst vor. Insofern sind diese Antinomien bei THOMAS keine Täuschungen oder Desinformationen, die zu Desorientierungen führen. THOMAS führt die Argumentationen so überzeugend, dass man in ihnen den Charakter unentscheidbarer GÖDELscher Aussagen deutlich erkennt, die durch Einbettung in umfassendere Denksysteme beim Aquinaten aufgelöst werden. Ob beabsichtigt oder nicht führen Antinomien als Gegensätze im logischen Denken zu Desorientierungen. Die Gefahr einer Verfälschung der Orientierung sollte wegen der negativen Konsequenzen Grund genug sein, sich über Grund- und Gegensätze des logischen Denkens ausreichend zu informieren. Grundsätze muss man diszipliniert beachten sowie Gegensätze aufmerksam vermeiden. Jede Schlussfolgerung, die den Syllogismus der Erkenntnistheorie verletzt, ist objektiv falsch und kann bestenfalls die Gültigkeit einer persönlichen subjektiven Meinung erreichen. Das sollten sich Naturalisten, Gradualisten und Theisten mental gründlich vor Augen halten.

In diesem Sinne eine Klarstellung zur philosophischen Antinomie. Der erkenntnistheoretische Satz vom ausgeschlossenen Dritten besagt beispielhaft, dass alles was ist, entweder A oder Nicht-A ist. Etwas Drittes ist ausgeschlossen[19]. Dieser Satz ist eine Aussage mit der Intention des Entweder-oder. Die Methode der Antinomie ist ein Verfahren mentaler Akrobatik und argumentiert, dass etwas A und doch nicht A ist. Diese Aussage entspricht der Intention des Sowohl-als-auch, widerspricht sinngemäß der Intention Entweder-oder und verletzt damit den Satz vom ausgeschlossenen Dritten. Nach GÖDEL gibt es aber auch unentscheidbare Aussagen, die wahr sein können, aber weder bewiesen

---

19 Vgl. J.K. MADER, Der Philosoph 1, Verlag Carl Ueberreuter, Wien-Heidelberg 1966, 147.

noch widerlegt werden können, so dass man legitimer- und korrekterweise dazu auch verschiedener Meinung sein kann. Unentscheidbare Aussagen haben für die beschränkte menschliche Erkenntnis einen Sowohl-als-auch-Charakter und enthalten daher ein berechtigtes antinomisches Potential.

In allen Wissenschaften können nach GÖDEL unentscheidbare Aussagen auftreten, die aber aus obigen Gründen außer Streit gestellt werden sollten, weil beide Streitpartein recht haben können, wenn auch nur die Aussage einer oder keiner der beiden Seiten wahr sein kann. Der dahinterstehende Unterschied zwischen Richtigkeit, Wirklichkeit und Wahrheit sollte in den Fragen über Evolution bewusster bedacht und wahrgenommen werden die Gültigkeit einer persönlichen subjektiven Meinung erreichen. Das sollten sich Naturalisten, Gradualisten und Theisten mental gründlich vor Augen halten.

Die beschränkte menschliche Erkenntnis darf die Teilwahrheit nicht für das Ganze halten, sonst entsteht dabei durch logische Deformation der Fehler der Totalisierung nach LEO GABRIEL. Es ist daher abzulehnen, wenn, durch antinomische Dialektik, gegenseitige Zuweisungen und Klassifizierungen, Feindbilder aufgebaut werden. Im Sinne GÖDELscher Unvollständigkeit menschlicher Erkenntnis kann eine Verschiedenheit in den persönlichen Meinungen legitim sein und deutet nicht automatisch auf wissenschaftlich unqualifizierte Äußerungen des Andersmeinenden hin. Hier trifft der Satz von WEHRMANN zu, dass „zwei widersprüchliche Aussagen gleichzeitig richtig sein können, wenn auch nicht gleichzeitig wahr". Die Wahrheit ist ein ganzheitlicher letztgültiger Modus, ein Infinitum der Erkenntnis. Dazu gibt es keine Alternative. Daher sollte von den Naturwissenschaften der Wahrheitsanspruch nicht erhoben werden, weil sie sich bei der Formulierung ihrer Gesetze über die Natur auf die Materie als Wirklichkeit monomodular beschränken. Dadurch wird ihre Erkenntnisfähigkeit einerseits durch die GÖDELschen Sätze prinzipiell und andererseits durch die monomodale Beschränkung der Wirklichkeit zusätzlich speziell eingeengt. Diese freiwillig gewählte Beschränkung führt stringent zu einer ontologischen Differenz in der Erkenntnis zwischen Richtigkeit und Wahrheit. Seit PLATON weist die Philosophie auf die Dualität des Seins z.B. durch dessen Ideenlehre oder die KANTsche Lehre vom Ding an sich hin und zeigt damit diesen Mangel, bisher von den Naturwissenschaften ungehört, auf. Dieser Umstand ist eine üble Folge der aszendierenden und akzelerierenden Trennung von Natur- und Geisteswissenschaften im Laufe der Geistesgeschichte, die im 20. Jahrhundert durch die Trennung der entsprechenden Fakultäten an den Universitäten auch formal vollzogen wurde.

3. Die metasymbolische Wahrheitstheorie und die Biologie

3.1 Die ontologische Dualität von Natur und Leben

Ist der Streit über die Dualität des Seins ein ideologischer oder ein wissenschaftlicher? Der gesamte Gesetzeskanon der Naturwissenschaften ist auf der rein materiellen Sichtweise der Natur als monomodale Wirklichkeit, oft Realität genannt, aufgebaut. In keinem Gesetz der Naturwissenschaften kommt der Geist als Parameter vor, er spielt darin keine Rolle. Alle ihre Gesetze beziehen sich nur auf mechanistische Wechselwirkungen zwischen Materie und Materie.

In einer massiven Diskrepanz dazu steht der gedankliche Ansatz einer modalen Dualität der Größen. Der schweizerische Mathematiker LEONHARD EULER lebte im 18. Jahrhundert, begründete die moderne Zahlentheorie, die zu der heutigen komplexen Maßtheorie der Mathematik führte, die aus der gesamten modernen Nachrichten-, Informations-, Kommunikations- und Energietechnologie nicht mehr wegzudenken ist. Diese Maßtheorie basiert auf der „EULERschen Dualität" der Zahlen, definiert Komplexitäten und unterscheidet bei Quantitäten dual zwischen Real- und Imaginärteil. EULER mag von dem ebenso berühmten Philosophen, Mathematiker und Physiker RENE DESCARTES (lateinisiert: RENATUS CARTESIUS), er lebte im 17. Jahrhundert, hinsichtlich seiner Dualität der Zahlen inspiriert worden sein, denn DESCARTES lehrte eine dualistische Metaphysik, die auf einer Trennung zweier Substanzen, einer materiellen und einer denkenden, beruhte. Man spricht in diesem Zusammenhang vom cartesischen Substanzbegriff. Ähnlich unterschied schon PLATON sichtbare und denkbare Dinge. Diese cartesische Trennung reduzierte das Werden in der Natur auf die Veränderung von Materiestrukturen und verhindert dadurch die Erklärung der in der modernen Zellbiologie erkannten Beziehung zwischen Erfahrung und Selbstkonstitution in biologischen Prozessen, wie sie G. FALKNER beschreibt.[20]

Erst der Philosoph und Mathematiker ALFRED NORTH WHITEHEAD[21] hat im 20. Jahrhundert mit seiner Prozessphilosophie diese Trennung der Wirklichkeit in einer ersten Näherung überwunden.

PLATON, DESCARTES, EULER, WHITEHEAD und FALKNER sind gescheite Leute, also woher dieser apodiktische Widerspruch, diese gegenseitig zugewiesene Denkunmöglichkeit. Die Dualität des Seins ist in der philosophia perennis an sich anerkannt. Die Diskrepanz entsteht in der Trennung und die Prozessphilo-

---

20 Vgl. GERNOT FALKNER, Die Unvereinbarkeit des darwinistischen Paradigmas mit systemtheoretischen Erklärungen biologischer Entwicklungsprozesse, in: E. M. HERZOG u. H. BAUER (Hrsg.): Blickpunkt Darwin, Verlag: Books on Demand GmbH, Norderstedt 2011, 105-139.

21 Vgl. GERNOT FALKNER, Die Unvereinbarkeit des darwinistischen Paradigmas mit systemtheoretischen Erklärungen biologischer Entwicklungsprozesse, 105-139.

sophie WHITEHEADS bildet das fehlende aber erforderliche Interface und Netz-werk zwischen diesen Wirklichkeiten. Die moderne Signal- und Systemtheorie hat das Prinzip dieses Sachverhaltes bestätigt. In den folgenden Abschnitten werden diese WHITEHEADschen ontologischen Interface- und Vernetzungsfunk-tionen und ihre interaktiven ontologischen Wechselwirkungen im Rahmen einer komplexen Wirklichkeitstheorie der Ontologie als meta-symbolische Wahrheits-theorie ontisch interdiziplinär konkretisiert. Diese Theorie basiert auf einer Hy-peranalogie zwischen der komplexen Maßtheorie der klassischen Mathematik und einer komplexen Wirklichkeitstheorie der Metamathematik. Die Theorie selbst mit ihren Ableitungen und Begründungen kann in der Literatur[22] nachge-lesen werden.

3.1.1 Die Dualität der Information

Die EULERsche Dualität in der Mathematik ist für die Natur- und technischen Wissenschaften von maßgeblicher Bedeutung, weil bei ihren Berechnungen die Mathematik deren wichtigste und exakteste Hilfswissenschaft ist. So erfolgen in der gesamten Energie-, Informations- und Kommunikationstechnologie die Kal-kulationen und Dimensionierungen ihrer technischen Systeme routinemäßig auf der Basis dieser EULERschen Dualität.

Die Naturwissenschaften betrachten die Natur monomodal real als rein ma-terielle Wirklichkeit. Die technischen Wissenschaften behandeln die Natur aber, als wäre sie duomodal komplex mit interaktiven Real- und Imaginärteilen. Die Wissenschaftstheorie zeigt auf und weist ausdrücklich darauf hin, dass die Grundordnungen aller Wissenschaften auf dualen Prinzipien basieren. Es sei nur auf die ontologische Dualität von Geist und Materie oder fides et ratio in der Philosophia perennis verwiesen sowie auf die dualen logischen Zustände Null und Eins in der Informatik. Die Informatik ist im heutigen Internetzeitalter eine besonders wichtige, unentbehrliche, technische Leitdisziplin.

Die Information ist entsprechend ihrem Namen eine unvermischte aber interaktive Einheit zwischen einer materiellen Form und einem intelligiblen In-halt und daher eine duomodale komplexe Wirkkonstellation. Der Inhalt einer Information ist etwas Objektives und unabhängig von der Form, wird aber durch diese kodiert und begrenzt. Dadurch ergibt sich ein Primat des Inhalts gegenüber der Form. Der gleiche Inhalt kann durch verschiedene Formen ohne Informa-tionsverlust ausgedrückt werden. Ein einfaches Beispiel dafür ist die Darstellung der Information (2x2=4). Diese kann entweder in der gewählten alpha-

---

22   Vgl. WOLFGANG WEHRMANN, Kaum zu glauben, Peter Lang-Verlag, Frankfurt 2011, ISBN 978-3-631-59820-7.

numerischen Klammerform oder in verbaler Form erfolgen. Im letzteren Fall können noch verschiedene Schriftarten oder Sprachen und damit verschiedene optische Formen gewählt werden ohne den Inhalt zu verändern. Da der Inhalt prinzipiell unabhängig nur akzidentiell abhängig von der Form ist, stellt er einen eigenen ontologischen Modus der Wirklichkeit dar. Er hat dadurch gegenüber der materiellen Form nicht nur einen eigentümlichen Charakter sondern auch eine Priorität der Bedeutung. Diesen anderen ontologischen Modus kann man im Sinne PLATONS als ideell, intellegibel, denkbar etc. bezeichnen. Damit ist die Information eine komplexe Wirklichkeit mit ihrer materiellen Form als Realteil und ihrem ideellen Inhalt als deren Imaginärteil. Die Form ist eine Realität und der Inhalt eine Intellegibilität. Diese Intellegibilität wird durch das Maß des Informationsgehaltes bedeutungsmäßig bewertet, den C. E. SHANNON, der Begründer der Informationstheorie, in eine formale Relation zum Inhalt der Information gesetzt hat. Wie schon erwähnt ist die Information ihrem Wesen nach geradezu ein Paradebeispiel einer dual komplexen Wirklichkeit mit selbstreferentieller Koordination und damit auch für das Prinzip der interaktiven Dualität des Seins.

Die Information ist als dualer Komplex aus Form und Inhalt, als komplexe Wirklichkeit mit einem Real- und einem Imaginärteil im heutigen Internetzeitalter geradezu ein omnipräsentes Beispiel für eine im Sinne der Whiteheadschen Prozessphilosophie ontologisch ganzheitliche Wirklichkeit. Die Information ist Bürger zweier Welten, einer materiellen und einer intellegiblen, im Sinne PLATONs einer sichtbaren und einer denkbaren Welt, und hat mit Geist, dem zur Materie dualen Modus der Wirklichkeit, zu tun. Ob man das Geistige informell, ideell, intellegibel, intellektuell, imaginativ, imaginär oder mental nennt, ist dabei nebensächlich. Dieser Umstand betrifft die Physik in ihrer Quantentheorie mit den Quarks und Antiquarks genauso wie die Biologie in ihrer Evolutionstheorie mit ihrer genetischen und epigenetischen Information. Der Physiker JOACHIM SOHNS[23] weist auf die Problematik der differenten Bedeutungen physikalischer und genetischer Information und der Mathematiker JOHN LENNOX auf den Unterschied zwischen syntaktischer und semantischer Information hin. Man kann daher in der Evolutionstheorie nicht wissenschaftlich redlich die Form der genetischen Information als etwas Materielles akzeptieren und die duomodale Eigentümlichkeit ihres interaktiven intelligiblen Inhalts ignorieren.

Der amerikanische Nachrichtentechniker, C. E. SHANNON, entwickelte 1948 die Informationstheorie. In dieser unterschied er zwischen Informationsinhalt und Informationsgehalt sowie zwischen der syntaktischen und semantischen

---

23 Vgl. J. SOHNS, Zufall, Selbstorganisation und Emergenz, SCM Hänssler im SCM-Verlag GmbH & Co.KG, 71088 Holzgerlingen 2011, 31.

Form der Information. Inhalt und Gehalt, sind unabhängig von der Form der Information. SHANNON ging von der Summe der einzelnen Elemente (i) des Informationsensembles als Informationsinhalt aus. Diese bildet die syntaktische Form der Information und hat für den Empfänger der Information vorerst keine besondere sondern nur allgemeine Bedeutung. SHANNON definierte den negativen Logarithmus der Erwartungswahrscheinlichkeit p(i) des einzelnen Elementes (i), des Informationsensembles als dessen Informationsgehalt und die Summe der Erwartungswahrscheinlichkeiten p(i) als Gehalt der Information. Diese Erwartungswahrscheinlichkeit p(i) wird mit dem Grenzwert der relativen Häufigkeit des Auftretens der einzelnen Elemente (i) des Ensembles identifiziert. Aufgrund der Erwartungshaltung des Informationsempfängers stellt dieser einen für ihn besonderen spezifischen Zusammenhang zwischen dem objektiven Informationsinhalt und seiner eigenen subjektiven Wissensbasis her. Dadurch erhält die objektive Information eine subjektive Bedeutung für den Empfänger und wird zur semantischen Information. Dem allgemeinen syntaktischen Inhalt steht der besondere semantische Gehalt der Information gegenüber.

Es muss kritisch vermerkt werden, dass die beiden Begriffe der Informationstheorie, Inhalt und Gehalt einer Information, in der evolutionswissenschaftlichen Literatur unzureichend bis gar nicht unterschieden werden. Das Fehlen dieser Unterscheidung erzeugt wie ein Circulus vitiosus das genannte SHANNONsche Dilemma, das durch die Erwartungshaltung des Empfängers im Unterschied zwischen objektivem Inhalt und subjektivem Gehalt einer Information entsteht und daher subjektiven Charakter hat.

JOHN LENNOX, interdisziplinär an der Evolutionsproblematik interessiert, sehr versiert und engagiert, macht als Mathematiker der Universität Oxford eine rühmliche Ausnahme und geht auf den Unterschied zwischen syntaktischer und semantischer Information im Zusammenhang mit der Evolutionstheorie ein.[24] Je tiefer die jeweils inhaltlich spezifische Informationsschicht unter der Datenoberfläche der gesamten Informationsstruktur liegt, desto kleiner ist zwar ihr Informationsinhalt aber desto höher wird ihr Informationsgehalt und ihre Erkenntnisdignität wegen der steigenden subjektiven Bedeutung. Dies klingt paradox, bedeutet aber logisch, dass die Hierarchiestufe der objektiven Gültigkeiten verschiedener Interpretationen gleicher wissenschaftlicher Ergebnisse sehr davon abhängt, auf welcher Erkenntnisebene diese erfolgen und ist daher plausibel.

Die Missachtung des Unterschiedes zwischen objektivem Inhalt und subjektivem Gehalt für den Empfänger einer Information ist ein erkenntnistheoretischer Fehler und führt gerade in der Evolutionstheorie zur Vermischung objektiver Verifizierungen und subjektiver Ideologisierungen. Insofern muss man syn-

---

24   Vgl. J. LENNOX, Hat die Wissenschaft Gott begraben, SCM R. Brockhaus 2009, 213 ff.

taktische und semantische Information insbesondere bei der genetischen und epigenetischen Information in der Biologie und deren Bedeutung für die Evolutionstheorie[25] genau unterscheiden. Diese Unterscheidung wird in der Praxis viel zu wenig beachtet und das führt einerseits zu einer Mystifizierung der Materie und andererseits zu einer geistlosen Evolution.

3.1.2 Die Dualität der Wirklichkeit

Naturgesetze beschreiben zwar Wechselwirkungen der Materie, sind aber für sich etwas Intelligibles, also Geistiges und nichts Materielles.

Einerseits beschränkt die Biologie offiziell als Naturwissenschaft ihre Forschung monomodal auf die Materie, andererseits lässt sie den Geist als dualen ontologischen Modus der Wirklichkeit in Form ihrer Gesetze und des allgegenwärtigen Begriffes Information über die Hintertür wieder herein. Das ist ein intellektuell unredliches sowie wissenschaftlich inobjektives Verhalten, führt zum Dissens und ist auf die Dauer unhaltbar. Ein Paradigmenwechsel von der Monomodalität der Realität der Materie, zur Dualität des Seins, der Komplexität des Lebens ist zumindest in der Biologie, als zur Naturwissenschaft zugehörig, unumgänglich nötig. Dadurch würde die Evolutionstheorie im Sinne der GÖDEL-schen Sätze in eine umfassendere Theorie z.B. die Umwelt/Systemtheorie eingebettet und manche aporetische Lücke in der heutigen Evolutionstheorie geschlossen. Kongenuin und konsensial fordert das auch SIMON CONWAY MORRIS,[26] Professor für Paläobiologie an der Unversität Cambridge und ruft nach einem EINSTEIN in der Biologie, der eine neue Theorie der Evolution schafft.

Durch die monomodale Beschränkung der Wirklichkeit auf die Materie und der Erkenntnis auf die Ratio kommt es zwangsläufig zu einer HEIDEGGERschen ontologischen Differenz in den naturwissenschaftlichen Forschungsergebnissen zwischen den kantschen Formen des phänomenalen und noumenalen Seins der Natur. Weiteres schließt diese Beschränkung der Wirklichkeit auf Materie und Ratio Ursprungs- und Finalfragen als Erkenntnisgegenstände aus. Die Evolution als Entfaltung des Lebens berührt aber grenzrogative Bereiche wie Leben und Tod und damit diese Fragestellungen. Zu ihrer Erforschung kann in der Evolutionstheorie diese Beschränkung weder intellektuell redlich noch prinzipiell weiter aufrechterhalten werden. Es muss über kurz oder lang zu einer Paradigmenerweiterung kommen, in der zugunsten einer wissenschaftlich objektiven und ganzheitlichen Forschung die ontologisch monomodale Realität durch die Intel-

---

25 Vgl. J. LENNOX, Hat die Wissenschaft Gott begraben, SCM R. Brockhaus 2009, 213.

26 Vgl. S. CONWAY MORRIS, Evolution like any other science it is predictable. Phil. Trans. R. Soc. B 365, 2010, 133-145, zit. in Studium Integrale Journal, 19. Jg, Heft 1, Mai 2012, 12 ff, ISSN 0948-6135.

legibilität zur dualen Komplexität der Wirklichkeit und ihren psycho-physischen Wechselwirkungen ergänzt wird. Ein Wechsel des Paradigmas und ein Sprung über den eigenen materiellen Schatten sind dabei notwendig.

3.2 Eine metamathematische Analogie

Die Notwendigkeit des Wechsels von einer Monomodalität zu einem Paradigma der Dualität des Seins wird nicht nur durch die existentielle menschliche Erfahrung unterstützt sondern auch durch die schon genannten GÖDELschen Sätze über die Unvollständigkeit der menschlichen Erkenntnis und der Unentscheidbarkeit wissenschaftlicher Aussagen bestätigt. Diese weisen darauf hin, dass zwar die theoretische Möglichkeit besteht, GÖDELsche unentscheidbare Aussagen in einer Theorie durch Einbettung der jeweiligen Theorie in eine umfassendere entscheidbar zu machen aber dabei das Prinzip der Unentscheidbarkeit auch für die umfassendere Theorie erhalten bleibt.

Um eine solche umfassendere Theorie zu erstellen, kann auch ein Paradigmenwechsel erforderlich sein. Ein solcher Paradigmenwechsel wird mithilfe einer aszendierenden Analogie zwischen der komplexen Maßtheorie der klassischen Mathematik und einer komplexen Wirklichkeitstheorie einer holistischen Metamathematik im Zusammenhang mit den GÖDELschen Lücken der Evolutionstheorie im Folgenden vorgeschlagen. Diese holistische Mathematik kann man in Ergänzung einer „Physik der Unsterblichkeit" im Sinne von FRANK TIPLER, die GÜNTER EWALD[27] in seinem Buch in einem eigenen Kapital behandelt, als Metamathematik, Mathematik der Unsterblichkeit, bezeichnen.

Das MILLER-Experiment hat gezeigt, dass es neben der Materie und ihren Gesetzen in der Frage der Entstehung von Leben jedenfalls auch den Geist des Experimentators braucht und dennoch blieb der Erfolg aus. MILLER meinte, in den nächsten 25 Jahren werde sich der Erfolg einstellen. In der Zwischenzeit sind mehr als 60 Jahre ohne Erfolg vergangen. Heute weiß man allerdings, warum. Jedenfalls hat MILLER praktisch gezeigt, dass Leben und seine Entstehung irgendwie mit Geist zu tun hat. Das ist auch erkenntnistheoretisch logisch. Denn wenn Leben mit Information zu tun hat, wie die Biologen sagen und Information mit Geist, wie die Erkenntnistheoretiker sagen, muss Leben mit Geist zu tun haben. Aber mit welchem und wie? Die Unterscheidung der Geister ist hier gefragt. Der Philosoph und Theologe CHRISTOF GRUBER erläutert zu Beginn seines Beitrages dazu:[28]

---

27 GÜNTHER EWALD, Gibt es ein Jenseits? Topos plus Verlagsgemeinschaft, Mathias-Grünewald-Verlag, Mainz 2000, ISBN 3-7867-8350-0.

28 CHRISTOF GRUBER, Der Zauberlehrling der Evolution, Kapitel 1, Das Unvernünftige an der evolutionären Vernunft.

„Die Lösung, die die evolutionäre Methode gefunden hat, vermeidet den zwingenden Schluss und operiert mit bloßen Wahrscheinlichkeiten. Der hypothetische Evolutionismus enthält die Methode der Verbesserung in sich selbst, das Prinzip der Selbst-Organisation, ein Grundprinzip der Evolution. Das ‚Wie' dieses Prozesses wird nicht erklärt."

…Weil er mit dem Instrumentarium der heutigen Biologie eben nicht erklärt werden kann, man vertröstet sich aber auf die nächsten 60 Jahre.

Zur Erklärung der komplexen Relationen zwischen Materie, Geist und Leben muss im Folgenden ein neuer Zugang mithilfe einer aszendierenden Analogie zwischen der komplexen Maßtheorie der Mathematik und einer komplexen Wirklichkeitstheorie einer holistischen Metamathematik gewählt werden.

Die genannten Relationen zwischen Materie, Geist und Leben sind bei der Entstehung des Lebens naturwissenschaftlich-biologisch bisher nicht geklärt und können auch prinzipiell nicht mechanistisch-materialistisch erklärt werden, wenn Leben mit Geist zu tun hat. Bisher führen alle Versuche mechanistischer Erklärungen zu GÖDELschen Lücken sowie in Aporien der Evolutionstheorie und bestätigen damit, dass nach dem oben Gesagten nur ein Paradigmenwechsel diese Aporien lösen kann.

Mit der holistischen Metamathematik wird im Folgenden auf der Basis der bereits genannten aszendierenden Analogie eine „metasymbolische Wahrheitstheorie" kurz skizziert, die in Band 2 der gegenständlichen Schriftenreihe nachgelesen werden und auch metamathematische komplexe Wirklichkeitstheorie genannt werden kann. Diese Theorie beleuchtet viele alte Probleme neu und lässt neuartige Lösungszugänge sichtbar werden. Aus der Korrelations-, Signal- und Systemtheorie werden Parallelen zu Problemen der Evolution und deren Lösung aufgezeigt. Die alte Wahrheit erhält einen neuen Glanz.

Mit Hilfe des neuen formalen Ansatzes der metasymbolischen Wahrheitstheorie wird eine ontologische Transformation zur Entstehung lebender aus toter Materie (gleiche chemische Elemente) entwickelt und gezeigt, wie die Aporie der nach wie vor bestehenden Unkenntnis in diesem Zusammenhang gelöst werden könnte. Dies geschieht mit der in der philosophia perennis gut begründeten Annahme der Existenz des ontologischen Modus Geist neben dem der Materie als dualen Modus der Wirklichkeit und durch dessen Wechselwirkungen mit der Materie. Damit kann die Entstehung von Leben aus toter Materie evident erklärt und die MILLERsche APORIE überwunden werden. Im folgenden wird im Sinne PLATONs auch der Begriff Intellegibilität statt Geist verwendet, um zu betonen, dass es vorerst nur um einen gegenüber der Materie eigentümlichen Modus der Wirklichkeit geht mit eigentümlicher Ordnung, eigenen Wechselwirkungen und Gesetzlichkeiten und nicht um den personalen Bezug des Geistes. Wobei die Bezeichnung dieses Modus sekundäre Bedeutung hat.

Bei einem so komplexen und virulenten Thema und einer neuen metamathematischen Theorie, sind einführende Bemerkungen und Informationen nicht nur für den Biologen unumgänglich, die in der Literatur[29] im entsprechenden Kapitel ausführlich dargestellt und an sich nachzulesen sind. Aus Gründen der Tunlichkeit muss aber an dieser Stelle Wesentliches der neuen Theorie als komprimierter Exkurs zum Verständnis des folgenden zusammengefasst werden. Auf die genannten Abschnitte in der zitierten Literatur wird nicht nur verwiesen, sondern auch deren genaues Studium freundlich empfohlen.

3.2.1 Kurzer metamathematischer Exkurs

In der Volkschule und Unterstufe der AHS, bzw. der Mittelschule, lernt man die natürlichen, ganzen und rationalen Zahlen als Elemente des reellen Zahlenbereichs kennen. Diese Zahlen sind auch aus dem täglichen Gebrauch gut bekannt. In der Mathematik der Oberstufe der höheren Schulen wird dieser Bereich einerseits durch die irrationalen Zahlen erweitert und neu die imaginären Zahlen eingeführt.

So wie die Zahl (1) die Einheit der reellen Zahlen ist, hat der schon genannte berühmte Mathematiker LEONHARD EULER die Größe (i) als Einheit der imaginären Zahlen festgesetzt und den imaginäre Zahlenbereich begründet. EULER definierte die positive Quadratwurzel aus (-1) als imaginäre Einheit (i). Durch Multiplikation einer reellen Zahl mit (i) oder Division durch (i) ergibt sich eine imaginäre Zahl. Umgekehrt bildet sich durch den gleichen Vorgang aus einer imaginären Zahl mathematisch formal wieder eine reelle. Dies ist aus dem täglichen Gebrauch der Zahlen kaum bekannt und man sollte sich das daher besonders gut einprägen. Verbindet man eine reelle Zahl durch Addition oder Subtraktion mit einer imaginären Zahl, erhält man eine komplexe Zahl. Dabei repräsentiert der reelle Anteil der komplexen Zahl ihren Realteil und der imaginäre Anteil ihren Imaginärteil. Der schweizerische Mathematiker LEONHARD EULER schuf im 18. Jhdt. unter vielem anderen aus diesen Ansätzen die moderne Zahlentheorie, aus der sich in der Zwischenzeit die komplexe Maßtheorie der Mathematik entwickelt hat. Diese verwendet heute neben komplexen Zahlen auch allgemeine komplexe Determinale, wie Funktionen, Ebenen und Körper.

Das Wesentliche dieses mathematischen Mini-Exkurses ist aber nach dem oben Gesagten folgendes: Wirkt eine imaginäre Zahl durch Multiplikation oder Division auf eine reelle Zahl ein, entsteht eine imaginäre Zahl. Wenn man dieselben Operationen bei einer imaginären Zahl vornimmt, entsteht eine reelle

---

29 Vgl. WOLFGANG WEHRMANN, Kaum zu glauben, Peter Lang Verlag, internationaler Verlag der Wissenschaften, Frankfurt a. M. 2011, ISBN 978-3-631-59820-7, 45ff.

Zahl. Das gilt in analoger Weise auch für allgemeine komplexe Größen. Wenn man reelle und imaginäre Zahlen als zwei verschiedene ontologische Zahlenmodi betrachtet, findet durch diese genannten Einwirkungen in Form von Multiplikation und Division mit/durch (i) eine zahlenontologische modale Transformation statt, weil dabei eine reelle Zahl in eine imaginäre und eine imaginäre in eine reelle verwandelt wird. Durch diese Einwirkung wechselt der Zahlenmodus, es tritt eine Verwandlung des Modus ein, mathematisch gesehen ist dies eine Transformation, die diesen Moduswechsel bewirkt. Wenn man dieselben Prozeduren bei einer reellen oder imaginären Zahl mit einer reellen Zahl vornimmt, tritt kein Moduswechsel ein sondern es verändert sich nur der Wert der reellen bzw. imaginären Zahl. Dieser Prozess stellt daher keine Transformation sondern nur eine Formation der Zahlen dar, wie sie aus der PC-Sprache her bekannt ist. Das bedeutet mathematisch gesehen, dass eine reelle Größe formatorische Wirkungen und eine imaginäre Größe transformatorische Wirkungen erzeugen kann.

3.2.2 Kaum zu glauben

Erkenntnistheoretisch kann dieses mathematische Phänomen folgendermaßen interpretiert werden. Die Einwirkung ideeller Regulative (imaginäre Größen) hat generell transformatorischen also verwandelnden, jene materieller Regulative (reeller Größen) formatorischen also gestaltenden Charakter.

Das bedeutet aber: Transformationen führen aus dem jeweiligen ontologischen Modus hinaus, Formationen spielen sich innerhalb des gleichen Modus ab.

Die innovative Idee ist, diese Phänomene der Formation und Transformation dualer komplexer Größen der Mathematik nach den Regeln der komplexen Maßtheorie gedanklich durch eine Analogie metamathematisch auf die dualen komplexen Wirklichkeiten der Ontologie, die durch Materie und Geist repräsentiert werden, hypothetisch zu übertragen und dadurch von der mathematischen auf die erkenntnistheoretische Ebene zu heben. Auf dieser Hypothese einer metamathematischen Analogie kann man eine neue Wirklichkeitstheorie, die „metasymbolische Wahrheitstheorie" aufbauen. Sie ist in der Literatur[30] ausführlich beschrieben, ist gut verifiziert und wurde bereits zum Studium empfohlen.

Vereinfacht formuliert bildet die analoge Zuordnung der Dualität komplexer Größen in der Mathematik zur Dualität komplexer Wirklichkeiten in der Ontologie die metamathematische Basis dieser Analogie. Dabei interpretiert man Real- und Imaginärteil komplexer Größen der Mathematik als Analogata zu Ma-

---

30   Vgl. WOLFGANG WEHRMANN, Kaum zu glauben, 45 ff.

terie und Geist, als Real- und Imaginärteil komplexer Wirklichkeiten, in der Ontologie. Die Analogie zwischen mathematischer komplexer Maßtheorie und metamathematischer komplexer Wirklichkeitstheorie hat gravierende Konsequenzen, weil damit materiell wirksame Wechselwirkungen zwischen Geist und Materie plausibel möglich sind, mit weitreichenden ontologischen Folgen. Man muss dabei bedenken, dass es bei diesen Interaktionen um Wirklichkeiten und nicht um Phantome geht.

Diese Analogie ist eine Hypothese, die durch Verifikation und Falsifikation auf ihre Gültigkeit geprüft werden muss. In der schon zitierten Literatur[31] ist das bereits ausführlich geschehen und hat die Wahrheitsvermutung dieser Hypothese und der darauf aufgebauten metasymbolischen Wahrheitstheorie stark affirmiert. Diese metasymbolische Wahrheitstheorie ist eine Modellbildung für die Wahrheit als Wirklichkeit und unterliegt wie jede Theorie dem Paradigma der Unvollständigkeit. Man muss daher beachten und prüfen innerhalb welcher Grenzen, die sich auch aus deren Begründungen ergeben, neue Folgerungen gezogen werden können.

In der Weisheitsliteratur, insbesondere im Talmud des Judentums, im Alten Bund der jüdischen und Neuen Bund der christlichen Tradition oder im Koran des Islams sind solche wie oben genannte Wechselwirkungen auch vielfach beschrieben und unterstützen die Wahrheitsvermutung dieser neuen Wahrheitstheorie bzw. verifizieren sie.

Aufgrund der neuen eigentümlichen Ergebnisse der metasymbolischen Wahrheitstheorie wird kritisch reklamiert, diese Theorie besonders auch bei den umstrittenen Interpretationen der Evolutionstheorie auf Verifikation und Falsifikation zu prüfen und im Fall der wissenschaftlichen Bewährung einzusetzen.

Bei dieser Analogie werden formal den beiden ontologischen Modi Materie (Realität) und Geist (Intelligibilität) die Symbole R und I metamathematisch zugeordnet. Der ontologische Verbund der beiden Modi wird metamathematisch analog zu den mathematischen Operationen Addition und Subtraktion regelgemäß behandelt und im Sinne der BOOLEschen Algebra bei logischen Netzwerken mit dem Symbol & gekennzeichnet. Die ontologische Verknüpfung der beiden Modi hat interaktiven Charakter, entspricht in ihrer Analogie der mathematischen Multiplikation und Division und wird mit dem BOOLEschen Symbol V bezeichnet. Der Verbund (&) erzeugt einen neuen Status der beiden Modi in Form einer komplexen Wirklichkeit (R&I) während die Verknüpfungen (RVI) und (IVR) Wechselwirkungen zwischen den beiden Seinsmodi kennzeichnen. Dabei wirkt immer der rechte Modus auf den linken ein. Diesen können in Analogie zu den Regeln der komplexen Maßtheorie der Mathematik ontologische

---

31   Vgl. WOLFGANG WEHRMANN, Kaum zu glauben, 45 ff.

Wirkungen sowohl im R- als auch im I-Bereich metamathematisch zugeordnet werden. Damit kann man manche ideelle, ja sogar spirituelle Vorgänge besser erklären, ohne den Glanz des Mysteriums im GÖDELschen Sinn zu zerstören. Zum besseren Verständnis sollen diese Zuordnungen in den folgenden formalen Schemata 1, 2 und 3 grafisch dargestellt werden.

Tabelle 1: Zuordnung reller und imaginärer Größen im Rahmen der metasymbolischen Wahrheitstheorie

Schema 1	Größe	Modus der Wirklichkeit		Wirkung
	Reell	Materie		formatorisch
	Imaginär	Geist		transformatorisch
Schema 2	Modus	Operation	Wert	Wirkung
	Materie R	R & R	R	Status
	Materie R	R V R	R	Formation
Schema 3	Modus	Operation	Wert	Wirkung
	Geist I	I & I	I	Status
	Geist I	I V I	I	Transformation
	Materie/Geist	R & I	K	Kompl. Wirklichk.
	Materie/Geist	R V I	I=R( )	Transformation

Nach der (RVI)-Regel wirkt Geist auf Materie ein, erzeugt eine Transformation des ontologischen Modus der Materie und wird mit R( ) gekennzeichnet. Dies trifft klassisch auf die Information zu. Der Geist (I) gibt dem Inhalt eine Form (R) und codiert damit die Information R( ) in metasymbolischer Weise.

1. Schritt: Codierung der Information
   Der Geist (I) wirkt auf den Inhalt (I) ein und gibt ihm eine Form (R).
   (Inhalt) V (Geist) = (Form) = I V I = R = Code des Inhalts.

2. Schritt: Decodierung der Information
   Der Geist (I) decodiert den Inhalt (I) aus der Form (R).
   (Form) V (Geist) = R V I = R(Information)

Die Materie R wird zum aktiven Träger des Geistigen I und R( ) repräsentiert die entsprechende ontologische Transformation. So hat die metasymbolische Größe R( ) ein materielles Kleid aber I-Charakter. In der Immanenz kann sich der Geist nur durch die Materie manifestieren. Als praktisches Beispiel denke man an das gesprochene Wort, dessen geistiger Inhalt nur über eine materielle Schallwelle als interaktiver Träger dem Hörer als Information übermittelt werden kann.

(Schallwelle) V (Geist) = R V I = R(gesprochenes Wort)

Das Gleiche gilt für das geschriebene Wort. Die Schrift wird als syntaktische Information durch den Geist des Menschen zum Text als semantische Information. Der Geist wirkt als ontologischer Transformator:

(Schrift) V (Geist) = R(Text)

oder allgemein für eine Information

(syntaktische Information) V (Geist) = (semantische Information)

3.3 Der Geist ist es, der lebendig macht

Die (RVI)-Regel der ontologischen Transformation durch den Geist ist aber noch umfassender. So wird der materielle Körper durch die Geistseele zum lebendigen Leib beseelt.

(Körper) V (Seele) = R V I = R(Leib)

Diese Beziehung gilt für alle Bereiche des Lebens. Daher wird in der Philosophie die Seele als Grundform des Lebensprinzips bezeichnet.

Durch die Klammer bei R(Leib) soll die durchgeistigte lebendige Form der Materie (Körper) zum Ausdruck gebracht werden. Wie die genannten Beispiele zeigen, besteht der prinzipiell gleiche Zusammenhang zwischen Schrift und Text bzw. generell zwischen Form und Inhalt einer Information. Die syntaktische Information wird durch den menschlichen Geist (I) zur semantischen Information. Materie (R) wird durch (I) durchgeistigt und durch die verwandelnde Kraft des Geistes in eine höhere Seinsstufe R( ) transformiert und dadurch sinngemäß transzendiert.

Die Transformation (RVI) hat die ontologische Wirkung, tote Materie (Körper) in lebende Materie (Leib) zu verwandeln. Damit ist aber gezeigt, dass Leben grundsätzlich mit Materie und Geist zu tun hat und nicht nur mit Physik und Chemie, wie die Naturalisten, wie STANLEY MILLER, glauben, nur weil paradigmenkonform ihre Wissenschaften per definitionem auf die Materie beschränkt sind.

Damit wäre auch klargestellt, gelegen oder ungelegen, warum das MILLER-Experiment nicht funktionieren konnte und auch weiterhin nicht erfolgreich sein kann. Selbst wenn man diese Korrelationen (Wechselwirkung) zwischen Materie und Geist akzeptieren würde, könnten die Materialisten dagegen einwenden, dass beim MILLER-Experiment sehr wohl der Geist des Experimentators beteiligt war und daher diese Seinstransformation eintreten hätte können, wenn die Regel stimmt. Dieses Argument ist prinzipiell richtig, trifft aber graduell nicht zu und kann mit zwei Hinweisen entkräftet werden.

3.3.1 Kurzer logischer Exkurs

Erstens muss wie bei allen Prozessen das Wirkprinzip das Potential haben, die jeweils erforderliche Wirkung zu erzeugen also bei geistigen Prozessen der Geist.

Man braucht nur an die verschiedenen Sprachen zu denken. Wenn man die Sprache des anderen nicht kennt, kann man ihn nicht verstehen, auch wenn man den Inhalt des Gesagten an sich verstünde. Offensichtlich ist der menschliche Geist mit dem erforderlichen Potential zur Kreation des Lebens aus toter Materie nicht ausgestattet und daher überfordert, sonst wäre das 100-fach wiederholte MILLER-Experiment irgendwann einmal in den mehr als 50 vergangenen Jahren schon einmal gelungen.

Zweitens: Wenn die „Lebensregel (RVI)" stimmt und Leben schon vor dem Menschen entstand, muss, rein logisch gesehen, ein anderer Geist (I) damals vor ca 3,6 Milliarden Jahren, als das erste Leben aufgetreten ist, diese (RVI)-Operation bewirkt haben. Eine gute Botschaft für die Theisten.

Die metamathematischen Ableitungen im Zusammenhang mit Materie, Geist und Leben sind eine schlechte Botschaft für die Naturalisten und mögen dem Materialisten wie die berühmte Geschichte des Geistes aus der Flasche vorkommen.

Man kann aber aus dem täglichen Gebrauch zu diesen abstrakt beschriebenen Wechselwirkungen zwischen Materie und Geist bzw. Realität und Intelligibilität Beispiele angeben und einen guten Zugang zum Verständnis finden. Das Verständnis des gesprochenen Wortes als ontologische Transformation von der Syntax zur Sentenz wurde in diesem Zusammenhang schon erklärt. Beim Lesen geschieht das Gleiche für das geschriebene Wort. Die Schrift wird durch den menschlichen Geist in den Text transformiert und aus einer syntaktisch-formalen Information wird eine semantische mit einer Bedeutung für den Informierten nach der bereits abgeleiteten metamathematischen Regel

(Schrift) V (Geist) = R V I = R(Text)

Bei der Wechselwirkung zwischen Schrift und Geist vollzieht sich die ontologische Transformation auf einer intelligibel niedrigeren Potentialebene als bei der Transformation des toten Körpers in den lebendigen Leib. Diese niedrigere Ebene beherrscht der menschliche Geist offensichtlich. Prinzipiell sind es zwar die gleichen Algorithmen nur auf verschiedenen Potentialebenen. Mit seinem intelligiblen Potential kann der Mensch Schrift in Text, Symbol in Bedeutung verwandeln, tote Materie in Leben aber nicht. Entscheidend dabei sind zwei Tatsachen.

3.3.2 Kurzer philosophischer Exkurs

Erstens: Die Existenz des Geistes als Wirklichkeit neben der Materie als dualer Modus des Seins ist philosophisch gut abgesichert. Seine Existenz wird auch in den Naturwissenschaften implizit in der Information als Intelligibilität anerkannt und seine ontologischen Korrelationen (Wechselwirkungen) untersucht.

Man braucht nur an die genetische und epigenetische Information in der Biologie oder an das Quarkmodell in der Quantenphysik mit seinen interaktiven Geisterteilchen Quarks oder an die gesamte Energie- und Informationstechnik mit ihrer komplexen Wechselstromrechnung denken. Die Information als komplexe Wirklichkeit, bestehend aus Materie (Form) als deren Realteil und Geist (Inhalt) als deren intelligiblen Imaginärteil, ist durchaus plausibel, verifizierbar und wurde bereits ausführlich behandelt.

Eigens muss in diesem Zusammenhang nochmals darauf hingewiesen werden, dass in der gesamten Energie- und Informationstechnik diese Wechselwirkungen zwischen Real- und Imaginärteil bei der Berechnung und Dimensionierung der Systeme seit langem routinemäßig eingesetzt werden. Dazu müssen die reellen physikalischen und technischen Größen zu komplexen ergänzt werden, um sie regelrecht in den Berechnungen berücksichtigen zu können. Der Imaginärteil der Größen existiert dabei physikalisch nicht. Diese Ergänzung geschieht mittels komplexer mathematischer Transformationen, der Fourier-, Laplace- und Z-Transformation. PC, TV, Handy, Internet etc. funktionieren nach diesem Prinzip. Das kann in der schon genannten Literatur[32] kurz oder in der umfangreichen Fachliteratur genauer nachgelesen werden. Jeder weiß, dass Energie und Information die Schlüsselbegriffe der heutigen globalisierten Welt sind und was passieren würde, wenn man diese beiden Technologien unserer Gesellschaft entzöge. Wirtschaft, Wissenschaft, medizinische Versorgung etc. würden zusammenbrechen und viele hundert Millionen von Menschen sterben.

---

32   Vgl. WOLFGANG WEHRMANN, Kaum zu glauben, Peter Lang Verlag, internationaler Verlag der Wissenschaften, Frankfurt a. M. 2011, ISBN 978-3-631-59820-7, 45 f.

Zweitens: In der Weisheitsliteratur der Weltgeschichte werden wie schon erwähnt Wechselwirkungen zwischen Geist und Materie seit Jahrtausenden beschrieben. Sie affirmieren die Wahrheitsvermutung bezüglich deren Existenz und verifizieren die Gültigkeit der angegebenen metamathematischen Algorithmen. Man braucht dazu nur in der christlichen Tradition der Bibel oder im Koran des Islams bzw. dem Talmud des Judentums nachlesen, in der eine Fülle solcher Beispiele beschrieben ist. Einige weitere verifizierende Beispiele dazu können aus der Literatur[33] entnommen werden. Falsifizierende Beispiele sind dabei noch keine gefunden worden, so dass die metasymbolische Wahrheitstheorie gut verifiziert ist.

Mit dem Wort Geist müssen dabei noch keine theistischen Vorstellungen von Gott verbunden werden. Vom Materialisten wird nur erwartet, dass er den Geist nicht als Epiphänomen der Materie also rein materiell interpretiert sondern ihn als Intelligibilität und damit eigenen ontologischen Modus der Wirklichkeit akzeptiert. Dieser Modus unterliegt nicht der Gesetzmäßigkeit der Materie sondern besitzt eine eigentümliche Gesetzlichkeit. Der Modus der Intelligibilität kann auch mit der modernen Naturwissenschaft und ihren Gesetzen methodisch nicht erforscht werden, weil diese nach wie vor rein materialistisch orientiert und begrenzt ist. Man kennt daher in der modernen Naturwissenschaft noch keine Gesetze für intelligible Korrelationen zwischen Geist und Materie und stößt dadurch an Erklärungsgrenzen realistischer Phänomene wie z.B. bei der Entstehung von Materie und Leben. Zur Erforschung der eigentümlichen Gesetze der reklamierten Intelligibilität müsste in den Naturwissenschaften ein Paradigmenwechsel von der Physik zur holistischen Physik[34] und von der Mathematik zur holistischen Metamathematik vorgenommen werden. Dieser Paradigmenwechsel wird als überfällig kritisch reklamiert, weil er für die Korrektur der Evolutionstheorie in der heutigen Form wichtig ist und entscheidende Beiträge leisten könnte.

Ansätze zu einem solchen Paradigmenwechsel sind in der Quantenphysik bereits zu erkennen. Der bekannte Wiener Experimentalphysiker ANTON ZEILINGER weist in einem Interview[35] darauf hin, dass die moderne Quantenphysik bereits an Erklärungsgrenzen stößt. ZEILINGER sagt konkret, dass er aufgrund dieser explikativen Aporien eine Intervention einer Hyperintelligenz (Gott) im physikalischen Geschehen als Naturwissenschaftler nicht mehr ausschließen kann.

---

33 Vgl. WOLFGANG WEHRMANN, Kaum zu glauben, Peter Lang Verlag, Kap. 6.
34 Vgl. GÜNTHER EWALD, Gibt es ein Jenseits ? Topos plus Verlagsgemeinschaft, Mathias-Grünewald-Verlag, Mainz 2000, ISBN 3-7867-8350-0.
35 ANTON ZEILNGER, Interview in der Presse am 12.2.2009, (zit. in WOLFGANG WEHRMANN, Kaum zu glauben, 126.)

Dass ein Paradigmenwechsel generell gravierende Folgen für die Wissenschaften allgemein und für die Evolutionsbiologie bezüglich ihrer Erklärungen und Interpretationen im Besonderen hat, ist selbstevident. Eine konsequente Reflexion dieses Paradigmenwechsels führt zu einer neuen metasymbolischen Wahrheitstheorie, die auch die Aporie der Zirkelschlüsse über Variation und Kreation in der Evolutionstheorie löst.

3.4 Leben hat mit ideellen Regulativen zu tun

Der schon urgierte Paradigmenwechsel führt zu ontologisch und erkenntnistheoretisch neuen Schlussfolgerungen.

G. FALKNER zeigt in seinem schon zitierten Beitrag,[36] dass nach den neuesten Erkenntnissen der Zellbiologie organismische Entwicklungsprozesse mithilfe materieller und ideeller Regulative als geistgelenkte Information prozessphilosophisch erklärt werden können. Wenn es neben den materiellen auch ideelle Regulative als Wirklichkeiten in der lebenden Natur gibt, ist zu erwarten, dass es neben den allbekannten Wechselwirkungen zwischen materiellen Wirklichkeiten auch Interaktionen zwischen materiellen und ideellen Wirklichkeiten gibt. Welche Regulative gelten hic et nunc? CHRISTOF GRUBER meint in seinem Abschnitt dazu kongenuin:[37]

> „Der Mensch ist zum Zauberlehrling der Evolution geworden. Die angeborenen, weise lenkenden Programme und Regulative werden überbaut."

Umgangssprachlich formuliert, muss es im neuen Paradigma Wechselwirkungen zwischen Materie und Geist, den beiden ontologischen Modi der Wirklichkeit, geben. Eine vertiefte erkenntnistheoretische und metamathematische Analyse[38] zeigt, dass solche Wechselwirkungen nachweisbar und eigentümlich sind und die tote Materie in einen neuen ontologisch belebten Zustand transzendieren. Die ontologische Wirkung der Materie hat dabei rein formativen Charakter, ist eine ontologische Formation, wirkt also nur gestaltend innerhalb des jeweiligen Modus und dessen Gesetzen. Der Geist wirkt ontologisch transformatorisch und bewirkt eine Verwandlung (Wechsel, Transformation) des jeweiligen ontologischen Modus.

Das Entstehen lebender aus toter Materie kann man im Rahmen dieses neuen Paradigmas der Dualität des Seins mit Hilfe der genannten metasymbolischen

---

36 GERNOT FALKNER, Die Unvereinbarkeit des darwinistischen Paradigmas mit systemtheoretischen Erklärungen biologischer Entwicklungsprozesse, in: E. M. HERZOG u. H. BAUER (Hrsg.): Blickpunkt Darwin, Verlag: Books on Demand GmbH, Norderstedt 2011, 105-139.

37 CHRISTOF GRUBER, Der Zauberlehrling der Evolution, Einleitung.

38 Vgl. WOLFGANG WEHRMANN, Kaum zu glauben, Frankfurt a. M. 2011.

Wahrheitstheorie als ontologische Transformation durch Einwirkung ideeller auf materielle Regulative metamathematisch plausibel identifizieren. Damit kann Leben als Wechselwirkung zwischen Information und Materie erklärt werden. Informationen sind ideelle Regulative, die mit Geist zu tun haben. Da Leben mit Information zu tun hat, hat es auch mit ideellen Regulativen und mit Geist zu tun und kann daher allein durch Physik und Chemie mit deren rein materiellen Paradigma nicht erklärt werden.

Durch den algorithmischen Zusammenhang von Leben mit ideellen Regulativen, kann man erklären, wie durch den Geist aus der toten Materie des Körpers der beseelte lebendige Leib wird. Diesen ontologischen Paradigmenwechsel sollte besonders die Biologie als Lehre vom Leben redlich bedenken. Die aporetischen Wissenslücken der Evolutionstheorie über das Leben lassen sich wissenschaftlich objektiv nicht schließen sondern nur durch Akzeptanz der Dualität des Seins und deren Folgerungen. Die Prozessphilosophie von WHITEHEAD und FALKNER ist ein entscheidender Beitrag dazu. Dogmatisierte Behauptungen sind dazu keine redliche Alternative.

WHITEHEAD war Mathematiker und wirkte in Cambridge und Harvard. Er entwickelte eine Theorie der Kulturentwicklung, eine philosophische Kosmologie und eine Theorie der Entstehung von Religion. Er beschäftigte sich mit der Frage, wie „die Welt" und „die Wirklichkeit" mit verschiedenen Erkenntnisformen erschlossen werden können, die füreinander nur teilweise zugänglich sind. Er fragte, warum so große Übersetzungs- und Vermittlungsprobleme zwischen den verschiedenen Zugängen zur Wirklichkeit bestehen.

Er sah als Aufgabe der Philosophie, die „Abstraktionen" zu kritisieren, wobei er unter „Abstraktionen" die Leitgedanken in ethischer, ästhetischer, wissenschaftlicher und religiöser Hinsicht verstand, die sich in einer Kultur zu einer Weltanschauung verdichten.

WHITEHEAD sah die Moderne unter dem hauptsächlichen Einfluss der naturwissenschaftlichen „Leitabstraktionen" stehen. – Diese führten einerseits zu großen Erfolgen in Technik und Wissenschaft, bewirkten andererseits aber auch das Verkümmern ästhetischer und religiöser Paradigmen.

So unterscheidet er die „Natur" und einen „szientischen Materialismus". Während er unter Natur einen kontinuierlich-evolvierenden Verlauf versteht, bei dem die selbst-schöpferischen Vollzüge durch eine interne Kausalität hervorgebracht werden, sieht er im szientischen Materialismus eine Reduktion der Natur auf einen wert- gefühl- und absichtslosen Stoff, der als endgültige Tatsache der empirischen Wahrnehmung räumlich ausgedehnt ist, und aus externen Relationen besteht.

FALKNER griff diese Gedankengänge auf und wies wissenschaftlich nach, dass es in der Zellbiologie Steuerungen durch ideelle Regulative gibt.

4. Mathematische und technische Wissenschaften

4.1 Der Zufall das unbekannte Wesen

In diesem vierten Hauptkritikbereich der Evolutionstheorie ist besonders das mathematische Fachgebiet der Stochastik angesprochen, weil sie die Lehre vom Zufall ist und dieser ein Basisphänomen der Evolutionstheorie darstellt. Manchmal wird von den Evolutionsbiologen schutzargumentativ behauptet, der Zufall sei gar nicht so wichtig, weil manche seiner Eigenschaften die Evolutionstheorie in Frage stellt. Entzieht man aber der Evolutionstheorie den Begriff Zufall, fällt ihre Theorie in sich zusammen, weil dann nur mehr die Deterministik übrigbleibt und Ziel, Plan, Geist und Teleologie Einzug halten müssten.

Das Phänomen Zufall ist ein Basisaxiom der Evolutionstheorie; bei dessen Entzug folgt die Falsifikation der Theorie im Sinne der Mainstream-Biologen und deren Erklärungen. Diese Gefahr der Falsifizierung der Hypothesen der Evolutionstheorie wird in den fachwissenschaftlichen Veröffentlichungen immer stärker erkannt und angesprochen, wie z.B. von CONWAY MORRIS.

Als mathematisch Kundiger und Spezialist auf dem Gebiet der Stochastik kann man den oft geradezu unkundigen Gebrauch der stochastischen Fachbegriffe in der Evolutionsbiologie nicht widerspruchslos gelten lassen. Dabei werden die Grundbegriffe wie Ereignis, Ensemble, stochastische Variable, Wahrscheinlichkeitsfeld, Wahrscheinlichkeitsverteilung etc. in den einschlägigen Veröffentlichungen gar nicht genannt, geschweige denn fachgerecht verwendet. Manchmal taucht der Begriff Antizufall als nichtmathematischer Unbegriff auf.

4.2 Begriffsdefinitionen

Signal- und systemtheoretisch gibt es nur zwei prinzipiell eigentümliche Arten unterschiedlicher Prozesse. Alle Prozesse sind letztlich entweder deterministisch oder stochastisch bzw. Mischformen davon.

Eine Mischform bildet philosophisch gesehen eine unvermischte Einheit und ist ontologisch kein eigenständiger Modus. Der Fachbegriff stochastisch wird in der evolutionistischen Literatur praktisch kaum verwendet sondern es ist nur der Begriff zufällig bzw. ungerichtet zu finden.

Das Wort zufällig soll in der Biologie das Wesen des Vorganges der ungerichteten Mutation beschreiben. Dazu gibt es sofort drei kritische Einwürfe.

Erstens ist der Zufall nicht regellos sondern unterliegt den Gesetzen der Wahrscheinlichkeitstheorie, daher ist der Begriff ungerichtet irreführend, weil er eine Beliebigkeit intendiert. Darauf wurde schon früher hingewiesen.

Zweitens lehrt die Wahrscheinlichkeitstheorie, dass auch in stochastischen Prozessen ausgeprägte Orientierungen besonderer Art existieren, so dass das schon kritisierte Wort ungerichtet geradezu unzutreffend ist.

Drittens erscheint es nicht sehr einsichtig, die Mutationen als ungerichtet zu bezeichnen, wenn man in der Literatur liest, dass über 99 Prozent der bisher bekannten Mutationen Negativmutationen[39] sind. Der Prozess Mutation besitzt also offensichtlich eine starke negative Inklination und weist damit tendenziell eine massive genetisch destruktive Orientierung auf. Der Mutationsprozess ist signaltheoretisch also nicht ungerichtet. Als technischer Wissenschaftler kann man sich in diesem Zusammenhang aus Kollegialität bestenfalls nur wundern, dass sich die Biologen trauen zu behaupten, dass einerseits diese genetisch negative Inklination der Mutation ungerichtet ist und dass andererseits das biologisch stark negativ orientierte darwinistische Paradigma von „Mutation und Selektion" in Alleinstellung und Allgemeingültigkeit die fulminante positiv gerichtete Entfaltung des bisher ungelösten Phänomens Leben mit diesem genetisch extrem negativ orientierten Mechanismus erklärt. Es ist kaum zu glauben, dass die Mainstream-Biologen als wissenschaftliche Kollegen meinen, bei einer derart antithetischen Konstellation zwischen einer destruktiv-lastigen Ursache (>99% Negativmutationen) und seiner tatsächlich massiv-positiven Wirkung (survival of the fittest), die gesamte Last der Evolution einer „Negativ-Vitalität" als forma nobilis der Höherentwicklung des Lebens von der Amöbe bis zum Menschen seriös aufbürden zu können. Schließlich widerspricht es allen wissenschaftlichen Tugenden in dieser prekären Situation zu versuchen, das darwinistische Paradigma durch Dogmatisierung zu retten, statt wissenschaftlich redlich seinen Gültigkeitsbereich zu klären. Noch dazu gibt es in der Zwischenzeit sogar experimentell fundierte Falsifikationen für den Alleinstellungsanspruch und für die Allgemeingültigkeit des DARWINschen Paradigmas[40].

Mutation ist kein ungerichteter Prozess. Es muss daher kritisch angemerkt werden, dass diese Bezeichnung für den in der Evolution gemeinten Vorgang desinformativ ist und nach wie vor unkorrekt verwendet wird. Es ist daher nicht übertrieben, die Zuordnung der Begriffe zufällig und ungerichtet als wissenschaftlich unzutreffend zu bezeichnen und daher intellektuell redlich zu kritisieren.

---

39 R. JUNKER, S. SCHERER, Evolution ein kritisches Lehrbuch, Weyel Lehrmittelverlag Gießen, 4. Auflage 1998, ISBN 3-921046-10-6, 49.

40 GERNOT FALKNER, Die Unvereinbarkeit des darwinistischen Paradigmas mit systemtheoretischen Erklärungen biologischer Entwicklungsprozesse, in: E. M. HERZOG u. H. BAUER (Hrsg.): Blickpunkt Darwin, Verlag: Books on Demand GmbH, Norderstedt 2011, 105-139.

Darüber hinaus bildet in diesem Zusammenhang der Pseudozufall als Begriff und Phänomen für die Evolutionstheorie ein besonderes Hindernis und ist nicht vernachlässigbar, weil er generell und speziell in der Evolution die gleiche Rolle wie der Zufall spielen kann. Im Falle des Pseudozufalls ergeben sich aber daraus ganz andere Konsequenzen. Der Pseudozufall wird in der Evolutionsliteratur bis jetzt gar nicht erwähnt, geschweige denn behandelt. Die Existenz des Pseudozufalls wirft aber erkenntnistheoretisch wesentliche neue Probleme für die Erklärungsversuche der Evolutionstheorie auf, die wenigstens benannt eigentlich gelöst werden müssten. Wie sich zeigen wird, kann die Frage „Zufall oder Pseudozufall ?" durch die Evolutionsbiologen gar nicht gültig beantwortet werden. Die Antwort ist eine unentscheidbare Aussage nach GÖDEL und die konkreten Probleme daher naturwissenschaftlich nicht lösbar. Die Möglichkeit des Pseudozufalls ist für die Naturalisten keine gute Nachricht, denn Pseudozufall kann von echtem Zufall durch Außenbeobachtung praktisch nicht unterschieden werden. Dieses stochastische Dilemma wird im Folgenden noch näher dargelegt.

4.2.1 Deterministisch

Das Verhalten jedes Prozesses wird durch mathematische Regeln der Prozesstheorie beschrieben, die natürlich weit über das hier Angedeutete hinausgehen.

Wird bei einem Prozess der Ablauf durch einen Algorithmus gestaltet, den man kennt, wie z.B. bei industriellen Fertigungsprozessen, so ist prinzipiell für einen solchen Fall der vergangene sowie gegenwärtige Verlauf des Prozesses vollständig bekannt und der zukünftige Verlauf mit Sicherheit vorhersagbar. In der Prozesstheorie nennt man solche Prozesse deterministische Prozesse. Für deterministische Prozesse sind Vergangenheit sowie Gegenwart bekannt und die Zukunft absolut gesichert vorhersagbar weil algorithmisch beschreibbar. Bei einem deterministischen Prozess kann man ausrechnen, wie er sich zu einem bestimmten vergangenen Zeitpunkt verhalten hat oder für einen zukünftigen Zeitpunkt verhalten wird. Der Fall eines Steines in einen Brunnen, das Ablaufen eines Uhrwerks oder etwa die Sinusschwingung sind deterministischer Prozess. In der klassischen Mechanik meinte man, alles berechnen zu können, wenn man nur die Ausgangspositionen aller Massenpunkte und ihre Anfangsgeschwindigkeiten sowie die Kräfte zwischen ihnen habe. Es zeigte sich aber dann, dass dies bei komplexen Systemen praktisch unmöglich ist. So kann in einem komplexen System eine geringe Veränderung eines Teils sich auf das Gesamtverhalten wesentlich auswirken. In diesem Sinne ist der Evolutionsprozess nicht deterministisch, denn sein Verlauf in der Vergangenheit wie in der Zukunft kann nicht berechnet sondern nur vermutet werden.

4.2.2 Stochastisch

Es gibt aber auch Prozesse, bei denen das zukünftige Verhalten weder berechenbar ist noch anders genau bestimmt werden kann. Man kann für solche Prozesse ihr zukünftiges Verhalten nur durch Vermutungen ein- und abschätzen. Gegebenerweise sind verschiedene zukünftige Verhaltensformen möglich, die durch die Struktur des Prozesses eigentümlich geprägt und begrenzt sind. So kann der Prozess „Würfeln" nur Zahlen 1 bis 6 als Ergebnisse, fachlich Ereignisse genannt, produzieren, ohne dass man sagen kann, welche Zahl zu einem bestimmten zukünftigen Zeitpunkt die nach oben gekehrte Seite des Würfels zeigen wird. Die Praxis zeigt, dass man dazu eine bestimmte Vermutung äußern kann, die sich mit einer bestimmten Wahrscheinlichkeit als richtig erweist. Der Prozess Würfeln verhält sich in seiner Zukunft weder gesetz- noch regellos sondern stochastisch. (vgl. Tabelle weiter unten und Erklärung).

Solche Prozesse werden daher stochastische Prozesse oder Zufallsprozesse genannt. Die genannten Wahrscheinlichkeiten für die verschiedenen möglichen Ereignisse sind unterschiedlich und werden durch die Wahrscheinlichkeitstheorie beschrieben. Diese und ihre Gesetze sind Teil der Stochastik, einer eigenen mathematischen Disziplin.

Tabelle 2: Wahrscheinlichkeiten für die verschiedenen Ziffern bei einem idealen Würfel.

Würfelziffer	1	2	3	4	5	6
P(x)	1/6	1/6	1/6	1/6	1/6	1/6

Die Tabelle zeigt die Gleichverteilung der einzelnen Wahrscheinlichkeiten für einen idealen Würfel; dennoch könnte man beim konkreten Würfeln nicht vorhersagen ob z. B. die Ziffernfolge 1, 1, 4, 6, 4, 3, 1, 5, 2, 5, 4, 3, 6, 2, 4,… oder die Ziffernfolge 5, 3, 6, 2, 3, 1, 5, 4, 2, 6, 3, 4, 2, 5 … oder eine andere Ziffernfolge auftreten wird. Die Wahrscheinlichkeitstheorie macht keine Aussage über Einzelereignisse (so wie man beim radioaktiven Zerfall nicht vorhersagen kann, *welches* Atom als nächstes zerfallen wird), sondern sie gibt nur Aussagen über das Verhalten großer Kollektive.

Die Evolutionstheorie wird kritisiert, weil sie den Zufall vom Pseudozufall als Phänomen und Fachbegriff nicht unterscheidet. Beide Begriffe gehören zur Stochastik und beide Phänomene sind durch Außenbeobachtung innerhalb einer möglichen beliebig langen Zeitdauer nicht unterscheidbar. Der Zufall wird aber durch einen *stochastischen* und der Pseudozufall durch einen *deterministischen* Prozess beschrieben. Ihre Genesis und die sich daraus ergebenden Folgerungen für die Evolution sind daher grundverschieden, worauf noch eingegangen wird.

4.3 Zufall, Wahrscheinlichkeit und Notwendigkeit

Das unter Punkt 4.2 Gesagte trifft genauso auf die zentralen Begriffe Zufall, Wahrscheinlichkeit und Notwendigkeit ganz besonders in der Evolutionstheorie zu. Wenn in der Evolutionstheorie von Zufall und Wahrscheinlichkeit gesprochen wird, so fällt das eindeutig in den Bereich der Stochastik. Zufall ist ein stochastischer Begriff und Notwendigkeit ein deterministischer. Die beiden Begriffe haben gegenteilige Bedeutung. Die beiden Phänomene Zufall und Notwendigkeit unterscheiden sich durch ihre inneren Ordnungen, ihre Wechselwirkungen und ihre Gesetzmäßigkeiten. Sie sind ihrem Wesen nach grundverschieden und dürfen nicht vermischt werden. Das wäre genauso, wie die Vermischung von Feuer und Wasser. Werden Zufall und Notwendigkeit als Paradigma verwendet, so besteht die Gefahr, dass sie zu einem antinomisch vermischten Verbund deformiert werden, mit dem man jede Behauptung pseudowissenschaftlich unterstützen und erklären kann. Lässt man die ontologische Diskrepanz außeracht, ist es so ähnlich wie mit positiven und negativen Quantitäten, die man jeweils so vermischen kann, bis man das gewünschte Ergebnis erreicht. Dieser Vorgang ist eine wissenschaftliche Deformation im Sinne LEO GABRIELS und daher unzulässig.

Die Begriffe Zufall und Notwendigkeit sind unter der fachlichen Bezeichnung stochastisch und deterministisch Gegenstände einerseits der Mathematik andererseits der Nachrichtentheorie. Diese Disziplinen müssen mit strengen Definitionen arbeiten und können keine ontologischen Bruchstellen nicht einmal definitorische Graubereiche zulassen. Das hat im Folgenden auch für die Evolutionstheorie Bedeutung.

Wissenschaftstheoretisch braucht jede Wissenschaft ein axiomatisches System und jede Theorie innerhalb dieser Wissenschaft basiert darauf. Eine Änderung des axiomatischen Systems führt genau genommen zu einer anderen Wissenschaft. Wenn es erklärungsmäßig in der Evolutionstheorie eng wird, hört man oft den Satz „der Zufall ist gar nicht so wichtig". Die Evolutionstheorie ist aber ohne die Vorstellung zufälliger Ereignisse (oft ungerichtet benannt) bzw. solcher Prozesse in der heutigen Form und Deutung nicht aufrecht zu erhalten. Der Zufall ist ein Axiom der Evolutionstheorie als ziel-, plan- und geistloser Auslöser einer Wirkung. Wenn in einem evolutiven Prozess von Zufall und Notwendigkeit der zufällige Anteil nicht (so) wichtig ist, dann wird automatisch der deterministische Anteil wichtiger. Das induziert deterministische Aspekte mit Ziel und Plan und es kommen zwangsläufig teleologische Orientierungen zum tragen. Diese sind aber in der Evolutionstheorie der Main-Stream-Biologen verboten, weil sie ihr axiomatisches System massiv stören und teilweise zerstören.

Der genannte Satz mancher Evolutionsbiologen „der Zufall ist gar nicht so wichtig", ist daher ohne wissenschaftlichen Wert und eine ideologische Schutzargumentation. Der Zufall ist ein Basisphänomen im axiomatischen System der Evolutionstheorie und die Wahrscheinlichkeitstheorie seine adäquate Beschreibung. Dies darf im kritischen Bedarfsfall weder verharmlost noch entwertet noch ignoriert werden.

4.3.1 Zufall ist weder gesetz- noch regellos

Da sich die Evolutionsbiologen im mathematischen Gebäude der Stochastik oft sehr „freizügig" verhalten, ist ein kurzes Implement zur Klärung der Verhältnisse unvermeidbar. In der Stochastik treten die Begriffe Zufall und Wahrscheinlichkeit definitorisch immer im Zusammenhang mit Zuordnungen auf wie z.B. Zufallsprozess oder Wahrscheinlichkeitsfeld. Ein Basisbegriff in einem stochastischen Prozess (Zufallsprozess) ist die Zufallsfunktion als Zuordnung von Zufallsvariablen $X(\xi, t)$, den sogenannten Ereignissen oder Zuständen, über einem Wahrscheinlichkeitsfeld $\{S, K, P\}$ mit Elementarereignissen (ξ, ε, S) zu den Elementen t einer Menge T, gewöhnlich der Zeit[41]. Wobei K ein Mengenkörper ist und es sich bei P um die Wahrscheinlichkeitsmasse jener Teilmengen von S bzw. K handelt, deren Elemente durch ξ gebildet werden. Genaueres und Weiteres muss in den mathematischen Literatur, Wörterbüchern und der zahlreichen Fachliteratur nachgelesen werden. Die Biologie müsste sich die Mühe machen, ihren Begriffen die hier genannten fachlichen Basisbegriffe identitätsstiftend und univok zuzuordnen, so dass ein sinnvolles Gespräch zwischen Biologen und Mathematikern möglich wird.

Dieser kurze Absatz über stochastische Basisbegriffe soll beispielhaft zeigen, dass es jedenfalls für alles was mit den Worten Zufall und Wahrscheinlichkeit zusammenhängt, strenge Regeln und präzise Gesetze gibt, die in der Wahrscheinlichkeitstheorie beschrieben und in der Stochastik zusammengefasst sind. Diese muss man aber ausreichend kennen und einhalten, wenn man mit dem Begriff Zufall operiert. Es muss festgehalten werden, dass die vorliegenden Erklärungen zu den Begriffen deterministisch und stochastisch nur ein nicht reduzierbares Minimum darstellen.

Der exakte und kompetente Umgang und Gebrauch der Basisbegriffe der Stochastik, wie Ensemble, Ereignis, Wahrscheinlichkeitsfeld, stochastische Variable etc. im Bezug auf Zufall und Pseudozufall und deren Unterscheidung

---

41   J. NAAS, H.L. SCHMID, Mathematisches Wörterbuch Band II, B. G. Teubner Verlagsgesellschaft GmbH, Stuttgart 3. Auflage 1967, 917.

muss kritisch von den Evolutionisten eingefordert und zur Beherzigung ihnen ins Stammbuch geschrieben werden.

Durch einen fachlich exakten Gebrauch der Basisbegriffe im Zusammenhang mit Zufall und Pseudozufall könnten die Evolutionsbiologen endlich mit den Mathematikern und technischen Wissenschaftlern konstruktiv, wenn auch diskursiv, in einen wissenschaftlich fundierten Dialog eintreten.

4.4 Pseudozufall

Das Phänomen Pseudozufall begründet wissenschaftlich stringent, dass selbst der Zufall die oben genannten Schrecken der Evolutionisten bezüglich einer „zielorientierten und geistvollen Evolution" nicht eliminieren kann. Die Stochastik lehrt, dass hinter einem zufälligen Prozessgeschehen streng deterministische Algorithmen stehen und einen Pseudozufallsprozess steuern können, der innerhalb beliebiger endlicher Beobachtungszeiträume (Periodendauer), also in der Praxis, von einem echten Zufallsprozess nicht unterschieden werden kann.

Selbst wenn es nur das Problem wäre, dass das, was in der Evolution wie Zufall aussieht auch echter, wenn auch extrem unwahrscheinlicher Zufall ist, wäre der Gradualismusstreit allein schon mit dem Gesetz für Verbundwahrscheinlichkeiten und dem Ergodentheorem erledigt und die Theisten könnten zufrieden sein. Aber es kommt noch schlimmer.

Die moderne Nachrichtentheorie hat in der Stochastik den Fachbegriff Pseudozufall als wichtiges Hilfsmittel bei der Entwicklung und Prüfung von Telekommunikations- und Informationssystemen aufgegriffen und Algorithmen entwickelt, um zur Bewertung und zum Testen solcher Systeme modellhaft vorgegebene stochastische Prozesse zu simulieren und zu realisieren. Dieser Begriff Pseudozufall hat nicht nur für die moderne Nachrichtentheorie technische sondern auch für die Evolutionstheorie erkenntnistheoretische Bedeutung. Daher folgt eine kurze kritische Minimal-Implikation zum Begriff Pseudozufall im Bezug auf die Evolutionstheorie.

Zu dem genannten Umstand einer ungenauen leider oft auch inkompetenten Verwendung des Begriffes Zufall in der Evolutionstheorie kommt noch der „mentale Hammer" hinzu, dass es, wie schon erwähnt, in der Stochastik neben dem Fachbegriff Zufall auch den Fachbegriff Pseudozufall, für das Phänomen eines Zufalles besonderer Art gibt. Von Pseudozufall liest man in der evolutionistischen Literatur zwar nie etwas, obwohl dieses Phänomen evolutionistische Mechanismen an entscheidenden Stellen erkenntnistheoretisch grundsätzlich in Frage stellt. Man erhält den Eindruck der Begriff Pseudozufall ist den Evolutionsbiologen unbekannt. Manchmal stößt man in der Literatur auf den Begriff Antizufall. Dies ist aber kein Fachbegriff sondern ein desinformativer laienhafter Ausdruck, ein Unbegriff. Diesem existenten Fachbegriff des Pseudozufalls, der, wie gezeigt wird, einen für die Evolutionsbiologie offensichtlich neuen möglichen Mechanismus beschreibt, ist daher der gegenständliche kritische Abschnitt gewidmet.

4.4.1 Pseudozufallsfolgen

Für spezielle Aufgabenstellungen bei kommunikations- und informationstechnischen Systemen wurden zur Realisierung stochastischer Prozesse (Zufallsprozesse) mit bestimmten gewünschten Eigenschaften, Pseudozufallsfolgen (PZF) auf der Basis spezieller deterministischer Algorithmen, entwickelt. Durch Netzwerke logisch verknüpfter rückgekoppelter Schieberegister kann man PZFs beliebiger Länge erzeugen und durch signaltechnische Verarbeitungen dieser PZFs vielfältige pseudostochastische Prozesse zum Aufbau und zur Prüfung nachrichtentechnischer System realisieren. Diese PZFs werden durch rückgekoppelte binäre Schieberegister der Länge r erzeugt und haben nach außen einen echten zufälligen Charakter, hinter dem aber rein deterministische Algorithmen stehen. PZFs sind im Grunde deterministische binäre Signale. Die umfangreichen theoretischen und technischen Grundlagen dazu können in der Literatur[42] nachlesen werden. Durch die deterministische Hintergrundstruktur sind diese binären PZFs periodisch, wiederholen sich also nach einer bestimmten Zeit punktgenau. Die maximale Periode L(r) dieser Wiederholung wächst mit der Anzahl r der Schieberegister nach der Formel $\{L(r) = 2^r - 1\}$ exponentiell. So bewirkt eine Verdoppelung von r nicht etwa die Verdoppelung von L(r), sondern annähernd das Quadrat der ursprünglichen Periode. Vergrößert man r beispielsweise um 10, verlängert sich die Periode um den Faktor 1024. Mit der Wahl von r kann daher die Periode beliebig lang gemacht werden, jedenfalls so lange, dass diese periodische Wiederholung außerhalb einer bestimmten möglichen Beobachtungszeit stattfindet und daher von außen nicht erkannt werden kann.

Eine solche PZF verhält sich innerhalb einer beliebig langen Periodendauer wie eine echte binäre Zufallsfolge und kann innerhalb einer Beobachtungszeit, die kürzer als die Periode ist, von einer echten Zufallsfolge durch Außenbeobachtung nicht unterschieden werden. Das gilt in gleicher Weise für alle aus PZFs durch logische Verknüpfungen, Transformationen etc. abgeleiteten allgemeinen Zufallsprozesse. Das bedeutet, dass man echte Zufallsprozesse und Pseudozufallsprozesse innerhalb der Periodendauer durch retrospektive Außenbeobachtungen nicht unterscheiden kann.

---

42 H. WEINRICHTER, F. HLAWATSCH, Stochastische Grundlagen nachrichtentechnischer Signale, Springer Verlag Wien, New York 1991, ISBN 3-211-82303-4.

4.4.2 Zufall ist kein Beweis für ziel- und geistlose Evolution

Wenn also in der Evolution des Lebens zufällige Ereignisse oder Prozesse beobachtet werden, kann man wissenschaftlich objektiv und intellektuell redlich nicht entscheiden, auf keinen Fall mit Sicherheit, ob diese von einem echten Zufallsprozess ohne Ziel und Plan stammen oder von einem Pseudozufallsprozess mit deterministischer Hintergrundstruktur, die nach einem mit Ziel und Plan bewusst gestalteten deterministischen Algorithmus erzeugt wurde. Selbst echter Zufall ist nicht gesetz- und regellos! Und eine zusätzliche „Zufallsfrage": wo kommen diese Regeln her? Damit ist das Phänomen Zufall erkenntnistheoretisch kein Beweis für Ziel-, Plan- und Geistlosigkeit und schließt logisch ein ideelles Regulativ mit intelligiblem Hintergrund, oft mit Schöpfung in Verbindung gebracht, nicht grundsätzlich aus. Dabei soll der Begriff „intelligibler Hintergrund", eine Umschreibung für das Wort Geist, noch offen bleiben und nur bedeuten, dass Zufall einen im Vergleich zur Materie anderen Modus der Wirklichkeit z.B. ideelle Regulative prinzipiell nicht ausschließt.

Das Phänomen Zufall kann weder zur Verifikation noch zur Falsifikation des Naturalismus sowie des Theismus in der Evolutionsfrage herangezogen werden. Zufall oder Pseudozufall ist in der Evolution eine typisch unentscheidbare Aussage nach GÖDEL. Als Beweis für Ziel-, Plan- und Geistlosigkeit in der Evolution ist Zufall daher ungeeignet. Der angesehene Naturwissenschaftler FRANCIS COLLINS meint kongenuin dazu, obwohl aus unserer menschlichen Perspektive „Evolution so aussehen könnte, als wäre sie vom Zufall gesteuert, das Resultat aus Gottes Perspektive völlig vorgegeben wäre".[43]

Es muss kritisiert werden, dass ungerichtete Mutation einfach obligat als Zufall bezeichnet wird, obwohl dafür einerseits die Ensembles und Ereignismengen viel zu klein sind und andererseits die exakte mathematische Terminologie fehlt. Die genannten Phänomene Zufall/Pseudozufall als Beweis/Gegenbeweis für/gegen Schöpfung des Lebens werden von den Evolutionisten wissenschaftlich überhaupt nicht aufgegriffen. Zufall ist kein Beweis oder Garantie für eine ziel-, plan- und geistlose Evolution. Das Phänomen Zufall ist nur als Vermutung dafür genauso wie dagegen zulässig.

Die Evolutionisten sollten sich freuen, dass ihre Disziplin nicht zur Geistlosigkeit verurteilt ist. Die Theisten könnten sich freuen, dass sie logisch korrekt und wissenschaftlich kompatibel behaupten können, dass mit dem Phänomen Pseudozufall eine wissenschaftlich objektive Antwort auf ihre Ursprungsfragen in ihrem Sinne möglich ist. Ihre Behauptung einer geistgewirkten Evolution kann sehr wohl wahr sein, weil sie kein wissenschaftlicher Widerspruch in sich ist. Nach heutigem Wissenstand ist das auch nicht entscheidbar. Aussagen über

---

43 J. LENNOX, Hat die Wissenschaft Gott begraben, 169.

das Phänomen Zufall im Zusammenhang mit Evolution können zwar sowohl von den Naturalisten als auch von den Theisten als Argument, aber nicht als Beweis verwendet werden und sollten als unentscheidbare Aussagen nach GÖDEL anerkannt werden.

Allerdings ist die Wahrheitsvermutung einer geistgewirkten Evolution wesentlich größer als die gegenteilige Annahme. Dazu sei G. und R. FALKNER, aus einem Manuskript: „Die Evolutionstheorie als Schnittstelle zwischen Biologie, Philosophie und Theologie" zitiert:

Die begrifflichen Unklarheiten der neo-darwinistischen Hypothese in Hinblick auf die zugrunde liegenden Vorstellungen über ‚Selektion', ‚Anpassung' und ‚Gen' haben im 20. Jahrhundert zu verschiedenen Modifikationen geführt, die nunmehr in der sogenannten ‚synthetischen Evolutionstheorie' mit Ergebnissen der Populationsgenetik kompiliert worden sind. Da aber keine dieser Modifikationen von einer Erklärung der Evolution auf der Basis des Cartesianischen Substanzbegriffs abrückt, leidet diese Hypothese immer noch an der fundamentalen Unzulänglichkeit, die der Mathematiker und Philosoph Alfred North Whitehead gegen jede Erklärung der Evolution auf rein materialistischer Basis vorgebracht hat. In seinem Buch: ‚Wissenschaft und moderne Welt' stellt er die Inkonsistenzen einer materialistischen Evolutionstheorie auf die gleiche Stufe mit der oberflächlichen Sichtweise von Kreationisten, die eine wörtliche Interpretation der Heiligen Schrift verlangen und schreibt: ‚Der ursprüngliche Stoff oder das Material, von dem eine materialistische Philosophie ausgeht, ist der Evolution unfähig. Dieses Material ist an sich die elementare Substanz. Evolution wird nach der materialistischen Theorie auf ein anderes Wort für die Beschreibung von Veränderungen in den äußeren Relationen zwischen Materieteilchen reduziert. Hier gibt es nichts, was der Evolution fähig wäre, weil *eine* Menge von äußeren Relationen so gut wie jede andere ist. Möglich ist allein eine nicht zweckgerichtete und nicht fortschreitende Veränderung. Aber die ganze Lehre läuft darauf hinaus, dass eine Evolution der komplexen Organismen aus früheren Zuständen weniger komplexer Organismen stattfindet (Whitehead, 1925/1988, S. 130).'

Mit den äußeren Beziehungen zwischen Materieteilen spricht Whitehead eine entscheidende Schwachstelle des mechanistischen Weltbilds an, das jede Veränderung biologischer Systeme auf die Wirkung äußerer Kräfte auf Materiekonfigurationen zurückführt und darauf angewiesen ist, dass die Ursache immer *vor* der Wirkung kommt. Dieses Modell versagt daher bei allen Phänomenen, bei denen zwei oder mehrere Prozesse *gleichzeitig* auf einen für den Organismus sinnvollen Endzustand hin ausgerichtet werden. Ein derartiger Vorgang ist bei mechanistischen Erklärungen nicht vorgesehen, weil hier ein noch nicht existierender Endzustand eine regulierende Funktion bei vorher ablaufenden Prozessen ausüben würde und somit die Ursache erst nach der Wirkung käme. Aus diesem Grund benötigt man für eine Analyse zielgerichteter Entwicklungen neben wirkursächlichen Abläufen irgendeine Form *endursächlicher* Steuerung, die als koordinierendes Prinzip fungiert und eine *innere Beziehung* zwischen den Teilen eines Organismus widerspiegelt.

4.5 Gradualismus und das Ergodentheorem

Der bekannte Soziobiologe RICHARD DAWKINS schreibt in seinen Buch „Der Gotteswahn"[44] auf Seite 169 sinngemäß, dass man kein Mathematiker sein muss, um einzusehen, dass sich Komplexität wegen der gigantischen Unwahrscheinlichkeit ihrer Entstehung nicht spontan selbst bilden kann. Aber die Selektion als additiver Prozess löst dieses Problem durch eine Unzahl kleiner Schritte, die nicht so sehr unwahrscheinlich sind, dass sich ein echtes Hindernis ergeben würde. Dieser Prozess wird unter dem Namen Gradualismus propagiert. Schon CHARLES DARWIN vertrat diese Ansicht aus der damaligen Unkenntnis über die Gesetze der Polymerchemie verständlicherweise. DARWIN konnte diese Exkulpation für sich in Anspruch nehmen, DAWKINS heute nicht mehr, denn er übersieht dabei, dass diese Argumentation bezüglich der Überwindung der gigantischen Unwahrscheinlichkeit der Bildung komplexer biologischer Systeme wie z.B. eines Vogels oder Säugetiers durch Gradualismus wegen des Ergodentheorems der Stochastik keinen Lösungsbeitrag leisten kann. DAWKINS' gradualistisches Erklärungsmodell geht an der gegenständlichen Problemstellung völlig vorbei. Die Naturwissenschaft setzt die Ergodizität der Natur und des gesamten Kosmos als ihre Existenzgrundlage voraus. Ohne Ergodizität könnte sie gar nicht betrieben werden und daher gilt das Ergodentheorem auch in der Evolution. Dieses Theorem besagt vereinfacht formuliert, dass Schar- und Zeitmittelwerte in ergodischen stochastischen Prozessen gleich groß sind. Wenn die Evolution nur durch Zufall und nichts als Zufall (JAQUES MONOD) zustande gekommen ist, ist nach diesem Ergodentheorem die Wahrscheinlichkeit für die Entstehung einer Komplexität völlig unabhängig davon, ob diese in einem Sprung (Scharmittelwert) oder in unzähligen kleinen Schritten (Zeitmittelwert) zustand kommt. Das gradualistische Argument DAWKINS' ist wahrscheinlichkeitstheoretisch unhaltbar. Der Gradualismus ist durch die Chemie der Polykondensation und die Stochastik widerlegt. Die Makroevolution ist durch den Gradualismus nicht erklärbar. Noch dazu misst DAWKINS der Selektion in seiner Argumentation kreative Kräfte zu obwohl in der Zwischenzeit wie bereits erwähnt selbst Verfechter von Evo-Devo wie GERT MÜLLER[45] anerkennen, dass Selektion keine Innovationsfähigkeit hat. MÜLLER schreibt „Die Entstehungs- und Ordnungsaspekte der morphologischen Entwicklung fehlen in der Evolutionstheorie". Die Wörter Anderes und Neues liegen erkenntnistheoretisch auf verschiedenen be-

---

44 RICHARD DAWKINS, Der Gotteswahn, Ullstein Buchverlag, Berlin 2007, ISBN 978-3-550-08688-5.

45 J. LENNOX, Hat die Wissenschaft Gott begraben, SCM R. Brockhaus 2009, 150.

grifflichen Ebenen. Variation ist nicht Kreation. Treffend schreibt CHRISTOF GRUBER in seinem Beitrag:[46]

„Wir produzieren jeweils ein Milieu sozialer Selbstverständlichkeiten und Tabus, um in ihnen beliebige Blüten des evolutionären Aberglaubens ungestraft wuchern zu lassen."

4.6 Intelligent Design (ID) und Irreduzible Komplexität (IK)

In diesem Zusammenhang sollen auch einige Grundgedanken zur schon etwas quälenden Diskussion über Intelligent Design (ID) und Irreduzible Komplexität (IK) dargelegt werden. Es steht sowohl bei Befürwortern als auch bei Gegnern von ID außer Streit, dass man in der Natur Fakten vorfindet, die so genial und komplex sind, dass man dahinter mit hoher Wahrscheinlichkeit einen Designer vermuten müsste, weil ein zufälliges Zustandekommen mathematisch unvorstellbar unwahrscheinlich ist.. Wenn so ein „Naturfaktum" als Naturprodukt durch ein menschliches „Artifaktum" als Kunstwerk nachgebildet werden könnte, so würde auch bei gleichem Erscheinungsbild niemand an einem dahinter stehenden Designer zweifeln. Auch wenn sich CHRISTIAN KUMMER in seinem Buch[47] viel argumentative Mühe gibt, natürliches Design ohne Designer und artifaktisches Design mit obligatem Designer als jeweils eigentümlich zu definieren, weiß auch er, dass ein exakter Beweis in dieser Angelegenheit wegen des stochastischen Dilemmas von Zufall/Pseudozufall, stringent nicht möglich ist und außerdem die schon genannte gigantische Unwahrscheinlichkeit zufälligen Zustandekommens dem gesunden Hausverstand, der praktischen Vernunft und dem Pars-Sanior-Prinzip massiv widerspricht. KUMMER sagt es aber leider nicht, weil er die Mathematik nicht anspricht. Hier sollte man die bewährte Methode des „pars-sanior" anwenden. Ohne sich der Intelligent-Design-Schule unkritisch anzuschließen, die in diesem Phänomen einen Beweis statt eines Hinweises für einen Designer sieht, kann man sich aber der Meinung von KARDINAL CHRISTOPH SCHÖNBORN[48] aus Wien anschließen, dass die Annahme eines Designers die sinnvollere und vernünftigere Sichtweise ist als die des radikalen Nihilismus eines FRIEDRICH NIETZSCHES. Das Pars-Sanior-Prinzip legt zumindest vier Gründe für die Gültigkeit der Aussage SCHÖNBORNS nahe:

46 CHRISTOF GRUBER, Der Zauberlehrling der Evolution, 1. Kapitel, Das Unvernünftige an der evolutionären Vernunft.
47 CHRISTIAN KUMMER, Der Fall Darwin, 117 ff.
48 CHRISTOPH SCHÖNBORN, Schöpfung und Evolution zwei Paradigmen und ihr gegenseitiges Verhältnis, Picus-Verlag Wien, 2009, ISBN 978-3-85452-546-2, 40.

1. Wenn etwas nach Design aussieht und die Eigenschaften eines Designs aufweist, warum soll es dann kein Design sein? Die Wahrscheinlichkeit für die Wahrheitsvermutung dieser Annahme ist wesentlich größer als für die gegenteilige Behauptung. Das Verhältnis der beiden Wahrscheinlichkeiten ist äußerst unausgewogen. Daher müsste das Fehlen eines Designers in der Natur exakt bewiesen werden.

2. Wenn es aber Design ist, folgt die Existenz eines Designers auch in der Natur mit logischer Stringenz.

3. Selbst wenn man für die Entstehung eines komplexen natürlichen Designs statt eines Designers den Zufall annimmt, ist, wegen Punkt 1, ein Designer wesentlich wahrscheinlicher als Zufall und kann wegen des schon dargelegten „stochastischen Dilemmas" von Zufall/Pseudozufall keinesfalls ausgeschlossen werden. Bei der Behauptung eines „Intelligent Designs" handelt es sich daher um eine unentscheidbare Aussage nach GÖDEL.

4. Wenn man bei der Entstehung eines natürlichen Faktums als Naturprodukt echten Zufall annimmt, ist wegen des (IK)-Phänomens die dafür berechenbare Wahrscheinlichkeit unvorstellbar klein, damit diese Annahme extrem unglaubwürdig und widerspricht der praktischen Vernunft. Daran ändern auch die PC-Simulationen für die Herausbildung eines Linsenauges durch NILSSON und PELGER[49] im Prinzip nichts. Simulationen sind immer Modelle der Wirklichkeit und für deren Aussagekraft sind die Anmerkungen unter Punkt 1.4 der gegenständlichen kritischen Studie zu beachten.

Man könnte noch eine ganze Reihe plausibler Argumente für ID anführen und zeigen, dass die Wahrheitsvermutung für einen Designer zumindest für ideelle Regulative auch bei einem Naturprodukt wesentlich größer ist als für die Annahme, dass beim Naturprodukt der extrem unwahrscheinliche Zufall waltet, während beim Artefakt der Designer eine selbstverständliche Notwendigkeit darstellt.

Ähnliches gilt für das (IK)-Phänomen.

1. Man kann beweisen, dass es das (IK)-Phänomen gibt. Dafür genügt schon logisch stringent das bekannte einfache Beispiel eines Ziffernschlosses. Wenn ein Ziffernschloss z.B. zehn Ziffernscheiben hat, müssen alle zehn Scheiben auf die richtigen codierten Zahlen eingestellt sein, damit das Ziffernschloss aufgeht. MICHAEL J. BEHE[50] gibt in seinem Buch „Darwins Black Box" noch zahlreiche viel kompliziertere biochemische Beispiele für IK an.

---

49 zit. in CHRISTIAN KUMMER, Der Fall Darwin, 122.
50 M. J. BEHE, Darwins black box, Resch-Verlag, 82166 Gräfelfing, 2007, ISBN 978-3-935197-54-0.

2. Das Ziffernschloss unter Punkt 1 öffnet sich nicht um 1/10, wenn nur eine Scheibe von den zehn auf die richtige Zahl eingestellt ist. Entweder Alles oder Nichts ist das (IK)-Prinzip. Auch wenn RICHARD DAWKINS in seinem Buch[51] „Der Gotteswahn" eine Ausweichargumentation versucht, ist diese wissenschaftlich objektiv nicht aufrecht zu erhalten.

3. Selbst wenn das eine oder andere (IK)-Phänomen durch die Möglichkeit von Mutation und Selektion als Zufallsprodukt erklärt werden könnte, ist wegen des „stochastischen Dilemmas" ein Beweis für dessen geistlose Evolution prinzipiell unmöglich.

4. Wegen des extrem hohen Komplexitätsgrades organismischer Systeme ist die Wahrscheinlichkeit für die alleinstellende und allgemeine Gültigkeit des darwinistischen Paradigmas „Mutation und Selektion" bei (IK)- und (ID)-Phänomen wegen des Ergodentheorems unvorstellbar klein und daher diese Annahme extrem unglaubwürdig. Sie wurde auch experimentell widerlegt.

5. Auch für das (IK)-Phänomen ist nach dem Pars-Sanior-Prinzip die Wahrheitsvermutung, dass ein ideelles Regulativ an (IK) mitbeteiligt ist, wesentlich wahrscheinlicher als die gegenteilige Annahme.

Die Erkenntnislücken im Zusammenhang mit ID und IK repräsentieren typisch unentscheidbare Aussagen nach GÖDEL. Erst durch Kenntnis von Original-, Urgrund- und Finalursachen sowie der Beantwortung der Ursprungsfragen könnten die obigen Aussagen in einem umfassenderen System als die heutige Evolutionstheorie eingebettet und möglicherweise entscheidbar gemacht werden. Dazu muss aber auch die Frage nach einem intelligiblen Hintergrund des Ursprungs gültig beantwortet werden, für die sich die Naturwissenschaft zu recht nicht für zuständig hält und auch ist. Ursprungs- und Finalfragen fallen eindeutig in den Kernkompetenzbereich der Theologie. Daher sollten intellektuell redliche Evolutionsbiologen diesbezüglich wissenschaftliche Behauptungen und Erklärungen den Theologen überlassen, ihre eigenen Aussagen als persönliche Meinung ehrlich deklarieren und auch dem anderen seine Meinung lassen, was praktisch meist nicht geschieht. Wieder sind die Tugenden des wissenschaftlichen Ehrenkodex gefragt. Die oft fehlende intellektuelle Redlichkeit und Integrität in der Akzeptanz unentscheidbarer Aussagen im Zusammenhang mit ID und IK sowie der damit verbundene fehlende Verzicht auf die Abwehr kompetenter und wissenschaftlich fundierter Explikationen ist eine kritische interdisziplinäre Implikation bezüglich der Evolutionstheorie und des Kreationismus.

---

51 RICHARD DAWKINS, Der Gotteswahn, Ullstein Buchverlag, 2007, ISBN 978-3-550-08688-5.

4.7 Ähnlichkeit und Verwandtschaft

Ein weiterer logischer circulus vitiosus der Evolutionstheorie ist die mangelhafte Unterscheidung der Eigenschaften eindeutig und eineindeutig. In diesem Zusammenhang sind ein bekanntes, wenn auch nicht mehr ganz aktuelles Beispiel, die Begriffe Ähnlichkeit und Verwandtschaft in der Stammbaumforschung. Ähnlichkeit und Verwandtschaft können wissenschaftlich objektiv nicht eineindeutig einander zugeordnet werden.

Bei der früher stringenten auch heute noch teilweisen Ableitung eines Stammbaumes der Artverwandtschaften aus Ähnlichkeiten der Fossilien in der Paläontologie widersprechen die Theoreme über Auto- und Kreuzkorrelation dieser Methode. Man hat in der Zwischenzeit diesen Fehler erkannt und arbeitet jetzt mit DNA-Homologien. Die Korrelationstheoreme sind in der Paläontologie aber nicht bekannt und es fehlt eine explizite Distanzierung von der früheren falschen Methode. Die daraus resultierende wissenschaftliche Problematik zwischen Konvergenz und Homologie, wie sie CONWAY MORRIS[52] aufzeigt, wird in der Stammbaumforschung viel zu wenig beachtet bzw. ignoriert. Dieser methodische Fehler ist nach wie vor eine kritische Konstellation für das vermeintliche Faktum einer gemeinsamen Abstammung und ziellosen Evolution aller Lebewesen und soll im Folgenden in gebotener Kürze dargelegt werden.

Die Korrelationstheorie ist die Lehre der Beziehungen und klärt die Zuordnung Ähnlichkeit und Verwandtschaft wissenschaftlich exakt. Konkret erweist sich die Autokorrelationsfunktion (AKF) als Ähnlichkeitsmaß und die Kreuzkorrelationsfunktion (KKF) als Verwandtschaftsmaß. Die Kenntnis über diese in den technischen Wissenschaften bereits seit langem bekannten Zuordnungen kann der Leser in der zahlreichen bereits klassischen Literatur, z.B. in dem Buch über Korrelationstechnik[53] erlangen bzw. vertiefen. Es folgen einige kurze wissenschaftsbasierte aber allgemeinverständliche Statements über die korrekten Beziehungen von Ähnlichkeit und Verwandtschaft

4.7.1 Ähnlichkeit ist nicht Verwandtschaft

Zwei Signale, Prozesse, Determinale etc. können identische Ähnlichkeitsmaße aufweisen, ohne etwas mit einander zu tun zu haben. So sind die Autokorrelationsfunktionen zweier völlig unterschiedlicher technischer Prozesse nämlich von weißem Rauschen und dem DIRAC-Impuls identisch, ohne dass diese beiden Prozesse miteinander etwas zu tun haben also ohne dass sie miteinander ver-

---

52   CONWAY MORRIS S, Evolution like any other science it is predictable.
53   WOLFGANG WEHRMANN, Korrelationstechnik, Kontakt+Studium Band 14, Lexika-Verlag 7031 Grafenau 1/Württ., 1977, ISBN 3-88-146-104-3.

wandt wären oder gar einen gemeinsamen Ursprung (Abstammung) hätten. Die beiden technischen Prozesse weißes Rauschen und der DIRACsche Deltaimpuls sind grundverschiedene Signale und haben keinen wie immer gearteten gemeinsamen Ursprung. Aus der jeweils eigentümlichen mathematischen Beschreibung wäre das sofort evident, die aber aus bereits oben genannten Gründen unterbleibt und in jedem einschlägigen Lehrbuch nachgelesen werden kann. Weißes Rauschen ist ein stochastischer und der DIRACsche Deltaimpuls ein deterministischer Prozess. Beide Prozesse haben daher prinzipiell grundverschiedenen Charakter. Dennoch sind die AKFs beider Prozesse identisch, während die KKF der beiden Prozesse Null ist. Jeder Prozess für sich weist identische innerstrukturelle Korrelationen innerhalb des jeweiligen eigenen Prozesses auf, obwohl die Prozesse selbst miteinander nichts zu tun haben. Das Ähnlichkeitsmaß AKF beider Prozesse ist gleich groß und sogar identisch, während das Verwandtschaftsmaß KKF den Wert Null hat. Ein wissenschaftlich objektiveres Beispiel dafür, dass Ähnlichkeit mit Verwandtschaft in keiner stringenten Beziehung steht, ist kaum zu finden.

Es gibt aber viele weitere gleichartige Beispiele aus dem Bereich MARKOFFscher Stufen- und Impulsprozesse, die bei der Simulation technischer Beanspruchungen große praktische Bedeutung haben. Die Theorie über Schock und Vibration zur industriellen Simulation technischer Beanspruchungen ist auf diesem vPhänomen ganz wesentlich aufgebaut. Aus der Praxis ist der Unterschied zwischen Ähnlichkeit und Verwandtschaft durch das Phänomen des Doppelgängers allgemein bekannt. Das bedeutet nicht, dass Ähnlichkeit kein Hinweis auf eine mögliche Verwandtschaft sein kann, im Gegenteil, sie kann sicher ein wichtiges Indiz dafür sein. Falsch ist es aber, das Indiz für einen Beweis zu halten und mit dem Ähnlichkeitsargument prinzipiell stammesgeschichtliche Verwandtschaften kausal zu begründen oder solche in der Evolutionstheorie stringent aus Ähnlichkeit abzuleiten. Das ist zwar heute den Evolutionsbiologen und Paläontologen bekannt, sollte aber sehr zu denken geben. Wohl kann man die Verwandtschaft, falls sie anders begründet ist, aus der AKF unterstützen. Im Bereich des verdrängten ungelegenen Wissens ist in der Zwischenzeit dieser Umstand den Main-Stream-Paläontologen bereits klar geworden, wie man aus den neueren einschlägigen Publikationen entnehmen kann, aber eine eindeutige diesbezügliche Distanzierung fehlt. Mit den gegenständlichen Ausführungen wird die Gefahr einer fehlerhaften Zuordnung von Ähnlichkeit und Verwandtschaft wissenschaftlich objektiv ohne ideologischen Hintergrund aufgezeigt.

Als Resümee dieses Absatzes wird kritisch reklamiert, auch bei den DNA-Homologie-Analysen zu beachten, dass in der Paläontologie embryonale Ähnlichkeitsmuster grundsätzlich für phylogenetische Verwandtschaft nur Indiz-

aber keinen Beweischarakter haben. Aus Ähnlichkeit folgt nicht stringent Verwandtschaft oder gemeinsame Abstammung.

4.7.2 Aus Verwandtschaft folgt Ähnlichkeit

Natürlich ist an dieser Stelle die umgekehrte Frage genauso interessant, ob aus Verwandtschaft schlüssig Ähnlichkeit folgt? Das Maß der Verwandtschaft zweier verschiedener Prozesse wird durch deren KKF charakterisiert. Verwandtschaft ist ein Maß für die Beziehung zum Anderen nicht zu sich selbst. Die Frage ist: kann man aus der KKF auf die Zuordnungsqualitäten der Beziehungen zwischen Verwandtschaft und Ähnlichkeit sicher schließen und aus Verwandtschaft stringent Ähnlichkeit erwarten? Hier liefert wieder die Korrelationstheorie eine wissenschaftlich objektive Klärung der Verhältnisse ohne ideologischen Hintergrund.

Je nachdem wie groß die Anteile in zwei Einzelprozessen sind, die miteinander in korrelativer Beziehung stehen, wächst der Wert der KKF der beiden Prozesse. Die KKF zweier Prozesse, die miteinander nichts zu tun haben und daher auch nicht miteinander verwandt sein können, wie z.B. die genannten Prozesse weißes Rauschen und DIRACscher Impuls, ist theoretisch und praktisch Null. Ein korrelativer Beziehungsanteil drückt sich im Maß der KKF interaktiv aus. Dieser interaktive Beziehungsanteil repräsentiert damit auch das Maß der Verwandtschaft der beiden Prozesse. Dieses Maß kann bis zur maximalen Verwandtschaft der Prozesse ansteigen und das ist deren Identität bzw. deren vollkommene Gleichheit. Philosophisch korrekt müsste man beides voneinander unterscheiden, worauf aber hier aus Gründen der Vereinfachung verzichtet wird. Bei gleichen Prozessamplituden wird in diesem Grenzfall die KKF der beiden gleichen Prozesse genauso groß wie die AKFs der einzelnen Prozesse selbst. Im Grenzfall der Identität erreicht logischerweise sowohl die Verwandtschaft als auch die Ähnlichkeit ihr Maximum. Das Verhältnis von KKF und AKF erreicht im genannten Fall den Wert Eins. Die beiden Prozesse aus denen jeweils die KKF gebildet wird, werden identisch, sie verschmelzen so zu sagen zu einem Prozess und ihre Verwandtschaft wird in Form der Identität maximal. Damit ist klar, dass aus Verwandtschaft stringent Ähnlichkeit folgt, wenn auch diese Ähnlichkeit wie ausgeführt verschiedene Grade haben kann und nicht den Idealfall der Identität erreichen muss. Die Umkehrung gilt nicht.

Es ist daher wissenschaftlich korrekt, bei gemeinsamen Verwandtschaftsverhältnissen Ähnlichkeiten in den embryonalen Entwicklungsstadien mit an Sicherheit grenzender Wahrscheinlichkeit zu erwarten.

Die korrelativen kritischen Reflexionen über die Evolutionstheorie könnten mit der Diskussion des technischen Gesetzes für den Korrelationskoeffizienten aus der Signal- und Systemtheorie und dessen verallgemeinerte Bedeutung innerhalb relational vernetzter Beziehungskomplexe fortgesetzt und optimale Beziehungskonstellationen in Natur und Technik nachgewiesen werden. Bezüglich genauerer Ergebnisse muss wieder auf den Forschungsbericht der Hochschule Heiligenkreuz verwiesen werden. Jedenfalls weist der Zellbiologe GERNOT FALKNER in seinen Arbeiten theoretisch und experimentell nach, dass dieses Koeffizientengesetz offensichtlich auch bei Organismen, die aus vielen Subsystemen bestehen, gilt. Die auf Biosysteme erweiterte Bedeutung dieses Koeffizientengesetzes affirmiert die Dominanz kooperierender und nicht konkurrierender Beziehungsstrukturen und widerspricht damit auf diesem Gebiet, gestützt auf objektive wissenschaftliche Ergebnisse und nicht auf eigentümliche Ideologien, dem darwinistischen Paradigma.

4.8 Mutation und Selektion sind nicht Kreation

Das Stichwort Mutation führt zu einer weiteren Aporie des darwinistischen Paradigmas von Mutation und Selektion, das den Alleinstellungsanspruch erhebt, alle Lebensvorgänge von dessen Entstehung über die Weiter- bis zur Höherentwicklung von der Amöbe bis zum Menschen erklären zu können. Zur Mutation wurde bereits kritisch vermerkt, dass fast alle (über 99%[54]) bisher bekannten Mutationen Negativmutationen sind, also zu Missbildungen und sonstigen genetischen Defekten führen. Selbst bei der Sichelzellenmutation gibt es wesentliche genetische Bedenken. Offensichtlich hat das Phänomen Mutation eine evolutiv-negative Intention. Es erscheint daher selbst oder gerade einem Wissenschaftler, der Nicht-Biologe ist, äußerst bedenklich ja geradezu widersinnig, dieses Negativ-Prinzip mit offensichtlich destruktiver Vitaltendenz zum Alleinstellungsmerkmal und zur forma nobilis einer gigantischen positiven, makroevolutiven Entfaltung und Höherentwicklung des tatsächlichen Lebens, von der Pflanze über die Amöbe bis zum Menschen hin, zu machen. Entscheidungstheoretisch gesehen weist die Mutation tendenziell eine negative Präferenz auf und kann daher keine Alleinstellungsbasis und Allgemeingültigkeit für positive Höherentwicklungen beanspruchen. Die gegenteilige Annahme der Main-stream-Biologie widerspricht der Entscheidungstheorie, der praktischen Vernunft und dem Pars-Sanior-Prinzip massiv. In Kapitel 6 seines Beitrages reklamiert daher CRISTOF GRUBER als Philosoph koinzident, Höherentwicklung im Begriff der

---

54 W. KUHN, Stolpersteine des Darwinismus, Christiana Verlag, Stein a. Rhein 1999, ISBN 3-7171-1072-1, 9.

Evolution durch den Gesichtspunkt des Früher- und Späterseins zu ersetzen, weil die Kriterien dafür nicht stimmig sind.[55]

Diese berechtigte Skepsis wird noch durch die Polymerchemie, – diese ist die Chemie des Lebens! – kräftig unterstützt, aus deren Gesetzen eine unvorstellbar große geradezu gigantische Unwahrscheinlichkeit folgt, dass der Mutationsprozess überhaupt zu einem makroevolutiven Ziel führen kann[56]. Das wissen auch die Main-stream-Biologen. Wenn schon dann müsste man polymerchemisch richtig von Polykondensation und nicht von Mutation sprechen. Nicht die Berechnungen der Mathematiker und die Gesetze der Polymerchemie sind in diesem Zusammenhang falsch, sondern die Evolutionsmodelle der Biologen bilden die Wirklichkeit fehlerhaft ab. Diese Modelle samt ihren Fehlern können die Mathematiker nur rechnerisch und die Polymerchemiker nur ihrem heutigen Wissensstand gemäß umsetzen und kommen daher manchmal in wissenschaftliche Crash-Konstellationen. Dem Wortstamm nach hat Mutation mit Veränderung und nicht mit Kreation zu tun. Das Wort Veränderung ist verwandt mit dem Wort anders aber nicht mit dem Wort neu. Mutationen haben kein kreatives sondern nur variierendes Potential, sind also, wie in der Musik, Variationen zum selben Thema. Das ist bereits aus der korrespondierenden DNA-Struktur zu erkennen. Diese logische Deformation der Verwechslung von Mutation und Kreation wird dadurch begünstigt, dass Mutationen auf latente Potentiale in den Arten zurückgreifen können, wie sich bei der Ameisengattung Pheidole im Fall der Supersoldatinnen zeigt. Arbeiten von RAJAKUMAR et al.[57] von der kanadischen McGill Universität ergaben, dass das Supersoldatinnen-Potential während des Larvenstadiums aktiviert werden kann. Sie vermuten sogar, dass alle Pheidole-Arten diese Möglichkeit besitzen. RAJAKUMAR et al. schreiben in diesem Zusammenhang:

> „…ohne dieses Wissen über dieses ursprüngliche Entwicklungspotential hätten wir angenommen, dass die Supersoldatinnen-Kaste neu evolviert sei".

Über einen ganz anderen Zugang kommt die Philosophie zum selben Ergebnis. CHRISTOF GRUBER schreibt wohl begründet in seinem Beitrag:[58]

> „Für diese Fertigung der neuen biochemischen Materialien ist in den alten Materialien …durchaus eine aktive Potenz zuzusprechen".

---

55 Vgl. CHRISTOF GRUBER, Der Zauberlehrling der Evolution, Kapitel 6, Der Begriff der Evolution.

56 BRUNO VOLLMERT, Die Entstehung der Lebewesen in naturwissenschaftlicher Sicht, Schriftenreihe der Gustav-Siewerth-Akademie Band 5, 1995, ISBN 3-928273-05-1.

57 R. RAJAKUMAR et al., zitiert in Studium Integrale Journal 19. Jg Heft 2, Okt. 2012, ISSN 0948-6135, 98-99.

58 CHRISTOF GRUBER Der Zauberlehrling der Evolution, Kapitel 14.2.2, sublit. β.

Bei der Selektion steht es mit der Glaubwürdigkeit, dass sie innovativ wirkt, noch schlechter. Wie schon erwähnt geben selbst Verfechter von Evo-Devo wie GERT MÜLLER zu[59]:

> „Aber Selektion hat keine Innovationsfähigkeit: sie sondert aus oder behält, was bereits besteht. Die Entstehungs- und Ordnungsaspekte der morphologischen Entwicklung fehlen in der Evolutionstheorie".

Selektion hat keine kreative sondern eben nur eine aus dem Vorhandenen auswählende, variierende oder erhaltende Funktion. Man muss kein Biologe sein, um zu erkennen, dass rein logisch gesehen durch Mutation nur Varietäten gebildet werden können und daher durch Selektion, wie der Name schon sagt, nur aus dem Vorhandenen etwas ausgewählt werden kann, das Anderes ist und daher nur zu einer Variation führt. Mutationen sind mit Variationen zum gleichem Thema wie in der Musik vergleichbar. Mutationen können allerdings auf latente Potentiale zurückgreifen, wie der Fall der Riesensoldatinnen bei Ameisen[60] zeigt und daher bei wissenschaftlicher Oberflächlichkeit für kreativ gehalten werden. Durch Mutation und Selektion kann viel Anderes, aber nichts Neues gebildet werden, wie es für eine echte Kreation nötig wäre. Alles andere ist Pseudokreation.

Der Inhalt des Begriffes „Anders" darf nicht mit „Neu" vertauscht werden, Selektion ist nicht Kreation. Dennoch wird in der Evolutionsbiologie eine kreative Makroevolution fälschlicherweise ausschließlich auf die mikroevolutiven variierenden Prozesse Mutation und Selektion zurückgeführt.

Zum besseren Verständnis dieser Kritik sei einerseits auf das Kapitel 4.5 „Gradualismus und Ergodentheorem" in diesem Buchteil (S.54) rückverwiesen, andererseits auch auf die Kapitel 4.3 – 4.5 im Buchteil von ANDRÉ DERNDARSKY (S.91-92) verwiesen.

Außerdem geht dazu CHRISTOF GRUBER in seinem Beitrag in Kapitel 7 auf die Notwendigkeit einer konditionalen Formulierung ein und legt philosophisch konklusiv dar, dass kausale Aussagen im evolutiven Realzusammenhang von Arten unmöglich sind. Insbesondere befasst er sich mit der Problematik der Rückführung einer neuen Art auf eine frühere (alte) Art.

In Kapitel 8 kritisiert er den Evolutionismus, der den Fehler begeht, Evolution und Entwicklung gleichzusetzen und meint, Evolutionismus sei keine Wissenschaft, sondern eine Ideologie. Dort warnt er auch vor der „nominalistischen" Aufweichung des Artbegriffes, in dem er die Entwicklung des Individuums wesentlich von der Entwicklung einer „früheren" zu einer „späteren" Art unterscheidet, indem er diese Arten bewusst benennt.

---

59 J. LENNOX, Hat die Wissenschaft Gott begraben, SCM R. Brockhaus 2009, 150.
60 Journal Studium Integrale 19. Jg, Heft 2, Oktober 2012, 97ff.

4.9 Kritik an der Hypothese der autochthonen Lebensentstehung

4.9.1 Definitionen des Lebens

Um Organismen von der „unbelebten Natur" abzugrenzen, genügen meistens diese fünf Kriterien: Wachstum, Entwicklung, Reaktion auf äußere Reize, Energieverbrauch und Reproduktion. Ein schweizerischer Biochemiker[61] beschreibt die Kriterien so:

1. Fähigkeit zur Replikation, Informationsspeichersystem (Genom)
2. Abgrenzung gegen Umwelt (Membran), Zelle als Grundeinheit allen Lebens
3. Chemische Reaktionen durch Katalysatoren (Enzyme) kontrolliert.
4. Energie wird benötigt um die Entropie tief zu halten (d.h. um die Ordnung des Systems aufrecht zu erhalten).

4.9.2 Historischer Abriss der Erkenntnisse

Während die Urzeugungstheorie bis ins 19. Jahrhundert die Ideen der Wissenschaftler beeinflusste – selbst LAMARCK[62] war noch davon beeinflusst – war es LOUIS PASTEUR, der mit seinen berühmten Experimenten 1862 den Satz verkünden konnte:

> „Omne vivum ex vivo".

Damit wiederholte er lediglich ein Experiment, das LAZARO SPALLANZANI schon 1768 durchgeführt hatte.[63] SPALLANZANI[64] wurde aber von vielen Naturwissenschaftlern seiner Zeit nicht anerkannt.

DARWIN ging in seinen Überlegungen zunächst von einer Urzelle aus, deren Entstehung er aus dem Glauben als Schöpfung sah. (DARWIN war studierter anglikanischer Theologe). In späteren Werken wendete er sich von dem Gedanken der Schöpfung einer Urzelle ab.

HAECKEL vertrat eine Abstammungslehre, in der er die Gedanken DARWINs aufnahm. Er schrieb[65] unter anderem eine Generelle Morphologie der Organis-

---

61 muehlemann.dcb.unibe.ch/.../Entstehung_des_Lebens_101106.pdf?.
62 LAMARCK vertrat eine der ersten systematischen Evolutionstheorien, die aber im Gegensatz zu DARWIN auch die Vererbung erworbener Eigenschaften zuließ. DARWIN schätzte LAMARCK wenig, obwohl er offensichtlich von ihm beeinflusst worden war. LAMARCKs Theorie orientierte sich am geologischen Uniformitätsprinzip und am Gradualismus.
63 http://www.oekosystem-erde.de/html/leben-01.html
64 Vgl. Art. SPALLANZANI, GUISEPPE MONTALENTÍ, Enciclopedia Italiana di Scienze, Lettere ed Arti, Ristampa Fotolitica del Volume XXXII, Publicato Nel 1936, Istituto della Enciclopedia Italiana, Roma, 1950, 299-300.
65 Vgl. Art. HAECKEL, Meyers enzyklopädisches Lexikon in 25 Bänden, Neunte, völlig neu

men, eine Natürliche Schöpfungsgeschichte, eine Anthropogenie, eine Entwicklungsgeschichte des Menschen, eine Systematische Phylogenie, einen Entwurf eines natürlichen Systems der Organismen auf Grund ihrer Stammesgeschichte und das weit über die Biologie hinausgehende Werk „Die Welträthsel" (1899). Er vertrat die Meinung, dass die Ontogenese in der Entwicklung der Embryonen abgebildet sei. (Vgl. die Kritik daran im Buchteil von ALOIS WIMMER). Philosophisch gesehen war er ein Vertreter des Monismus und des Pantheismus.

OPARIN (1924)[66] und HALDANE (1929)[67] gingen von Strukturen aus, die man tatsächlich im Laborexperiment beobachten kann. Unter bestimmten Bedingungen bilden sich aus Lösungen bzw. Suspensionen von Makromolekülen kleine, membranbelegte Kügelchen, die gemäß den Gesetzen der Diffusion auch einen gewissen Stofftransport hinein und hinaus zulassen.

OPARIN nannte diese Strukturen „Koazervate", in der Hoffnung, dass sie Modelle für eine hypothetische Urzelle sein könnten. OPARIN verwendete seine Erkenntnisse ganz im Geiste des Materialismus marxistischer Prägung, und er war im sowjetischen Russland eine Autorität.[68] Er präsentierte seine Theorie unter anderem in dem Buch „Entstehung des Lebens".[69] Der Philosoph CHRISTOF GRUBER verweist in seinem Buchteil auf eine wichtige Querverbindung bezüglich OPARIN[70] und widmet ihm ein eigenes Kapitel. OPARINs Theorie wurde unter anderen von R.W. KAPLAN 1978 und von SIDNEY W. FOX Anfang der 1980er Jahren entkräftet bzw. widerlegt.

In den 1950er Jahren wurde das Experiment von UREY und MILLER durchgeführt.[71]

Dieses MILLER-Experiment bewirkte unter den Naturwissenschaftlern deswegen eine Euphorie, weil es zeigte, dass unter bestimmten Bedingungen mit elektrischen Entladungen in einer sogenannten Uratmosphäre einfache organische Moleküle entstehen können, die Grundbausteine für Biopolymere sind. Das MILLER-Experiment gab aber keinen Hinweis darauf, wie eine geordnete Poly-

---

bearbeitete Auflage zum 150jährigen Bestehen des Verlages, Bibliographisches Institut, Mannheim/Wien/Zürich, 1974, Band 11, 270.

66 Zu biographischen Daten vgl. Art. Oparin, I. Mechnikowa, Bol'schaja Enziklopedija w schestidesjati dwux tomax, Moskwa 2006, Tom 34, 24.

67 J.B.S. HALDANE befasste sich mit Enzymkinetik, Populationstheorien und Evolution. Eines seiner berühmtesten Bücher war: The Causes of Evolution, 1932.

68 http://www.hanskrause.de/HKHPD/hkhpd0301.htm

69 А. И. ОПАРИН, Возникновение жизни на Земле. — 2-е изд., значительно дополненное. — М.—Л.: Издательство Академии Наук СССР, 1941

70 Vgl. CHRISTOPH GRUBER, Der Zauberlehrling der Evolution, Kapitel 11; dort zitiert er G.A. WETTER.

71 Vgl. STANLEY L. MILLER, A production of amino acids under possible primitive earth conditions. Science, Band 117 (3046), 1953, 528–529.

kondensation bzw. Polymerisation dieser Bausteine unter „Ursuppen-Bedingungen" hätte stattfinden können. Ähnliche Experimente sind in den letzten 50 Jahren unter verschiedenen Bedingungen durchgeführt worden.

Doch ein entscheidender Durchbruch gelang auch bei diesen nicht, was aufgrund der polymerchemischen Schwierigkeiten[72] einerseits, der fehlenden geistigen Komponente andererseits, zu erwarten war.

Da in einfachen Organismen nur RNA vorkommt, entwickelte sich die Theorie von den RNA-Welten ca. seit den 1960er Jahren.[73] Führende Forscher waren unter anderen WOESE, CRICK und ORGEL. Diese Theorie wurde deshalb entwickelt, da man herausfand, dass gewisse RNA-Moleküle (Ribozyme) katalytische Fähigkeiten haben. So meinte man, das unlösbar scheinende Problem: „Gab es zuerst Proteine oder Nucleinsäuren?" zu entschärfen. Es wurde postuliert, dass die katalytische Aktivität der RNA für die Entstehung einfachster Lebensformen genügt hätte und die katalytisch wirkende RNA erst schrittweise im Laufe der Entwicklung durch Proteine ersetzt worden wäre. Die Hyperzyklen von EIGEN und SCHUSTER wurden in die Diskussion aufgenommen.[74] Alle diese theoretischen Überlegungen basieren aber darauf, dass sich zunächst eine hinreichend geordnete RNA von selbst gebildet hätte. Die Problematik einer geordneten Polykondensation wurde polymerchemisch von VOLLMERT erläutert, informationstheoretisch und wahrscheinlichkeitstheoretisch liegt die Schwierigkeit in der extrem geringen Wahrscheinlichkeit, *wenn* die Kondensation von den chemischen Bedingungen her überhaupt stattfinden könnte.

Die derzeitige Mainstream-Biologie postuliert jedoch noch immer RNA-Welten als Vorstufe eines geordneten Ur-Lebewesens (bzw. einer Ur-Zelle).[75] Dabei wird auch eine Evolution des genetischen Codes in Betracht gezogen.

Aufgrund der Gemeinsamkeiten bei Proteinen, Basenpaaren, Lipiden und anderen biochemisch wirksamen Stoffen wurde in den letzten Jahren LUCA[76] (latest universal cellular ancestor) als das erste Lebewesen, von dem alle anderen abstammen sollen, postuliert.[77] Kritik dazu siehe Kap. 4.9.5.

---

72   Vgl. B. VOLLMERT, Das Molekül und das Leben, 87-89, 102-109.

73   Vgl. ANDREAS JENNE, In-vitro-Selektion und Charakterisierung eines Ribozyms mit Aminoacyltransferase-Aktivität, Herbert Utz Verlag, 1999, 3-5.

74   Vgl. M. EIGEN and P. SCHUSTER. The Hypercycle. A Principle of Natural Self-Organization. Part A: Emergence of the Hypercycle, Naturwissenschaften, 64, 1977, 541-565.

75   Vgl.muehlemann.dcb.unibe.ch/.../Entstehung_des_Lebens_101106.pdf?, 15-17.

76   Vgl. M. RIDLEY, The search for LUCA. Natural History 109, 9, Nov. 2000, 82-85.

77   Vgl. KEVIN W. PLAXCO, Michael Groß, Astrobiologie für Einsteiger, Wiley&Sons, 2013, 145.

Nun sollen einige stoffliche Grundlagen für die Lebensentstehung, nämlich die Nukleinsäuren und die Proteine, betrachtet werden

4.9.3 Die Rolle der Nukleinsäuren

Da jedes Lebewesen auch ein Informationsträger ist - es hat ja im Zellkern bzw. in der Zelle alle Informationen über sich selbst und die für den Stoffwechsel notwendigen Proteine - ist die Betrachtung der Informationsträger bei der Lebensentstehung außerordentlich wichtig:

Man unterscheidet RNA (Prokaryonten und Eukaryonten) und DNA (Eukaryonten), die chemisch analog gebaut sind. RNA liegt meist als einfache Helix vor, während DNA als Doppelhelix vorliegt. RNA kommt praktisch in allen Organismen vor, und man unterscheidet verschiedene Typen von RNA: [78]

1. Heterogene nucleäre RNA
2. Messenger-RNA (mRNA)
3. Transfer-RNA (tRNA)
4. Ribosomale RNA
5. Small nuclear RNA
6. Small cytoplasmatic RNA

In RNA-Molekülen sind Nucleosidmonophosphate zwischen dem C-3' – Atom eines und dem C-5' – Atom des anderen Nucleosidmonophosphates verknüpft. Die Pentose in RNA ist Ribose (im Unterschied zur DNA). Die Basen in RNA sind Adenin, Cytosin, Guanin und Uracil. (in der DNA statt Uracil Thymin) In der Abfolge der Basen (Basentripletts) ist die Information gespeichert, mit welcher die Reihenfolge (Sequenz) der Aminosäuren in einem zu synthetisierenden Protein festgelegt ist. Näheres siehe beim Unterkapitel „Genetischer Code". RNAs mit katalytischer Wirkung nennt man auch Ribozyme.

Die Rolle und der Aufbau der tRNA

Besonders hervorheben möchte ich die Transfer RNA (tRNA), da sie sozusagen die informationstheroetische Schnittstelle zwischen Informationsspeicherung und Informationsverarbeitung (Proteinsynthese) ist. Oberflächlich betrachtet hat sie eine Art „Kleeblattstruktur".

Sie hat an einem Ende ein biochemisches Lesegerät für einen Dreiercodon und trägt am anderen Ende eine aktivierte Aminosäure, die genau dem entsprechenden Codon entspricht.

---

78   Vgl. GEORG LÖFFLER, Basiswissen Biochemie, 5. Auflage, Springer-Verlag, 2003, 385.

Damit ein Protein in einer Zelle synthetisiert werden kann, muss es soviele verschiedene tRNAs geben wie für den Aufbau des Proteins nötige Aminosäuren.

Der Aufbau einer typischen tRNA ist besonders interessant: Von der Form, aber auch von den in ihr enthaltenen Nucleotiden, da auch „untypische" Nucleotide vorkommen.[79] So besteht sie in der Regel aus 73 bis 95 Nukleotiden eines einzelnen RNA-Stranges. Neben den vier Grundbausteinen der RNA enthält tRNA eine Menge verschiedener, modifizierter Standardbasen. Es gibt in ihr an genau definierter Stelle Dihydrouridin, Inosin, Thiouridin, Pseudouridin und 5-Methyluridin (Ribothymidin). Diese Basen sind oft methyliert.[80]

Die tRNA enthält drei Schleifen, von denen die zweite Schleife das Anticodon (biochemisches Lesegerät) enthält, und ein Ende mit einer CCA-Basenabfolge. An diesem Ende wird die Aminosäure angehängt, die im Ribosom in das Protein eingebaut wird.

Bemerkenswert ist, dass es zu jeder Aminosäure im Organismus nicht nur eine eigene tRNA geben muss, sondern auch je ein spezifisches Enzym, eine Aminoacyl- tRNA-Synthetase. Dieser Apparat der Zelle ist daher hochkomplex; er entspricht einer irreduziblen Komplexität (IK);[81] mit zufälliger Entstehung ist er kaum erklärbar.

Die Rolle und Funktion der DNA

Die DNA besteht aus Desoxyribonucleotiden, die durch Phosphodiesterbrücken miteinander verknüpft sind. Die Basen sind Adenin, Guanin, Cytosin und Thymin. Die Basenebenen sind senkrecht zur Helixachse orientiert. Basenabstand 3,4 Å, Interstrang-Phosphatabstand: 6,7 Å.

Analog zur RNA liegt die Verknüpfung zwischen dem 3'-C-Atom des einen Desoxyribonucleotides und dem 5'-C-Atom des anderen Desoxyribonucleotides.

Die Pentose in der DNA ist die Desoxyribose. Die DNA bildet eine Überstruktur in Form einer rechtsgängigen Doppelhelix. Sie besitzt eine große und eine kleine Furche. Eine Helixwindung entspricht 10,5 Basenpaaren.

Die zwei Stränge der DNA sind gegenläufig, was besondere biochemische Reaktionen bei der Replikation (Vervielfältigung in zwei neue DNAs) erfordert.

Die beiden Einzelhelices werden durch Wasserstoffbrücken zwischen den Basenpaaren zusammengehalten.

---

79   Vgl. GEORG LÖFFLER, Basiswissen Biochemie, 5. Auflage, 386.

80   http://de.wikipedia.org/wiki/TRNA.

81   Zur Erklärung: funktioniert nur eine einzige tRNA nicht, oder ist sie gar nicht vorhanden, kann das entsprechende Protein nicht perfekt synthetisiert werden, da dann eine gewisse Aminosäure nicht eingebaut werden kann. Vgl. Kapitel 4.6 in diesem Buchteil.

Diese Doppelhelix ist an Histone (Proteine) angelagert und bildet mit diesen eine Super-Helix. Die Super-Helix ist nochmals spiralförmig gefaltet und bildet dann eine Super-Super-Helix. So ist es möglich, dass eine 1,8m lange menschliche DNA im winzigen Zellkern auf weniger als 1 µm Ausdehnung untergebracht ist. Diese helicale Struktur wurde von WATSON und CRICK durch Röntgenstrukturanalyse aufgeklärt. Zusätzlich verwendet wurden die Erkenntnisse, dass die Basenpaare Adenin und Thymin sowie Cytosin und Guanin jeweils in äquimolaren Mengen vorkommen.

Man kann die DNA als ein hochkomplexes, helicales Informationsband betrachten. Durch je drei Basenpaare wird für eine bestimmte Aminosäure in einem zu synthetisierenden Protein codiert, wobei für einige Aminosäuren jeweils mehrere gültige Codons existieren (vgl. Tabelle weiter unten). Bei 4 möglichen Basen (A, T; G und C) ist die mögliche Zahl der Codons $4^3 = 64$, damit ist die Zahl der Codons größer als die der zu codierenden Aminosäuren (etwa 20).

Die in der DNA enthaltene Information ist in mehreren Varianten kopierfähig: Außer der Replikation können gezielt Ausschnitte der DNA, die für spezifische Proteine codieren, kopiert werden. Diese Fähigkeit ist zur Aufrechterhaltung des Lebens notwendig, da nur dadurch die gerade in der Zelle benötigten Proteine hergestellt werden können.

DNA-Synthesen in vitro

VOLLMERT wies darauf hin, dass ORGEL versuchte, die DNA-Synthese aus reinen Nucleotiden auszuführen. Dabei zeigte sich, dass eine wasserfreie Umgebung notwendig war. Auch mussten Reagenzien eingesetzt werden, die entsprechend aktivierte Phosphatgruppen trugen. Die erzeugten Kettenlängen waren aber enttäuschend. Man kam meist nicht über eine durchschnittliche „Kettenlänge" von fünf heraus.

In neuerer Zeit gab es hingegen Experimente, bei denen gewisse Tonminerale (Montmorillonite) als Katalysatoren für eine abiotische DNA-Synthese eingesetzt wurden.[82]

Dabei fungierten die Oberflächen der Tonminerale einerseits als „Andockstellen" für einzelne Basen, es konnten sich aber auch Aminosäuren anlagern. Bei solchen Experimenten sollen Kettenlängen bis zu einigen hundert Nucleotiden erreicht worden sein.

---

82 http://www.wissenschaft.de/leben-umwelt/chemie/-/journal_content/56/12054/941188/
    Am-Anfang-war-der-Schlamm/.

Informationsmangel oberflächenkatalysierter Reaktionen

Mögen sich auch hunderte Nucleotide unter Montmorillonit-Katalyse anlagern, es mangelt an der Information (vgl. metamathematischer Exkurs Kapitel 3.2), in welcher Reihenfolge sich diese Nucleinsäuren anlagern sollten. Denn diese ist ja in einem natürlichen Tonmineral nicht vorgegeben. Ohne fehlende Information ergibt sich aber wieder die Problematik einer verschwindend geringen Wahrscheinlichkeit, mit der sich eine geordnete Struktur bilden würde. Vgl. Zufall und Pseudozufall im Kapitel 3 dieses Buchteils.

Stabilität der DNA

Die DNA in der lebenden Zelle ist einer Vielzahl von möglichen Beschädigungen ausgesetzt: Spontane Veränderungen durch Replikationsfehler, chemische Veränderungen durch ionisierende Strahlung, Umweltgifte; im Menschen auch Einflüsse von Medikamenten.

Reperaturenzyme führen täglich eine unvorstellbar große Zahl von DNA-Reperaturen aus. Reperaturenzyme erfordern aber ihrerseits wieder die entsprechenden Informationen (= Abschnitte) auf der DNA der Zelle, in der sie selbst gebildet werden müssen, um wirksam zu sein.

Informationsabschnitte auf der DNA

Es gibt Abschnitte, bei denen die Informationen für mehrere Proteine quasi verschoben gespeichert werden, da durch Spleißen und alternatives Spleißen die Informationen von getrennten DNA-Abschnitten spezifisch kombiniert werden. Man spricht von Exons und Introns.

Es gibt Abschnitte, die, in der anderen Richtung gelesen, ebenfalls für ein spezifisches Protein codieren.

Daraus ergibt sich zumindest stellenweise eine sehr hohe Informationsdichte. Für genauere Erklärungen wird auf die Lehrbücher der Biochemie verwiesen.[83]

Reaktionen der DNA – die Replikation

Ohne auf die genauen Details einzugehen, soll hier die Komplexität dieses Mechanismus angedeutet werden:

Die biochemische Schwierigkeit der Replikation liegt darin, dass die Stränge der DNA gegenläufig sind. Während die Replikation des einen Stranges mit Hil-

---

83   Vgl. GEORG LÖFFLER, Basiswissen Biochemie, 5. Auflage, 405-419.

fe der DNA-Polymerase von 3' nach 5' kontinuierlich verlaufen kann – hier wird der sogenannte Leitstrang synthetisiert – funktioniert es in der Gegenrichtung nur in Teilschritten: Der andere Tochterstrang wird als Verzögerungsstrang bezeichnet und wird diskontinuierlich in MM-Fragmenten synthetisiert.[84]

Eine besondere Schwierigkeit ergibt sich für die Replikation des 3'-Endes einer doppelsträngigen DNA. Da hier eine Lücke entstehen würde – und damit Informationen verloren gingen – muss die DNA durch spezielle Anhängsel (sogenannte Telomeren) verlängert sein.

Die Telomeren enthalten Guanin-reiche Sequenzen, die keine Information beinhalten, aber als „Endstücke" fungieren. Bei jeder Replikation gehen jedoch Teile eines Telomeren verloren, so dass nach ca. 30-50 Replikationen die Telomeren aufgebraucht sind. Dies führt bei weiteren Replikationen zum Zelltod.

Das ist einer der Gründe, warum in höheren eukaryotischen Organismen in den normalen Körperzellen nur eine begrenzte Zahl von Teilungen möglich ist.

In den Keimbahnzellen, Stammzellen der Blutbildung, der Haut und in Tumorzellen ist die Replikationsrate wesentlich höher. Diese Zellen verfügen über ein spezielles Enzym, eine Telomerase, welche eine Verlängerung der Telomeren katalysiert und so die stetige Verkürzung der Telomeren bei jeder Replikation verhindert.

Die Translation – Beschreibung nach der Informationstheorie

Hier wird ein Vergleich der materiellen Grundlagen der biochemischen Informationsspeicherung und –übertragung versucht:

DNA .... Informationsspeicher
mRNA .... Informationstragende Teilkopie
tRNA..................... Lesegerät
Ribosomen ....Syntheseapparat
Protein..................Produkt, aufgrund vorgegebener Information erzeugt.

Bei der Translation müssen Kopien von Teilen der DNA erstellt werden, die dabei entstehende mRNA entspricht einem Informationsträger (vgl. in der Computertechnik Diskette, CD-Rom, USB-Stick), welcher die Informationen an den Ort der Verarbeitung (Ribosomen) bringt.

Die tRNA hat mit den spezifischen Dreiercodons eine Art Lesegerät für die mRNA. Es kann sich nur eine passende, komplementäre tRNA an den entsprechenden Abschnitt der mRNA hängen – und transportiert damit gleichzeitig die

---

84 Diese relativ kurzen Abschnitte entstehen zwangsläufig, da durch die umgekehrte Replikationsrichtung nach einer gewissen Länge ein neuer Primer an der Replikationsgabel ansetzen muss.

Aminosäure, für die das Triplett auf der mRNA codiert.

Das Ribosom kann als Syntheseapparat aufgefasst werden; das Protein ist dann das Produkt das nach vorgegebener Information erzeugt wurde.

Leicht erkennt man auch hier, dass Leben wesentlich mit Information und damit verbunden mit Geist zu tun hat, was bei einer monomodalen Ausrichtung der Biowissenschaften (vgl. Kapitel 1.7), nicht berücksichtigt werden kann.

Der Genetische Code

Tabelle 3: Zuordnung der Dreiercodons zu Aminosäuren. Dabei fällt auf, dass gewisse Aminosäuren von mehreren Codons zugleich codiert werden; – unter bestimmten Bedingungen wird das Codon UGA für eine spezielle Aminosäure, nämlich Selenocystein gelesen[85]

1. Base	2. Base U	2. Base C	2. Base A	2. Base G
U	UUU Phenylalanin	UCU Serin	UAU Tyrosin	UGU Cystein
	UUC Phenylalanin	UCC Serin	UAC Tyrosin	UGC Cystein
	UUA Leucin	UCA Serin	UAA *Stop*	UGA *Stop*
	UUG Leucin	UCG Serin	UAG *Stop*	UGG Trp
C	CUU Leucin	CCU Prolin	CAU Histidin	CGU Arginin
	CUC Leucin	CCC Prolin	CAC Histidin	CGC Arginin
	CUA Leucin	CCA Prolin	CAA Glutamin	CGA Arginin
	CUG Leucin	CCG Prolin	CAG Glutamin	CGG Arginin
A	AUU Isoleucin	ACU Threonin	AAU Asparagin	AGU Serin
	AUC Isoleucin	ACC Threonin	AAC Asparagin	AGC Serin
	AUA Isoleucin	ACA Threonin	AAA Lysin	AGA Arginin
	AUG Methionin	ACG Threonin	AAG Lysin	AGG Arginin
G	GUU Valin	GCU Alanin	GAU Asparaginsre	GGU Glycin
	GUC Valin	GCC Alanin	GAC Asparaginsre	GGC Glycin
	GUA Valin	GCA Alanin	GAA Glutaminsre	GGA Glycin
	GUG Valin	GCG Alanin	GAG Glutaminsre	GGG Glycin

---

85   Vgl. http://www.uni-protokolle.de/Lexikon/Genetischer_Code.html.

Einige Eigenschaften des Codes

Der genetische Code ist ein Quaternärcode mit Tripletts als „Wörtern". So nutzt er alle verfügbaren Kombinationen für die größtmögliche Redundanz der Codierung aus.[86]

Er ist degeneriert, denn von 61 verfügbaren Codons werden nur 20 AS codiert, damit ist er auch konservativ, das bedeutet, dass Änderungen einer Base nicht in allen Fällen drastische Änderungen der generierten Aminosäure bewirken. Es fällt auf, dass gerade die zweite Base die Art der Aminosäure wesentlich bestimmt:

Die folgende Zuordnung bezieht sich auf den Charakter der codierten AS in Zusammenhang mit der 2. Base im Codon (Triplett).

U - hydrophob
C - polar bis neutral
A - geladen
G - geladen neutral bis polar.

Ausnahmen von der Universalität

Die Mitochondrien und die Ciliaten besitzen einen etwas abweichenden genetischen Code. Dass es Ausnahmen gibt, ist besonders bemerkenswert. Sollten wirklich alle Lebewesen von einer Urzelle (LUCA) abstammen, stellen sich Fragen, wieso dann ein veränderter Code in bestimmten Organellen (Mitochondrien) oder in gewissen Algen (Ciliaten) vorkommen kann.

Postulierte Vorläufer eines Codes

Im Buch von JUNKER und SCHERER sind mögliche Varianten[87] von Modellen beschrieben, die Vorläufer des jetzigen Codierungssystems darstellen könnten.

Hier soll die *stereochemische* Variante kurz beschrieben werden.

Dabei geht es um die Eigenschaften von relativ kurzen RNA-Stücken, kleinere Moleküle – und damit auch gewisse Aminosäuren – binden zu können.

Die gebildeten „Komplexe" von RNA-Stück und Aminosäuren nennt man Aptamere.

Es gibt Experimente, die zeigen, dass manche Aminosäuren an RNA-Stücken binden, die genau das in der Natur vorkommende Codon oder Antico-

---

86   Vgl. REINHARD JUNKER, SIEGFRIED SCHERER, Evolution Ein kritisches Lehrbuch, 7., aktualisierte und erweiterte Auflage 2013, 112.

87   Diskutiert werden dort die stereochemische, die adaptive und die co-evolutive Codeentstehung, vgl. REINHARD JUNKER, SIEGFRIED SCHERER, Evolution Ein kritisches Lehrbuch, 7., aktualisierte und erweiterte Auflage 2013, 115.

don enthalten. So wurde herausgefunden, dass die minimale Kettenlänge für ein Histidin-Aptamer bei 32, hingegen bei Tryptophan bei 18 Nukleotiden liegt.[88] Damit wird für einen „ersten genetischen Code" eine direkte Codierung angenommen, sodass zur Übersetzung des Codes keine tRNAs notwendig gewesen wären. So sollten durch die Bindung von Aminosäuren an das zugehörige Codon diese ohne „Umweg" direkt in den Ribosomen zum fertigen Protein verknüpft worden sein. Erst später sei die indirekte Codierung hinzugekommen, die heute beobachtet wird.

Einwände gegen diese Theorie:[89] einerseits die relativ geringe Spezifität der Aptameren für bestimmte Aminosäuren und die daraus folgende große Fehleranfälligkeit dieses Systems; andererseits auch die Tatsache, dass die Bildung von Aptameren nur für chemisch eher komplex gebaute Aminosäuren beschrieben worden ist – und diese kommen gerade in der „Ursuppe" nur in sehr geringen Mengen vor. Für die einfachsten Aminosäuren, wie zum Beispiel Glycin, sind kaum geeignete Aptamere bekannt.

Ein weiteres Problem ist die Kondensationsreaktion, mit deren Hilfe die Aminosäuren von den verschiedenen Aptameren verknüpft werden sollten.

Die Wahrscheinlichkeiten für die Bildung einer einzige RNA-Sequenz von 30 Nucleotiden liegen im experimentell zugänglichen Bereich (10^{-8} bis 10^{-10}), jene für ein Gen von 20-30 Aptameren aber in einem unvorstellbar niedrigen Bereich, da nach den Gesetzen der Wahrscheinlichkeitsrechnung die Zehnerpotenzen mehrmals multipliziert (=potenziert) werden müssen.

4.9.4 Die Rolle der Aminosäuren und Proteine

Proteine sind Polykondensate aus L-Aminosäuren, die nach einem genau definierten Plan (der in der DNA bzw. RNA gespeichert ist) synthetisiert werden.

Für die Synthese ist eine Kopie eines Teilstückes der RNA bzw. DNA notwendig, die die Information für die Reihenfolge der AS im Protein besitzt.

Proteine in Lebewesen funktionieren aufgrund der eindeutig vorgegebenen Reihenfolge – des Musters – der Aminosäuren, und falten sich entsprechend zu hoch funktionellen Sekundär-, Tertiär- und Quartärstrukturen auf.

In so einem Muster für ein spezielles Protein sind gewisse Modifikationen möglich, ohne die Funktionalität zu verlieren, wie der Vergleich von einer spezifischen Proteinart bei verschiedenen Lebewesen zeigt. Der Vergleich solcher spezifischen Proteinart bezüglich verschiedener Lebewesen wurde in der Evolutionsforschung zur Herstellung von „Stammbäumen" verwendet.

---

88   Vgl. REINHARD JUNKER, SIEGFRIED SCHERER, Evolution Ein kritisches Lehrbuch[7], 116.

89   Vgl. REINHARD JUNKER, SIEGFRIED SCHERER, Evolution Ein kritisches Lehrbuch[7], 116.

Im Unterschied zu den hoch organisierten zellulären Proteinen, die nach einem genauen Bauplan synthetisiert werden, weist ein „zufällig" aus einer Ursuppe entstandenes „Protein" oder Proteinoid mehrere Eigenschaften nicht auf:

1. Die Reihenfolge ist nicht nach einer vorgegebenen Information bestimmt. Damit ist die Funktionalität höchstens zufällig vorhanden.
2. Es können „zufällig" auch D-Aminosäuren eingebaut werden, da in Ursuppen ein razemisches Gemisch von D- und L- Aminosäuren entsteht.
3. Ein solches Protein könnte auch räumlich weitergehend vernetzt sein, als dies zelluläre Proteine sind.

Eine weitere Problematik beschreiben JUNKER und SCHERER sehr gut:[90]

> „Ein schwerwiegendes Problem beim Aufbau von Aminosäureketten besteht darin, dass Ursuppen größtenteils aus Wasser bestehen. Ohne spezielle Maßnahmen können daher kaum Oligo- und sicher keine Polypeptide (längere Ketten) gebildet werden. In einem solchen Milieu liegt das Gleichgewicht wegen des großen Wasserüberschusses ganz auf der Seite der monomeren Aminosäuren. Die Anwesenheit von Wasser verhindert folglich die Kettenbildung. Dies bedeutet, dass in Ursuppensimulationsexperimenten nicht einmal Vorstufen von Proteinen entstehen."

Gerade deshalb muss man die Rolle der Hydrolyse beachten: Polykondensationen sind Gleichgewichtsreaktionen.[91] Im Gleichgewicht gibt es in der Lösung die Rückreaktion, das heißt, die hydrolytische Spaltung der Peptidbindung. Ein „zufällig" in der Ursuppe entstandenes Protein müsste *rasch* weiterreagieren oder in ein „Urlebewesen" eingebaut werden, um nicht Opfer der Hydrolyse zu werden.

In Lebewesen wird die Hydrolyse der Proteine sowohl durch spezielle Bedingungen, wie Enzyme, als auch durch ihre Überstruktur (Tertiärstruktur) verhindert bzw. eingedämmt. In einer hypothetischen Ursuppe gab es aber noch keine schützenden Enzyme, und die zufällig entstandenen Proteine hätten nur selten eine schützende Tertiärstruktur aufweisen können.

Hier ist eine kritische Betrachtung des „Zeitfaktors", auf den die Evolutionsbiologen setzen, besonders angebracht.

Es ist allgemein bekannt, wie schnell Lebensmittel sowohl durch den Luftsauerstoff, als auch durch Mikroorganismen und Enzyme, verderben.

Gewiss waren in einer Uratmosphäre diese verderblichen Einflüsse noch nicht vorhanden; wohl aber war es auf dem Planeten Erde in den meisten Fällen wässriges Milieu, in dem sich Polykondensationen abgespielt haben können.

---

90 REINHARD JUNKER, SIEGFRIED SCHERER, Evolution Ein kritisches Lehrbuch, 7., aktualisierte und erweiterte Auflage 2013, Weyel Lehrmittelverlag Gießen, 97.
91 Auf diesen Umstand weist BRUNO VOLLMERT an mehreren Stellen seines Buches „Das Molekül und das Leben" hin, vgl. dort 67-69, 86-87.

Eine Behauptung, dass sich eine RNA oder ein gewisses Protein im Laufe von Millionen Jahren bilden hätte können, ist vom Standpunkt der chemischen Gleichgewichtslehre und der Reaktionskinetik unhaltbar, da eine solchermaßen gebildete RNA bzw. ein entsprechendes Protein in wesentlich kürzeren Zeiträumen (vergleichsweise in Tagen bis Wochen unserer heutigen Zeitrechnung) durch hydrolytische Spaltung wieder in Teile oder die einzelnen Monomeren zerfallen wäre.

Eine „zufällige" Lebensentstehung hätte daher allenfalls schnell stattfinden müssen, bestenfalls in wenigen Stunden bis Tagen. Das erforderte aber eine synchrone Bildung von vielen verschiedenen geordneten Strukturen. Die entsprechenden Wahrscheinlichkeiten für einen solchen Vorgang auf „Basis des Zufalls"[92] kann ich nicht angeben, sie sind extrem klein, auch wenn sie eventuell als Zehnerpotenzen mit negativer Hochzahl geschrieben werden könnten.

4.9.5 LUCA

In den letzten 15 Jahren hat sich ein neuer Name für einen hypothetischen gemeinsamen[93] Vorfahren aller Lebewesen ausgebildet: LUCA (latest unique common ancestor).

Dieses einzellige Wesen müsste nach Meinung der Evolutionsbiologen der Vorfahre sowohl der Archeen als auch der Bakterien gewesen sein.[94]

Zunächst möchte ich die Frage stellen, was so eine „hypothetische Urzelle" für Vorraussetzungen erfüllen müsste, um überlebensfähig zu sein.

Sie müsste jedenfalls einen eigenen Stoffwechsel und Regulationsmechanismen haben, daher benötigte sie einen gewissen Satz an funktionell wirksamen Enzymen. Die Enzyme könnten auch Ribozyme gewesen sein.

Unter der Annahme, dass die Erbinformation in RNA gespeichert wäre, müssten darin auch die Abschnitte für die bzw. der entsprechenden Ribozyme enthalten gewesen sein. (Für eine eventuelle Proteinbiosynthese benötigte sie auch noch einen Satz an t-RNAs – angenommen, die Proteine wären erst später entwickelt worden und hätten schrittweise die Ribozyme abgelöst, wären die t-RNAs zunächst noch nicht nötig gewesen.)

Alles Notwendige und dazu noch Membranbausteine für Transport von Stoffen müsste in der Urzelle vorhanden und richtig angeordnet sein.

---

92 Vgl. auch das Kapitel über Zufall und Pseudozufall in diesem Buchteil.
93 *Genes* 2012, *3*, 81-87; doi:10.3390/genes3010081.
94 http://www.actionbioscience.org/newfrontiers/poolepaper.html.

Forschungsergebnisse für LUCA

Unter der Annahme, dass es drei Reiche (Archeen, Bakterien und Eukaryonten) gab, aus denen sich die Lebewesen entwickelt haben sollen, findet man z. B. einen Satz von 81 Genen als Minimalsatz für LUCA. Andererseits wird in einer Quelle als minimales Genom ein Satz von 256 Genen angegeben.[95] Dabei wird aber die Möglichkeit des horizontalen Gentransfers eingeräumt, was bedeutet, das LUCA auch andere Gene gehabt haben könnte, die später infolge eines solchen Transfers verloren gegangen seien. K. WOESE räumt ein, dass es möglicherweise mehrere LUCAs gegeben haben könnte.

Kritische Betrachtung

Sollte ein Satz von 81 Genen wirklich das Minimum für eine hypothetische Urzelle sein, ergeben sich wieder die gleichen Fragen wie in den Kapiteln 4.9.3 und 4.9.4: Woher kam die Information, und wie wurde sie auf molekularer Ebene (RNA, eventuell t-RNAs) realisiert? Die Hypothese von LUCA lässt viele Fragen, insbesondere zu seiner Entstehung, offen. Eine spätere Umprogrammierung von Ribozymen in Proteine ist auch schwer erklärbar, denn sie hätte ja im Lebewesen synchron passieren müssen.

4.9.6 Informationstheorie und makroevolutive Schritte

Die DNA bzw. RNA eines Lebewesens ist zumindest der Informationsspeicher für alle im Lebewesen benötigten Proteine. In den letzten Jahrzehnten kamen berechtigte Zweifel auf, ob die Nukleinsäure *a l l e* Informationen speichert, die ein Lebewesen als eine spezifische Art ausmachen, oder ob es noch andere Informationen gäbe, die durch die *Lage* (Topologie) der Nukleinsäure und anderer Moleküle innerhalb einer Zelle, aber auch durch die *Anordnung* der sich teilenden Zellen eines höheren Lebewesens bestimmt sind.

Diese Fachrichtung der Biochemie, die gerade in Entwicklung ist, nennt man Epigenetik. Sie beschäftigt sich mit den Mechanismen, die die Genaktivität regulieren.[96]

Die Grundproblematik eines makroevolutiven Schrittes (der, wie sich die Evolutionstheoretiker überlegen, auch als Summe mehrerer mikroevolutiver Schritte gedacht werden könnte) wird aus der Sicht der DNA-Chemie betrachtet:

---

95 http://www.actionbioscience.org/newfrontiers/poolepaper.html.
96 http://www.biosicherheit.de/lexikon/860.epigenetik.html.

Wäre für die Bildung eines neuen Organs auch eine Änderung der DNA notwendig, so müsste diese Änderung Informationen in die DNA einbringen, aber auch entsprechende epigenetische Änderungen mit sich ziehen.

Nun ist es aber evident, dass aufgrund der Gesetze der Statistik auch schon die Informationen für ein kleines Protein (z.B. 35 AS) eine Wahrscheinlichkeit von $1 : 20^{35}$ erfordern, einer Zahl, die in Zehnerpotenzen ca. 44 Nullen besitzt.

Im Sinne der Evolutionstheoretiker erforderte dies eine entsprechend große Zahl von Mutationen, wobei aber bei einem mikroevolutivem Schritt das wesentliche Kriterium der positiven Auslese nicht erfüllt sein würde.

So eine zusätzliche Information – wäre sie bei einem evolutiven Schritt nötig – kann weder durch den Zeitfaktor, noch durch ein milliardenfaches Auftreten einer Spezies von der Statistik her gerechtfertigt werden (Eine Milliarde entspricht einer Zehnerpotenz mit 9 Nullen). Ich verweise auch auf die Zusammenhänge von Gradualismus und Ergodentheorem, vgl. Kapitel 4.5.

Nun ist aber bekannt, dass sich die DNAs von Tier- und Pflanzenarten doch jeweils unterscheiden, wenn es manchmal auch nur *„einige Prozent"* sind.

Doch bedeutet bei einer Basenzahl von über 3.10^9 beim Menschen „einige Prozent" gleich eine Änderung der Basenzahl um einige 10 Millionen! Deshalb sind die genetischen Unterschiede der Hominiden und des Menschen keineswegs so gering, wie es die *Prozentzahlen* vermuten lassen.

Könnte man beweisen, dass sich für einen evolutiven Schritt die DNA nicht ändern müsste (weil alle Informationen sozusagen redundant schon in der DNA des Ausgangslebewesen vorhanden gewesen wären), erhebt sich die Frage, wieso sich dann die DNAs der Tier- und Pflanzenarten, wie wir sie heute kennen, so wesentlich unterscheiden.

4.9.7 Zusammenfassung

Die Lebensentstehung aus einer Ursuppe wirft mehrere, naturwissenschaftlich monomodal gesehen, nicht beantwortbare Fragen auf.

Sowohl die Bildung von funktionellen Biopolymeren aus der Ursuppe als auch ihre Weiterentwicklung sind aufgrund der Anwesenheit monofunktioneller Monomerer polymerchemisch praktisch unwahrscheinlich.

Aufgrund der chemischen Gleichgewichtslehre und den Gesetzen der Hydrolyse ist eine Bildung von RNA oder Proteinen auch in Millionen von Jahren undenkbar. – Ein hypothetischer Vorfahre LUCA bräuchte einen minimalen Satz an Informationen (in RNA) und Ribozymen oder Enzymen, um überlebensfähig zu sein.

Mikroevolutive Schritte mit einer notwendigen Erweiterung der DNA sind aufgrund der (Un-)wahrscheinlichkeit dieser Änderung sehr schwer erklärbar.

5. Managementwissenschaften

Da die Finanz- und Realwirtschaft schon immer eine zentrale Rolle in der Gesellschaft gespielt haben, die sich durch die gegenwärtige Finanzkrise als global erweist, wurde die Wissensbasis für das optimale Steuern komplexer organisatorischer Strukturen in den Managementwissenschaften hoch entwickelt. Dieses Wissen wird bevorzugt in den Wirtschaftwissenschaften zur optimalen Organisation innovativer und ökonomisches Systeme eingesetzt. Heute sind die Managementwissenschaften eine eigene wissenschaftliche Disziplin geworden. Die wirtschaftswissenschaftlichen Systeme sind wegen des freien Spiels der Kräfte dynamische Systeme auf instabilen Märkten geworden. Durch die Verkürzung der Halbwertszeiten technischen Wissens und durch das Paradigma der Gewinnmaximierung in der Finanz- und Realwirtschaft ist Unternehmertum zum Managen dynamischer Prozesse geworden.

5.1 Management und Regelung

Das Managen dynamischer Prozesse hat überraschenderweise außergewöhnlich viel mit regelungstechnischen Vorgängen zu tun, da die Regelungstechnik als Wissenschaft und Technik von der gezielten Beeinflussung dynamischer Prozesse definiert ist[97]. Die Beeinflussung erfolgt dabei über Führungsgrößen, denen die Regelgrößen in Abhängigkeit der Randbedingungen autoadaptiv nachgeführt werden müssen. Diese regelungstechnischen Anpassungen dynamischer Prozesse sind gerade in biologischen Systemen häufig nicht nur unter instabilen Randbedingungen sondern auch bei variierenden Führungsgrößen zu realisieren und erreichen höchste regelungstechnische Schwierigkeitsgrade. Die präzise Formulierung der spezifischen Aufgaben des korrespondierenden Managements ist daher oft in der Sprache der Wirtschaftswissenschaften schwierig. Die einschlägige Literatur beschreibt die Anpassungsprozesse in organismischen Systemen als Regelungsprozesse höchsten technischen Schwierigkeitsgrades. Daher wird im korrespondierenden Teil der gegenständlichen Studie die Kritik aus Sicht der Managementwissenschaften meist in die präzise Sprache der Regelungstechnik gekleidet.

Die Hauptaufgabe des Managements ist die optimale Erreichung eines geplanten Zieles durch ein Team. Dabei ist es Vorgabe für das Management, ein Ziel so zu wählen, dass es erreichbar also realistisch ist. Voraussetzung für die Optimierung eines Prozesses ist dessen mathematische Beschreibbarkeit und die Möglichkeit einer Simulation. Es sind daher für die Marktmechanismen eine

---

97 Vgl. Enzyklopädie Naturwissenschaft und Technik, Zweiburgen-Verlag, Sonderausgabe
Verlag Moderne Industrie, München 1981, 3621.

Reihe qualitativ hochwertiger quantitativer Algorithmen PC-gestützt entwickelt worden, mit dem Ziel optimale Positionen für die Anpassung von Angebot und Nachfrage am Markt zu identifizieren. Ergänzend dazu wurden im Rahmen gruppendynamischer Studien des Kommunikationstrainings Strategien definiert, um die soziale Kompetenz des Teams und damit den Gesamterfolg zu optimieren. Bei den Analysen zu den genannten Prozeduren wurde offenkundig, dass dabei viele dynamische Prozesse ablaufen, die durch selbstreferentielle Anpassungen in Form von Steuerung und Regelung beeinflusst werden müssen. In der Regelungstechnik spricht man in diesem Zusammenhang von Autoadaption. Damit ist eine enge Verbindung zwischen den Methoden und Verfahren bei Managementaufgaben und Regelungsstrategien offenkundig.

5.2 Die Zelle ein regelungstechnisches Meisterwerk

Aus der im Folgenden beispielhaft zitierten Literatur[98] weiß man, dass in organismischen Systemen Regelungsprozesse höchsten technischen Schwierigkeitsgrades ablaufen. Diese komplexen biologischen Entwicklungsprozesse umfassen einerseits Präferenzbildungen durch selbstreferentiell bewertende Koordinationen und andererseits autoadaptive Optimierungen energiekonvertierender Subsysteme. Dies muss unter variablen Randbedingungen und ständig variierenden Regel- und Führungsgrößen durch physiologische Anpassungen an die Umwelt und kreative Selbstkonstitutionen[99] realisiert werden. Einerseits setzt das Gesamtsystem der biologischen Zelle mit seinen adaptiven Subsystemen als regelungstechnisches Meisterwerk[100] jeden Techniker in großes Erstaunen andererseits weiß man aus der Wissensbasis der Betriebswirtschaften welch kompliziertes Spitzenmanagement ein so komplexes System erfordert.

5.3 Spitzenmanagement dynamischer instationärer Prozesse

Aus der Gruppendynamik ist bekannt, dass beim Management stark vernetzter und komplex strukturierter Systemen, wie es bei organismischen Systemen der Fall ist, in diesem Zusammenhang Kommunikationstraining, Transaktionsanaly-

---

98 R. JUNKER, S. SCHERER, Evolution ein kritisches Lehrbuch, Weyel-Verlag Gießen 2006, J. LENNOX, Hat die Wissenschaft Gott begraben, SCM R. Brockhaus 2009, FALKNER, Die Unvereinbarkeit des darwinistischen Paradigmas mit systemtheoretischen Erklärungen biologischer Entwicklungsprozesse, 105-139, M. J. BEHE, Darwins black box, Resch-Verlag, 82166 Gräfelfing, 2007.

99 FALKNER, Die Unvereinbarkeit des darwinistischen Paradigmas mit systemtheoretischen Erklärungen biologischer Entwicklungsprozesse, 105-139.

100 FALKNER ebd.

se, die MASLOW-Pyramide, die BERNE-Analyse, das JOHARI-Fenster, und das PETER-Prinzip eine wichtige Rolle spielen.[101] Es gibt dazu viele affine Beispiele aus der Betriebspsychologie. Ein erfolgreiches Management so komplexer Systeme wie die biologischen ist ohne Kenntnisse aus den Problem-, Lösungs- und Entscheidungstheorien nicht, schon gar nicht optimal, möglich. Die Biosysteme sind aber zumindest energetisch optimal strukturiert.[102] Man weiß, dass im Management positive Koordination wesentlich effektiver ist als negative,[103] man kennt einen Lawineneffekt,[104] beachtet die Vorteile kooperativer gegenüber konkurrenzierender Prinzipien, weiß, dass ein Team durch den sogenannten synergetischen Teameffekt messbar effizienter als die Gruppe von Einzelkämpfern arbeitet[105] und dass dazu unzählige Komparationen, Evaluationen, Koordinationen und Entscheidungen nötig sind. Dabei kommt es wesentlich auf das Know-How an, denn man kann nach den Gesetzen der Entscheidungstheorie als Unkundiger auf Entscheidungsinseln landen und in einer falschen Entschiedenheit enden. Ohne prospektive Koordination mit ideellen Regulativen und intelligiblen Korrektiven ist ein erfolgreiches Management solcher Prozesse unmöglich. Das darwinistische Paradigma Mutation und Selektion ist für regulative biologische Prozesse nur eine Näherungslösung auf unterster Approximationsstufe und muss so wie das Evolutionsmodell Zufall und Notwendigkeit daher bei diesen Schwierigkeitsgraden versagen. Selbst der Verbund beider Prinzipien kann die gesamte Last der Evolutionsproblematik nicht tragen sondern nur im mikroevolutiven Bereich spezielle Teile abdecken wie man in der zitierten Literatur[106] wissenschaftlich objektiv begründet nachlesen kann. Obligate Zuweisungen von Wissenschaftlern zu Gruppen wie Naturalisten, Materialisten, Theisten und Kreationisten ist unter dem Druck theoretischer und experimenteller Ergebnisse biologischer Entwicklungsprozesse eine Vorverurteilung.

---

101 V. F. BIRKENBIHL, Kommunikationstraining, mgv-Verlag München 1992, ISBN 3-478-03040-4.

102 FALKNER, ebd.,115.

103 WOLFGANGWEHRMANN, Freiheit und Prädestination im Spannungsfeld zwischen Tradition und Zeitgeist, in Heiligenkreuzer Studienreihe Band 9, Heiligenkreuz 2000, ISBN 3-85105-121-1, 162.

104 WOLFGANG WEHRMANN, Komplexe Wirklichkeiten Band I, Heiligenkreuzer Studienreihe Band 8, Heiligenkreuzer Verlag 1994, 260ff.

105 WOLFGANG WEHRMANN, Innovation Quantitativ, Schriftenreihe der Technischen Universität Wien, Metrica Fachverlag 2. Aufl. 1994, 293.

106 J. LENNOX, Hat die Wissenschaft Gott begraben, 17.

5.4 Das darwinistische Paradigma ist evolutiv überfordert

Der Darwinismus als Erklärung für das selektierende Istverhalten in Natur und Mensch (Sozialdarwinismus) hat sich in einem speziellen Gültigkeitsbereich der Evolution als richtig erwiesen, aber als ganzheitliche Aussage über das wahre Sollverhalten ist das darwinistische Paradigma überfordert. Das zeigen die experimentellen und theoretischen Arbeiten von BEHE, LENNOX, JUNKER, SCHERER und speziell von GERNOT FALKNER[107], der wissenschaftlich objektiv und experimentell reproduzierbar aufzeigt, dass systemtheoretische Analysen biologischer Entwicklungsprozesse mit dem darwinistischen Paradigma unvereinbar sind. Daher hat der Darwinismus weder eine Alleinstellungsberechtigung noch eine Allgemeingültigkeit. Aus den oben genannten Arbeiten ist zu erkennen, dass der Darwinismus einen relativ eingeschränkten evolutiven Gültigkeitsbereich abdeckt. Erkenntnistheoretisch ist eine Erklärung sowie deren Teile, entweder richtig oder falsch, eine Aussage ist wahr oder unwahr. Aussagen erfolgen auf primärer Erkenntnisebene, Erklärungen auf sekundärer, daher haben Aussagen in der Hierarchie der Gültigkeiten Priorität gegenüber Erklärungen.

Da die Kompetenz des darwinistischen Paradigmas Erklärungen für beobachtete naturwissenschaftliche Phänomene auf der fachwissenschaftlichen Sekundärebene umfasst und nicht Aussagen auf der erkenntnistheoretischen Primärebene, ist das darwinistische Paradigma unter den oben genannten Einschränkungen, dort wo es gilt, im Sinne der Erkenntnistheorie richtig aber nicht stringent allgemein wahr.

DARWIN sprach richtigerweise von Varietäten, denn das, was er beobachtete, waren Variationen zum gleichen Thema. Er hat ursprünglich Anderes nicht mit Neuem gleichgesetzt und daher von Variationen (Varietäten) und nicht von Kreationen gesprochen. Variationen sind jeweils etwas Anderes nur Kreationen sind etwas Neues. Bekanntlich erkannten erst um 1900 die Biologen CORRENS, TSCHERMAK und DE VRIES, dass die darwinistischen Varietäten den bereits seit 1865 bekannten MENDELschen Mutationen entsprechen.

Der philosophische Grundsatz „nemo dat quot non habet" gilt auch in diesem Zusammenhang und verweist das darwinistische Paradigma aus der Alleinstellung und der Allgemeingültigkeit in seine speziellen Gültigkeitsgrenzen. Auch dem Nichtbiologen ist aus der Literatur bekannt, dass alle bisherigen wissenschaftlich geführten Zuchtversuche gezeigt haben, dass das darwinistische Paradigma bestenfalls innerhalb der Grenzen der jeweiligen Grundtypen gilt

---

107 G. FALKNER, Die Unvereinbarkeit des darwinistischen Paradigmas mit systemtheoretischen Erklärungen biologischer Entwicklungsprozesse in E. M. HERZOG u. H. BAUER (Hrsg.): Blickpunkt Darwin, Verlag Books on Demand GmbH, Norderstedt 2011, 105-139.

aber niemals alleinstellend das gesamte Pflanzen- und/oder Tierreich umspannt. Es ist eine Sache des Pars Sanior-Prinzips und der praktischen Vernunft, dass Kreuzungsmöglichkeiten durch Unfruchtbarkeit logisch stringent begrenzt werden. Zur Erklärung der Grundtypen und zum praktischen Vergleich sei auf die Kapitel 4.3, 4.4 und 5 im Buchteil von André Derndarsky (S.91, 92, 94f.) hingewiesen.

Insofern ist die uneingeschränkte Übertragung des darwinistischen Paradigmas von der Mikroevolution auf die Makroevolution wissenschaftstheoretisch unzulässig. Leider wird auch in an sich wissenschaftlich anspruchsvollen Publikationen der oben genannte erkenntnistheoretische Grundsatz verletzt und es werden viele unnötige Irritationen verursacht.

6. Resümee

Dreizehn Mängel und irreduzible Aporien der Evolutionstheorie

1. In der Evolutionstheorie werden Begriffe und Definitionen durch mangelhafte Beachtung der Unterschiede zwischen Univokation und Äquivokation erkenntnistheoretisch unkorrekt gebraucht und fehlerhaft gegeneinander abgegrenzt. Bekannte Beispiele dafür sind der Begriff Evolution selbst oder die taxonomischen Zuordnungen der Arten.

2. Erkenntnistheoretische Grundsätze insbesondere jener des hinreichenden Grundes werden in der Beweisführung oft verletzt und Desinformationen durch logische Deformationen insbesondere der Totalisierung und Identisierung nach GABRIEL verursacht. Ein typisches Beispiel ist der misslungene Versuch, die Entstehung des Lebens monomodal materialistisch aus toter Materie nur mechanistisch durch Physik und Chemie zu erklären.

3. Die gödelschen Sätze der Unvollständigkeit werden in der Theorienbildung nicht berücksichtigt und unentscheidbare Aussagen ignoriert. Ein typisches Beispiel ist die Meinung in der Main-Stream-Biologie, alle evolutiven Phänomene auf der Basis des ontologisch monomodalen Paradigmas der Materie durch Mutation und Selektion rein mechanistisch erklären zu können.

4. Die in den Naturwissenschaften bewusste monomodale Beschränkung der Wirklichkeit und ihrer Gesetze auf die Materie, steht in der Biologie im krassen Widerspruch zur zentralen Bedeutung der genetischen Information als duomodale komplexe Wirklichkeit. Diese Aporie wird in der Evolutionstheorie ignoriert.

5. Das ideologische Beharren der Main-Stream-Biologen auf rein mechanistischen Erklärungen und ihre Weigerung, zellbiologisch plausibilisierte

Interaktionen materieller und ideeller Regulative zu akzeptieren führt zur Aporie der Entstehung des Lebens.

6. Die Fachbegriffe der Stochastik werden teils unkorrekt teils gar nicht verwendet und dadurch wird das stochastische Dilemma Zufall/Pseudozufall nicht erkannt und daher auch nicht beachtet. Dieses Dilemma begründet, dass Zufall kein Argument für oder gegen Ziel, Plan und Geist in der Evolution und daher auch nicht für oder gegen Schöpfung sein kann.

7. Es besteht ein kontradiktorischer Widerspruch zwischen der gradualistischen Vorstellung einer zufälligen organismischen Höherentwicklung in der Evolution und dem Ergodentheorem der Stochastik

8. Die polymerchemisch bewiesenen, mathematisch begründeten und aus der Zuchtforschung bekannten Unmöglichkeiten, die taxonomischen Klassengrenzen in der Biologie durch das darwinistische Paradigma Mutation & Selektion zu überschreiten, werden egalisiert bzw. ignoriert.

9. Bei der auch heute noch teilweise stringenten Ableitung eines Stammbaumes der Artverwandtschaften aus Ähnlichkeiten der Fossilien in der Paläontologie widersprechen die Theoreme über Auto- und Kreuzkorrelation dieser Methode. Man hat in der Zwischenzeit diesen Fehler erkannt und arbeitet mit DNA-Homologien. Die Korrelationstheoreme sind in der Paläontologie nicht bekannt und es fehlt eine explizite Distanzierung von der früheren Methode. Die daraus resultierende wissenschaftliche Problematik zwischen Konvergenz und Homologie wird in der Stammbaumforschung viel zu wenig beachtet bzw. ignoriert.

10. Es ist wissenschaftstheoretisch unkorrekt, Mechanismen der Mikroevolution apodiktisch auf die Makroevolution zu übertragen und dabei verständlicherweise auftretende Aporien und Kontradiktionen dogmatisch zu überbrücken.

11. Über 99% der bis heute bekannten Mutationen führen zu Missbildungen und genetischen Defekten, sind also sogenannte Negativmutationen. Nach RICHARD DAWKINS, einem der militantesten heute noch lebenden Darwinisten, ist die Wahrscheinlichkeit für ein positiv mutierendes Gen häufig kleiner als eins zu einer Million[108]. Positivmutationen sind daher um Zehnerpotenzen unwahrscheinlicher als Negativmutationen. Wenn dann noch der wissenschaftliche Main-Stream-Kommentator einer TV-Sendung biologisch richtig begründet, dass nur durch mehrere Millionen solcher lückenlos aufeinanderfolgender Positivmutationen nach der geltenden Evo-

---

108 zitiert in W. KUHN, Darwin im Computerzeitalter, Schwengeler-Verlag 1989, CH-9442 Berneck, ISBN 3-85666-229-4, 91.

lutionstheorie aus dem Affen ein Mensch werden könnte, erübrigt sich für einen mathematisch kundigen Stochastiker jede Qualifikation einer solchen wissenschaftlichen Irrealität, dass durch Mutation und Selektion aus einem Affen ein Mensch gradualistisch evolvieren könnte.

12. Das darwinistische Paradigma Mutation und Selektion ist unvereinbar mit der Prozessphilosophie von A. N. WHITEHEAD und den experimentellen Forschungsergebnissen über biologische Entwicklungsprozesse aufgrund der System/Umwelt-Theorie von N. LUHMANN und G. FALKNER (Lit. zit.). Der Alleinstellungsanspruch des darwinistischen Paradigmas und dessen Allgemeingültigkeit wird im Sinne der System/Umwelt-Theorie falsifiziert und diese Falsifizierung wird durch neuere Ergebnisse aus der Lösungs- und Entscheidungstheorie, sowie aus der Regelungstheorie und der Teamforschung affirmiert.

13. Eine Beschränkung der Natur auf das monomodale Paradigma einer rein materiellen Wirklichkeit erzeugt evolutionstheoretische Aporien, weil Leben mit ideellen Regulativen zu tun hat. Eine Lösung dieser Aporien durch eine metamathematisch begründete Erweiterung der Realität der Natur auf eine duomodale Komplexität des Seins von Materie und Geist wird von der Main-Stream-Biologie verweigert. Die grundlegendsten Aporien in diesem Zusammenhang sind die bisher misslungenen Versuche, einerseits die Entstehung des Lebens aus toter Materie und andererseits die Überwindung der gigantischen Unwahrscheinlichkeiten für erforderliche DNA-Verlängerungen in der Makroevolution allein mit Physik und Chemie mechanistisch zu erklären. Eine nötige Erweiterung auf ein duomodales ontologisches Paradigma wird von der Main-stream-Biologie abgelehnt, obwohl die moderne Energie- und Informationstechnik seit jeher auf der Basis dieser analogen Erweiterung alle ihre technischen Systeme kalkuliert, dimensioniert und ihre Gültigkeit damit bestätigt.

Es ist bisher der Main-stream-Biologie nicht gelungen, die Aporien in der Evolutionstheorie, die durch die unkritische Übertragung der mikroevolutiven Mechanismen auf die Makroevolution entstehen, aufzulösen. Lösungen dieser Aporien wurden auf systemtheoretischer und prozessphilosophischer Basis theoretisch und experimentell bestätigt, werden aber von der Main-stream-Biologie nach wie vor intellektuell unredlich aus ideologischen Gründen abgelehnt.

Die einzelnen kritischen Statements in der gegenständlichen Summary sind in den aktuellen ausführlichen Studienbeiträgen zur Evolutionstheorie wissenschaftlich begründet.

Das Geheimnis Evolution

P. ANDRÉ DERNDARSKY

1. Einleitung

Zwei gegensätzliche Veröffentlichungen als Anstoß zu diesem Beitrag

RICHARD DAWKINS, Der Gotteswahn

Das Buch ist ein Verkaufsschlager. 2006 erschienen. 2007 erfolgt bereits die siebte Auflage. Autor: RICHARD DAWKINS. Titel: Der Gotteswahn. Inhalt: ein Feldzug gegen die Religion, ein Versuch der Widerlegung der Existenz Gottes, da Evolution und diesbezüglich vor allem natürliche Selektion die (angebliche) Unhaltbarkeit einer „Gottes-Hypothese" zeigen würden. Länge: über fünfhundert Seiten. Auffallend: eine oft peinlich anmutende Selbstgefälligkeit – gepaart mit verletzender Zynik – sowie eine aufdringlich-übertrieben apodiktische (keinen Widerspruch duldende) Argumentation bei gleichzeitig überraschend naiver Begründung der grundlegenden Schlussfolgerungen.

KARDINAL CHRISTOPH SCHÖNBORN, Finding Design in Nature

Der Artikel war ein „Aufreger". Am 7. Juli 2005 in der New York Times erschienen. Bereits Tage darauf heftig kritisiert, aber auch dankbar registriert. Autor: CHRISTOPH KARDINAL SCHÖNBORN. Titel: Finding Design in Nature (Einen Plan in der Natur finden). Inhalt: Kritische Auseinandersetzung mit Tendenzen, die meinen, durch evolutive Erklärungsmodelle der Welt und des Lebens den christlichen Glauben an die Schöpfung „wegerklären" zu können. Anliegen des Kardinals in seinen zu diesem Thema gehaltenen Schöpfungs-Theologie-Katechesen im Wiener Stephansdom ist die Vermittlung zwischen Glauben und Wissenschaft: Der aufsteigende Prozess aus einfachsten Anfängen zur Komplexität des Menschen könne von der Vernunft nicht einfach als Folge von Zufällen bezeichnet werden.

Das meinen auch wir: Wer seine Vernunft gebraucht, erkennt leicht, dass Glaube und (Natur-) Wissenschaft keine unvereinbaren Gegensätze darstellen. Für DAWKINS aber ist das unmöglich: er kennt nur entweder - oder. Er steht für eine Position, die – teils bewusst, teils unbewusst – in vielen Veröffentlichungen vertreten wird und (auch dadurch) das Denken zahlloser Menschen bestimmt: Gott *war einmal*; wer sich der Wissenschaft öffnet, weiß hingegen wirklich, woher der Mensch kommt und warum es ihn gibt.

Dieser Beitrag will nicht „beweisen", dass Mensch und Welt und All durch einen Schöpfer entstanden sind. Er will auch nicht die Möglichkeit evolutiver Entwicklungen widerlegen, und er will schon gar nicht Schöpfung gegen Evolution ausspielen. Das Ziel ist vielmehr eine Entmystifizierung des Prinzips „Evolution". Wer sich nämlich die Mühe macht, sich mit der Evolutions-Forschung gründlich auseinanderzusetzen, wird nachdenklich und wartet gespannt auf weitere Ergebnisse. Denn sehr vieles ist noch „unklar".

Der Stil RICHARD DAWKINS' hat uns abgeschreckt. Wir werden uns bemühen, ohne Selbstgefälligkeit, Zynismus und vorgeblich unwiderlegbare Behauptungen, dafür aber mit nüchternen Resultaten aus Biologie, Geologie und makromolekularer Chemie den derzeitigen Stand des Wissens über Entstehung und Weiterentwicklung der Lebewesen zu schildern.

2. Modernes Märchenbuch?

Was lernt man heute in der Schule über die Entstehung all dessen, was heute existiert? Eine Stichprobe:

Das erste Biologiebuch, das uns in die Hände fiel, war *Biologie, Ökologie und Warenlehre IV (4. Jahrgang der HAK; Wien 1998)*. Da wird erklärt, dass durch Wissenschafter

> „...nachgewiesen wurde, dass die Früherde mit einem chemischen Riesenlaboratorium verglichen werden kann."

und dass in

> „...dieser ,Ursuppe' durch weitere [!] Reaktionen die ersten einfachen Proteine und Nukleinsäuren entstanden." (S. 79 dieses Buches)

Abgesehen davon, dass ein „Nachweis" für Verhältnisse der Früherde nie erbracht werden kann, werden wir später sehen, dass gerade die Entstehung von Proteinen und Nukleinsäuren ein ungelöstes Rätsel darstellt.[1]

Vier Seiten genügen, um klarzumachen, wie Erde und Leben und Höherentwicklung der Lebewesen entstanden sind. Der Schüler weiß schließlich, dass

> „aufgrund von Analysen dieser hochkomplizierten Entwicklungsprozesse [der aufeinander folgenden Entstehungen der Arten] auf eine gemeinsame Abstammung aller Organismen, von den Einzellern ... bis zum Menschen geschlossen werden kann" (S. 81 dieses Buches).

Was ihm nicht gesagt wird: Forschungsergebnisse zeigen, dass Artbildung keine Höherentwicklung mit sich bringt (Kapitel 4.4), und die Annahme, es gebe einen universalen Code für alle Lebewesen, wurde bereits mehrfach widerlegt (Kapitel 6.2). Eine Hinführung zu kritischer Auseinandersetzung mit ungelösten Fragen stellen wir uns anders vor.

---

1 Vgl. Kapitel 4.9.3 und 4.9.4, Buchteil WOLFGANG WEHRMANN/WOLFGANG KAMMERER.

3. Vorbemerkungen zum „Geheimnis Evolution": [2]

3.1 Hypothesen und Fakten

Die Entstehung und Entwicklung des Lebens auf der Erde sind vor langer Zeit einmal geschehen. Niemand hat diese Vorgänge beobachten können, und niemand kann sie reproduzieren. Denn wir sind immer schon von Leben umgeben und haben es auch in uns – also können wir nicht nachvollziehen, wie *erstes* Leben entsteht. Sollte es möglich sein, im Labor ein Lebewesen herzustellen, so ist damit nicht gesagt, dass Leben auch tatsächlich ursprünglich so entstanden ist. Ein „Beweis" im naturwissenschaftlichen Sinn ist nicht möglich.

Hypothesen aber können aufgestellt werden. Doch darf nicht übersehen werden, dass Hypothesen über vergangene Abläufe nur sehr eingeschränkt geprüft und bestätigt werden können. Die Ausführungen dieses Artikels wollen helfen, den Unterschied deutlich zu machen: Was sind Deutungsversuche und Hypothesen und was sind Fakten?

3.2 Weltanschauung und Wissenschaft

Der *Naturalismus* ist eine Weltanschauung: Er ist davon überzeugt, dass es in der Natur und bei ihrer Entstehung ausschließlich mit natürlichen Dingen zugegangen ist. Die Denkmöglichkeit einer Schöpfung wird ausgeschlossen. Dieser Ausschluss stellt aber eine nicht wissenschaftliche (außerwissenschaftliche) Vorentscheidung und damit eine Grenzüberschreitung dar.

Der *methodische Atheismus* ist eine berechtigte Haltung der Naturwissenschaft. Sie forscht methodisch nach Mechanismen und Bedingungszusammenhängen, um Entwicklungen erklären zu können. Sie darf und muss sehen, wie weit sie mit der Annahme, dass es keine übernatürlichen „Interventionen" gegeben hat und gibt, kommt. Der methodische Atheismus kann aber nicht beurteilen, ob in der Geschichte des Kosmos ein Schöpfer gehandelt hat. Das ist empirisch, also aus Beobachtung und Erfahrung, nicht zu zeigen.

Damals noch schlüssig

Für CHARLES DARWIN und die Entwicklung „seiner" Evolutionstheorie war eine Weltreise in den Jahren 1831 bis 1836 entscheidend. Aufgrund seiner dabei getätigten Beobachtungen begann er, an eine fast beliebige Wandelbarkeit der Arten der Lebewesen zu glauben. Durch viele Beispiele stützte er seine Theorie

---

2   Die Abschnitte 3 bis 8.1, 8.3 bis 9.3 und 10 bis 11.1 halten sich eng an: REINHARD JUNKER/SIEGFRIED SCHERER: Evolution. Ein kritisches Lehrbuch; 1998, 6. erweiterte, aktualisierte Auflage 2006.

und legte mit dem Begriff der „natürlichen Selektion" auch den Mechanismus des Artenwandels vor. Da zu dieser Zeit die MENDEL'schen Vererbungsgesetze noch nicht bekannt waren – und auch bis zur Jahrhundertwende weitgehend ignoriert wurden –, war es ihm leicht möglich, vom Beobachtungsergebnis der geringfügigen Veränderlichkeit auf die Hypothese einer beliebigen Transformierbarkeit zu schließen. Das durch Aufklärungsphilosophien geprägte geistige Klima seiner Zeit begünstigte die Akzeptanz seiner Lehre.

4. Grundbegriffe

4.1 Einzige experimentell prüfbare Typendefinition: Grundtyp

Alle Individuen, die direkt oder indirekt durch Kreuzungen verbunden sind, werden zu einem Grundtyp gerechnet. Ein Beispiel illustriert die Definition: Jagdfasan kreuzt sowohl mit Königsfasan als auch mit Haushuhn. Haushuhn und Truthenne kreuzen zwar nicht mit dem Königsfasan, doch über den Jagdfasan sind sie indirekt verbunden. Alle vier Arten der „Fasanartigen" gehören also zu einem Grundtyp (nicht aber die Stockente, die mit den Fasanartigen nicht kreuzt).

Beispiele für Grundtypen sind Weizenartige, Nelkenwurzartige, Kernobstgewächse, Hühnervögel, Entenvögel, Finkenvögel, Hundeartige, Pferdeartige, Katzenartige - und auch Menschen. Da alle Mischlinge der Menschen aus allen Teilen der Erde prinzipiell fruchtbar sind, können die Menschen unter den hier erwähnten Grundtypen als genetisch am engsten zusammengehörig betrachtet werden. Das ist etwa bei den Pferdeartigen nicht der Fall: Maultiere – Kreuzung von Pferd und Esel – sind ebenso unfruchtbar wie das Zebroid – Kreuzung von Pferd und Zebra.

Im gesamten experimentell zugänglichen Bereich der Mikroevolution (sowohl Züchtungsforschung als auch Artbildung) sind alle Veränderungen mit Sicherheit innerhalb der Grundtypengrenzen geblieben.

Auch das Grundtypmodell – das in gewissem Sinn dem Evolutionsmodell gegenübersteht – stellt zurzeit eine Arbeitshypothese dar. Es ist erst an wenigen Organismengruppen wirklich fundiert getestet worden und bedarf durch weitere Forschung der Bestätigung, der Korrektur oder auch der Verwerfung. Ein Vorzug des Modells ist jedenfalls die prinzipielle, experimentelle Prüfbarkeit – als einzige Typendefinition in der Biologie. Auch waren die bisherigen Ergebnisse durchaus ermutigend; durch die Entwicklung der Molekularbiologie wird es vielleicht – in noch nicht absehbarer Zeit – möglich sein, die einen Grundtyp kennzeichnenden Genmuster zu finden.

4.2 Wodurch sich Evolution ereignet

Als Evolutionsfaktoren gelten Mutation, Selektion, Rekombination, Isolation und Gendrift.

Evolution erfolgt in den Genen. Die Gesamtheit der Gene einer Art (Genpool) wird bereichert durch *Mutationen* - das sind sprunghafte, ohne ersichtliche Notwendigkeit erfolgende, zumeist sehr geringfügige Änderungen des Erbguts (in der Regel schädlich oder neutral). *Rekombinationen* (etwa bei der Befruchtung) schaffen neue genetische Zusammensetzungen. *Selektion* ist eine gezielte Änderung im Genpool: Lebewesen mit Mutationen, die sich positiv ausgewirkt haben, besitzen mehr Nachkommen, sodass sich der Genpool durch die Generationen hindurch ändert. Diese Faktoren sollen den Wandel der Organismen erklären, bewirken aber – nach bisheriger Forschung – keine Entstehung neuer Arten.

Für eine Aufspaltung einer Art in mehrere „Tochterarten" (also Bildung neuer Arten!) braucht es *Separation und Isolation*. Wenn Lebewesen einer Art räumlich getrennt werden, sodass es zu keinem Genfluss zwischen ihnen kommt, spricht man von Separation. Lebewesen gelten als isoliert, wenn nach Separation und darauf folgender neuerlicher Zusammenführung kein Genfluss mehr zustande kommt, also keine fruchtbare Paarung erfolgen kann. Durch Mutation, Selektion und Rekombination können diese „getrennten" Lebewesen sich zu neuen Tochterarten entwickeln. Bei all diesen Prozessen ändert sich die Zusammensetzung des Genpools ständig. Diese zufälligen (nicht selektiven) Veränderungen werden als *Gendrift* bezeichnet.

4.3 Mikro- und Makroevolution

Unter Mikroevolution wird die Weiterentwicklung von bereits Vorhandenem verstanden – Variationen, Verbesserungen, Spezialisierungen, Überlebensstrategien. Makroevolution bezeichnet die Neuentstehung von bisher nicht vorhandenen Organen, Strukturen und Bauplantypen sowie auch genetischen Materials („Höherentwicklung").

Die sehr entscheidende Frage ist nun: Sind Mechanismen bekannt, die zur Entstehung neuer Konstruktionen (Makroevolution) führen? Oder sprechen die Anzeichen dafür, dass nur Variationen, Verbesserungen, ... (Mikroevolution) möglich sind. Gilt: Mikroevolution + Zeit = Makroevolution? Das heißt: Können sehr viele kleine Variationen und Verbesserungen während sehr langer Zeiträume auch eine Entstehung von qualitativ Neuem bewirken?

4.4 Artbildung

Beobachtete Beispiele schneller Artbildung: Auf den Färöer-Inseln entwickelte sich die dort eingeführte Hausmaus in dreihundert Jahren zu einer neuen biologischen Art.

Auf der Insel Porto Santo wurden im 15. Jahrhundert Hauskaninchen ausgesetzt – heute paart sich die verwilderte Form nicht mehr mit den zahmen Tieren, also ist in relativ kurzer Zeit eine neue biologische Art entstanden.

In Südengland wuchs Knäuelgras rund um eine durch Gift verseuchte Bergwerkshalde. Der Samen dieses Knäuelgrases wurde auch auf die Halde geweht; einige Gräser wuchsen und fruchteten, sodass ihre Nachkommen alle auf der Halde wachsen konnten, doch diese Nachkommen ließen sich nicht mehr mit den „unbelasteten" neben der Halde kreuzen. Wieder war eine neue biologische Art entstanden – bedeutet sie jedoch auch Höherentwicklung? Bei der Untersuchung der Pflanzen wurde festgestellt, dass der Erwerb der Gifttoleranz mit extremer Spezialisierung und daher mit einer Verarmung des Genpools verbunden war. (Ein Alltagsvergleich hilft zu verstehen: Spezialisiere ich mein Wissen auf eine bestimmte Sparte, so „verarmt" dabei – oft – meine Allgemeinbildung, meine „Variabilität".) Dieser und ähnliche Fälle zeigen: Neue Arten sind nicht beginnende Höherentwicklungen, sondern mit Verarmung des Genpools verbunden. Steigt die Umweltanpassung (etwa Gifttoleranz), so sinkt die genetische Variabilität.

Die Entstehung der geschilderten neuen Arten erfolgte jeweils durch Mikroevolution – bereits Vorhandenes wurde verändert.

Zahlreiche Beobachtungen deuten darauf hin, dass eine Verarmung des Genpools bleibend sein könnte. Ein sehr bekanntes Beispiel: Der Gepard (schnellstes Säugetier) droht auszusterben – sehr krankheitsanfällig, hoher Anteil an anormalem Samen, vermag nach erfolgreicher Jagd oft aus Erschöpfung seine Beute nicht mehr gegen Konkurrenten zu verteidigen. Wahrscheinlicher Grund: Geparde gleichen einander wie ein Ei dem anderen; Untersuchungen zeigen, dass die Geparde auch genetisch gleich sind (also kleiner Genpool, wenig Auswahl und daher kaum Unterschiede). – Vermuteter Grund: In der Vergangenheit wurde die Art stark dezimiert, vermehrte sich nur mehr durch Inzucht und erlangte dadurch genetische Uniformität.

4.5 Neue Strukturen durch Mutationen?

Mutation ist der einzige der genannten Evolutionsfaktoren, der als Quelle für neue Strukturen in Frage kommt (vgl. Kapitel 4.2). Vermag Mutation auch tatsächlich neue Strukturen zu schaffen (also Makroentwicklung zu ermöglichen)? Die bisherigen Forschungsergebnisse sagen „Nein": Mutationsgeschehen bleibt mikroevolutiv. Mutationen führen vielmehr oft zu einer Entdifferenzierung, das heißt, dass ursprünglich verschieden gestaltete Bauelemente gleichförmig wurden; die überwiegende Zahl der Mutationen verursachen sogar Defekte und werden durch Selektion eliminiert.

In Untersuchungen an der kurzlebigen Fruchtfliege Drosophila wurden tausend Generationen mit Millionen dieser Insekten beobachtet. Ergebnis: Alle Mutanten sind Fliegen derselben Art, es erfolgen nur Abänderungen schon vorhandener Merkmale und Organe. Außerdem wurde festgestellt: Je mehr Mutationsversuche durchgeführt werden, desto weniger neue „Formen" entstehen; es ergeben sich hingegen immer wieder dieselben. Das ist ein Hinweis auf ein vorgegebenes, reichhaltiges, aber doch begrenztes Potential der Lebewesen.

Alle bisher beobachteten Anpassungsvorgänge von Lebewesen ließen keinen Schluss auf Höherentwicklung zu, denn sie erschöpften sich ausschließlich in der Veränderung bereits vorhandener Merkmale und Organe.

Mutation und Selektion „arbeiten" zusammen: Selektion lässt nur Mutationen zu, die einen „Vorteil" oder keinen deutlichen „Nachteil" für das jeweilige Entwicklungsstadium bringen.

4.6 Künstliche Selektion und Mutation

Das Beispiel des Kulturweizens: Die gezüchteten Sorten sind gegenüber ihren wilden Vorläufern genetisch stark verarmt und bieten keine Möglichkeit für weitergehende Entwicklungen. Sie sind neuen Krankheiten gegenüber anfällig und werden schwer mit ungünstigen klimatischen Verhältnissen fertig. Durch die Züchtung wurde der Ertrag gesteigert (Spezialisierung), aber die biologische Zweckmäßigkeit *(Universalität, Flexibilität, Widerstandskraft)* ging verloren.

Die anfänglich großen Erwartungen, durch Mutationszüchtung zu Höherentwicklungen zu gelangen, wurden enttäuscht. Da viele Gene mehrere Aufgaben haben, kann eine Mutation gleichzeitig Nutzen und Schaden bringen. Bei Tieren scheidet dieses Verfahren ganz aus:

„Tiere sind im Unterschied zu Pflanzen genetisch stärker ausbalanciert; daher wirken bei ihnen alle Arten von Mutationen häufiger tödlich und stärker kraft- und fruchtbarkeitsmindernd." (F. LEIBENGUTH)

5. Wie löst man das Problem „Makroevolution"?

5.1 Ein Beispiel

Das Problem anhand eines Beispiels: Der in Australien lebende Frosch Rheobatrachus silus[3] brütet etwa 25 Junge in seinem Magen (!) aus – eine der kompliziertesten Formen von Brutpflege. Dazu wird der Magen zeitweise in eine Gebärmutter umgewandelt. Die befruchteten Eier werden vom Weibchen gefressen und entwickeln sich dann im Magen zu jungen Fröschen. Die Jungen verlassen die Mutter durch deren Maul. Während der Brutzeit muss der Magen seine normale Tätigkeit völlig einstellen. Eine allmähliche Entwicklung dieser ausgefallenen Brutpflege erscheint unmöglich. Sie müsste von einer Generation auf die nächste eingerichtet worden sein – was ebenso undenkbar ist.

Entsteht ein Organ in vielen kleinen Schritten, so erfüllt es seine Funktion erst nach Vollzug des letzten dieser Schritte. Laut Evolutionstheorie merzt der Mechanismus der Selektion alles aus, was im Moment keinen Nutzen bringt. Aber wie weiß die Selektion, dass ein derzeit funktionsloses Gebilde in näherer oder fernerer Zukunft eine wichtige Funktion innehaben wird?
Wie durchdacht erscheint demgegenüber folgendes Zitat?

> „Ein halber Flügel ist natürlich nicht so gut wie ein ganzer Flügel, aber immer noch besser als überhaupt kein Flügel."[4]

Ist also auch ein halber Flugzeugflügel besser als keiner?

5.2 Hilft einfach die Zeit?

Nicht selten wird die *Zeit* als Evolutionsfaktor verwendet: Das Evolutionsgeschehen erfolge in langen Zeiträumen, dadurch werde das Unwahrscheinliche wahrscheinlicher ... Doch aus Erfahrung gewonnene Befunde liegen dafür nicht vor; der Faktor Zeit bleibt eine Hypothese. Eine tatsächliche evolutionstheoretische Erklärung müsste Selektionsdruck (Weswegen muss sich ein Organ ändern?) und Zwischenstadien (Welche Zwischenformen hat es gegeben? Inwiefern war sie der vorangegangen „überlegen"?) nachweisen und verständlich machen.

5.3 Additive Typogenese, Punktualismus, kritische Evolutionstheorie

Die Hypothese der *additiven* Typogenese besagt (zum Beispiel): Der Bauplan des Säugetiers entstand nicht durch gleichzeitige Änderung aller betroffenen

---

3   Vgl. http://en.wikipedia.org/wiki/Gastric-brooding_frog, Fußnote von der Redaktion des Buches ergänzt.
4   RICHARD DAWKINS, Der Gotteswahn, Ullstein Buchverlag, Berlin 2007, 171.

Bauteile des Reptils, sondern durch allmähliche Änderung einzelner Merkmale. Also: Haarkleid, Milchdrüsen, Gehörknöchelchen, Fortbewegungsweise entwickelten sich nach und nach. Dazu ist zu sagen: Auch der Vorgang der Änderung eines Merkmals ist noch gänzlich ungeklärt. Organe und Strukturen der Lebewesen sind voneinander abhängig – sie entwickeln sich aber getrennt? Wenn man sich konkret vorzustellen versucht, wie etwa das Haarkleid wächst, obwohl das Reptil noch im Wasser lebt, wird die biologische Realität uns fast immer zeigen, wie unplausibel so ein Schritt erscheint.

Da Fossile immer als „fertige" Formen vorliegen und „Übergangsformen" in einem für die Evolutionstheorie unerwarteten Ausmaß fehlen, kam vor etwa 35 Jahren eine neue Theorie auf. Nicht viele kleine Schritte und ein allmählicher Übergang (vgl. additive Typogenese), sondern explosive Phasen der Veränderung seien für die neuen Formen verantwortlich: Nur an einer Stelle, nur an ein paar Lebewesen komme die Veränderung zum Tragen. Das könne schneller gehen und liefere nur wenige Übergangsformen – so sei verständlich, dass es keine „Übergangsfossile" gebe.

Doch auch dieser *Punktualismus* stellt nur eine Hypothese dar. Warum und wie Mutationen über mikro-evolutive Schritte hinaus erfolgen, bleibt ebenso ungeklärt, wenn es sich um eine kleine Gruppe veränderter Lebewesen handelt, wie bei großen Populationen.

Vor knapp vierzig Jahren entsteht die kritische Evolutionstheorie: Sie wendet sich gegen die klassische darwinistische Vorstellung, dass die Umwelt durch die Selektion der „Motor" der Evolution sei. Denn warum bleiben dann Organismen in stark veränderten „Umwelten" gleich – und wieso verändern sich Organismen trotz gleichbleibender Umwelt? Jetzt wird angenommen: Die Konstruktion der Organismen steuert die Makroevolution. Diese Theorie begründet zwar, wie Evolution *nicht* funktioniert, legt aber wiederum keine Erklärung vor, die eine Umkonstruktion der Organe aus sich selbst heraus mechanistisch plausibel machen könnte.

6. Wie entsteht Leben?

6.1 „Ursuppen"-Experimente: Viel Aufwand – kaum Ergebnisse

Die französische Akademie der Wissenschaften setzte um 1850 einen Preis für den aus, der die Frage überzeugend beantworten könnte, ob Leben aus unbelebter Materie entstehen könnte. LOUIS PASTEUR gewann diesen Preis (1862) und zeigte, dass Lebewesen nur aus Lebewesen entstehen. Seine Aussage blieb bis heute unwidersprochen, doch immer gewaltigere Anstrengungen werden unternommen, um „Leben" auf Lebloses zurückzuführen.

Alle Antwortversuche, wie Leben entstanden sei, bleiben Annahmen. Die heute verfügbaren Daten erlauben keine überprüfbaren Schlussfolgerungen etwa über die Zusammensetzung und Charakterisierung der *Uratmosphäre* (KASTING u. SIEFERT, 2002).

In aufwendigen Versuchsanordnungen wirkte Elektrizität auf Gasgemische (die man für die „Urzeit" als „gegeben" *annimmt* ...) – ein wässriges Produktgemisch entstand und wurde als „Ursuppe" bezeichnet. Nach entsprechender Aufarbeitung konnten unter anderem auch Aminosäuren nachgewiesen werden, die in Lebewesen vorkommen. (In viel größerer Menge entstanden aber andere Reaktionsprodukte, die weitere Reaktionsschritte verhinderten ...) Die zahllosen „Ursuppen"-Experimente zeigen uns immer wieder klar und deutlich: Unter Anwendung von chemischem Wissen kann man für heute bekannte Lebewesen nötige Stoffe herstellen – genau das fehlt aber einer hypothetischen frühen Erde: ein über viele Jahre hinweg entwickeltes chemisches Wissen.

Somit bleibt als Ergebnis: Sollte es tatsächlich einmal gelingen, „einfachste" Mikroorganismen synthetisch aus unbelebtem Material herzustellen, wäre damit nur gezeigt, dass zur Herstellung von Leben ungeheuer viel Planung und der Einsatz umfangreicher Methodenkenntnisse eine grundsätzliche Voraussetzung darstellen.

ERNEST KAHANE, rumänisch-französischer Biochemiker an der Universität Montpellier, beschrieb seine Situation als Darwinist in einem Vortrag über die Entstehung des Lebens:

> „Es ist absurd und absolut unsinnig zu glauben, dass eine lebende Zelle von selbst entsteht; aber dennoch glaube ich es, denn ich kann es mir nicht anders vorstellen."

6.2 Zuerst Protein oder zuerst Nukleinsäure?

Proteine und Nukleinsäuren sind unverzichtbar für Zellen der Organismen. In den einfachsten heute bekannten Zellen braucht es mehr als hundert Proteine, um Nukleinsäuren zu bilden. Für die Entstehung der Proteine wiederum sind genetische Informationen nötig, die auf dem Kettenmolekül der DNA gespeichert sind. Und die DNA besteht aus Nukleinsäuren. Proteine und Nukleinsäuren sind gleichzeitig nötig, damit (heutiges) Leben existiert.

Was konnte zuerst sein, wenn doch beide in der Entstehung voneinander abhängig sind...? Ja, wir kennen viele einzelne Bausteine des Lebens. Aber selbst einfachste Lebewesen können wir ohne Zuhilfenahme bereits existierenden Lebens nicht herstellen.

> „Was wir wissen, ist ein Tropfen, was wir nicht wissen, ist ein Ozean." (ISAAC NEWTON).

6.3 Der genetische Code

Wir kennen den Mechanismus der Zellteilung. Wir haben von Nukleinsäuren gehört und von Weitergabe genetischer Information. Aber um zu verstehen, wie das genau vor sich geht, braucht es sehr spezielles Wissen. Die Beschreibung der dabei ablaufenden Vorgänge liest sich spannender als jeder Kriminalroman, allerdings ist die Lektüre um vieles mühsamer. Hier kann natürlich nicht detailliert wiedergegeben werden, wie raffiniert der genetische Code ausgeklügelt ist, sodass eine große Fehlertoleranz dafür sorgt, dass zahllose Mutationen ohne Konsequenzen bleiben. Wir können nur erwähnen, dass die Annahme, es gebe einen universalen genetischen Code (das wäre ein deutlicher Hinweis auf [Makro]-Evolution), fallen gelassen werden musste. Erst vor knapp zwei Jahren stellten MIRANDA und SANTOS zusätzlich fest, dass

> „die molekularen Mechanismen, die Codeänderungen zugrunde liegen, ... ein fast vollständiges Mysterium bleiben."

Wir€ können nur darauf hinweisen, dass die für Evolution nötigen „Zufälle" in diesem Bereich mit Wahrscheinlichkeiten auftreten, die unaussprechlich niedrig und damit an sich gleich Null sind.

Und „trotz alledem": Obwohl also bisher keine Ahnung darüber besteht, wie die biologische Information für eine erste Zelle hätte entstehen können, wird in nahezu allen Lehrbüchern die feste Überzeugung naturalistischer Biologen vertreten, ein solches Ereignis hätte dennoch irgendwie auf natürlichem Weg stattgefunden. Über die oben erwähnten Schwierigkeiten wird nur unzureichend gesprochen. Das ist allerdings nicht Naturwissenschaft, sondern Weltanschauung. Weitere Forschung ist – oder wäre – notwendig, um die naturwissenschaftlichen Probleme tatsächlich zu lösen.

7. Ähnlichkeiten und Rudimente

7.1 Analogieschlüsse sind nicht zwingend

Als wichtige Belege für Makroevolution gelten Ähnlichkeiten in Gestalt, Anatomie, Stoffwechsel oder Erbgut von Organismen. Das evolutionstheoretische Argument: Die Erfahrung lehrt, dass Vererbung ähnliche Merkmale weitergibt. Das ist zu beobachten – allerdings nur innerhalb kreuzbarer Arten. Dieses Argument (Ähnlichkeit durch Abstammung) wird nun auf verschiedene Grundtypen (z.B. Schimpanse und Mensch) ausgeweitet, obwohl kein Abstammungszusammenhang beobachtbar (empirisch nachweisbar) ist. Der Analogieschluss (vom Beobachteten auf das Unbekannte) ist natürlich keineswegs zwingend; Ähnlichkeit allein gibt noch keine Auskunft über einen gemeinsamen Ursprung.

Im Gegenteil: Viele Blütenpflanzen zeigen, dass Merkmalsübereinstimmungen nicht automatisch auf gemeinsame Abstammung schließen lassen. So haben etwa die untereinander nicht verwandten Küchenschellen und (einige Arten der) Nelkenwurzen jeweils Früchte, die als Federschweife ausgebildet sind.

Auch auf genetischer Ebene werden Ergebnisse dieser Art gefunden. Mäuse und Fliegen besitzen ein sehr ähnliches Gen; dieses beeinflusst bei Mäusen den hinteren Gehirnteil, bei Fliegen kann es die Antenne in ein Bein verwandeln. Und wahrscheinlich noch überraschender: Ein ähnliches Gen beeinflusst bei Mäusen und Fliegen die Augenentwicklung; doch ist das Kameraauge der Maus grundverschieden vom Facettenauge der Fliege. Gleichwertige, ähnliche Organe, Entwicklungswege und Gene entsprechen einander also häufig nicht, eine simple Folgerung auf gleiche Abstammung ist somit nicht möglich. (So zeigt etwa der Igel, als Insektenfresser ein Repräsentant einer als primitiv erachteten Säugetiergruppe, einen dem Menschen ähnlicheren embryonalen Entwicklungsweg als zum Beispiel die Halbaffen.)

7.2 Wie stellen wir uns Wissenschaft vor?

Im Lauf einer Evolution soll es vorkommen, dass Strukturen rückgebildet werden oder Organe verkümmern. Solche Strukturen, Organe (manchmal auch Verhaltensweisen) werden als Rudimente *(Überbleibsel)* bezeichnet. Die Evolutionstheorie sieht darin einen Hinweis auf Höherentwicklung, auf stammesgeschichtliche Zusammenhänge – gerade auch, wenn diese Rudimente keine Funktion (mehr) erfüllen. Ein sehr bekanntes Beispiel ist das menschliche Steißbein, das als Rest eines Schwanzes – von menschlichen Vorfahren noch erhalten ... – gedeutet worden ist. Inzwischen wissen wir, dass das Steißbein keineswegs funktionslos ist: Es ist nötig für die Befestigung verschiedener Muskelanteile und Bänder des Beckenbodens und der Hüftgelenke, die die inneren Organe des kleinen Beckens tragen und für den aufrechten Gang unabdingbar sind. Darüber hinaus ist die Beweglichkeit des Steißbeins besonders bei gebärfähigen Frauen für den Geburtsvorgang entscheidend.

Der nur scheinbar „überflüssige" Wurmfortsatz des Blinddarms besitzt eine Abwehrfunktion bei Infektionskrankheiten und kontrolliert die Bakterienflora im Blinddarm.

Eckzähne – ein Hinweis auf Raubtiervergangenheit? Laut Evolutionslehre ist das unmöglich, denn die (angeblich) letzten tierischen Vorfahren des Menschen, die Australopithecinen, hatten kleinere (!) Eckzähne als die Menschen.

Es ist nicht uninteressant, zu beobachten, wie deutlich am Beispiel der Rudimente wird, dass Evolutionstheorie nicht unbedingt wissenschaftlichen Fortschritt bedeuten muss. Klauen bei Boas und Pythonschlangen können natürlich einfach als „Extremitätenrudimente" bezeichnet werden; Forschung hingegen stellt fest, dass diese Klauen bei der Bewegung der Schlangen im Geäst hilfreich sind und als Hilfsorgane bei der Begattung dienen. Schwach ausgebildete Flügel des Kiwi scheinen vorerst durchaus „Flügelreste" darstellen zu können; doch es wurde herausgefunden, dass sie der Regulierung des Gleichgewichts dienen und dass Kiwis wie kleine Säugetiere leben – auf Inseln mit nur wenigen natürlichen „Feinden", sodass Flugtüchtigkeit nicht nötig ist.

8. Embryologie[5]

8.1 Hier Vermutungen, dort Erklärungen

ERNST HAECKEL (1843-1919) konstruierte durch sein „Biogenetisches Grundgesetz" „naturgesetzliche" Zusammenhänge zwischen der Entwicklung eines Individuums (Ontogenese) und der Entwicklung des zu diesem Individuum gehörigen Stammes (Phylogenese). Jeder Organismus hänge in seiner Entwicklung von der Stammesgeschichte ab – Strukturen und Merkmale von Vorfahren treten in verschiedenen Entwicklungsphasen auf (Rekapitulationen). Obwohl schon zu Lebzeiten umstritten und wissenschaftlich kritisiert und aufgrund aktueller humanembryologischer Befunde als untauglich bezeichnet, wird die Theorie vor allem im populär-wissenschaftlichen Raum häufig als Beleg für Evolution verwendet.

Einige Beispiele: Beim etwa vier Wochen alten menschlichen Embryo wird eine Art „Schwanzknospe" sichtbar. In phylogenetisch-evolutionstheoretischer Argumentation wurde und wird sie als Beleg für unsere Abstammung von schwanztragenden Vorfahren benutzt. Schon W. HIS bezweifelte 1880 die Berechtigung der Bezeichnung „Schwanz"; nach heutigem Wissensstand ist klar, dass es sich weder funktionell *(von der Funktion her)* noch morphologisch *(vom Aufbau her)* um ein Schwanzrudiment handelt.

In der sechsten Woche sind die knorpeligen Strahlen der Mittelhand des Embryos durch Gewebebrücken verbunden. Die evolutionstheoretische Vermutung: Schwimmhäute, die auf unsere Vergangenheit als Fische verweisen. Und die heutige Erklärung: Die Gewebebrücken gewährleisten die folgende normale Bildung und das exakte Wachstum der Finger.

Vom vierten bis zum achten Monat weist der menschliche Fötus eine feine (Lanugo-) Behaarung auf. Vermutung: Rekapitulation des Fells von Vorfahren. Erklärung: Die Haare schützen vor aggressiven Substanzen des Fruchtwassers

---

5   Vgl. hiezu auch den Buchteil „Evolution im Biologieunterricht" von ALOIS WIMMER, Kapitel 2.1.

und regen – über die Amnionflüssigkeit aufgenommen – die Darmperistaltik an. (Außerdem wurde festgestellt, dass z.b. bei Affen ebenfalls diese Behaarung ausgebildet, aber erst später durch das Fell ersetzt wird.)

Wir alle kennen den Klammerreflex bei Säuglingen. Die evolutionstheoretische Vermutung: Rekapitulation der Greifbewegung von Affen, die durch Äste turnen oder sich am Fell der Mutter festklammern. Die heutige Erklärung: Ab der siebten Entwicklungswoche führt der Embryo eine das Wachstum fördernde Greifbewegung durch. Diese ist beim Neugeborenen noch auslösbar und verliert sich bei Reifung des Gehirns sowie des Nerven- und Bewegungssystems.

8.2 Eine Zumutung

Das auf S. 88 erwähnte Biologie-Lehrbuch gibt HAECKELS „biogenetisches Grundgesetz" kritiklos wieder. HAECKELS Darstellung von Wirbeltierembryonen (sie enthält unzulässige Schematisierungen und einschneidende Abänderungen der tatsächlichen Erscheinungsbilder) findet Platz, obwohl N. K. RICHARDSON ein Jahr vor Erscheinen des Lehrbuches von JUNKER und SCHERER eine ausgezeichnete Photodokumentation, die natürlich der Wirklichkeit entspricht, publiziert hat. Im Lehrbuch ist unter dem Bild zu lesen: „Erst in fortgeschrittenen Stadien ist ihre [der Wirbeltiere und des Menschen] Klassenzugehörigkeit klar erkennbar." Das trifft nun auf die bewusst entstellten Zeichnungen aus dem 19. Jahrhundert zu; ganz anders sähen die von RICHARDSON veröffentlichten Photos aus. Es ist eine Zumutung, dass Siebzehnjährige heute noch solcherart unterrichtet werden. Dürfte man in so einem Fall von „evolutionistischem Fundamentalismus" reden...?

8.3 Gesetz von der Erhaltung der Individualität

Der Mensch wird nicht Mensch, sondern ist Mensch von der Befruchtung an. Er entwickelt sich nicht zum Menschen sondern als Mensch, Menschsein ist kein Phänomen, das aus der Ontogenese resultiert, sondern eine Wirklichkeit, die Voraussetzung seiner Ontogenese ist. – ERICH BLECHSCHMIDT hat diese Tatsache im Gesetz von der Erhaltung der Individualität dem phylogenetischen Erklärungsansatz gegenübergestellt. Es besagt, dass mit der Befruchtung die Individualspezifität eines Organismus und seines Stoffwechsels gegeben ist und sich bis zum Tode erhält. Was sich während der Entwicklung ändert, ist das Erscheinungsbild.

9. Fossilien

9.1 Ungereimtheiten auch durch Fossilienfunde

Fossilien von Mikroorganismen, die in radiometrisch datierten (siehe Kapitel 9.6) etwa 3,5 Milliarden Jahre alten Gesteinsablagerungen gefunden worden sind, sind von heute lebenden häufig nicht unterscheidbar. Eine Evolution ist daher nicht nachweisbar.

Am Übergang vom Präkambrium zum Kambrium (vor radiometrisch datierten etwa fünfhundert Millionen Jahren) tritt eine hochdifferenzierte Tierwelt plötzlich und in großer Vielfalt auf (wie Fossilfunde zeigen). Diese Tierstämme sind in viele deutlich abgrenzbare Untergruppen aufgespalten und geographisch weit verbreitet. In Kanada gefundene Fossilien „übertreffen wahrscheinlich das gesamte Spektrum des wirbellosen Lebens in den heutigen Ozeanen" (S. J. GOULD 1991). Die wichtigsten Unterschiede zwischen den Bauplänen der Tierwelt waren somit von Beginn der dokumentierten Fossilüberlieferung vielzelliger Organismen bereits vorhanden. Schon CHARLES DARWIN hatte diese Vielfalt der kambrischen Fossilien als Problem für seine Theorie vermerkt. Laut J. W. VALENTINE (2004) sind von keinem Stamm Vorläufer bekannt, auch der Weg der Entstehung aller Klassen der Wirbellosen liegt im Dunkeln. Übergangsformen wurden noch keine gefunden.

9.2 Vom Wasser ans Land und vom Land in die Luft?

Interessant wären diese Übergangsformen unter anderem beim Wechsel der Lebewesen vom Wasser auf das Land. Nach neueren Theorien (aufgrund anatomischer Tatsachen) sollen die Extremitäten („Beine") im Wasser entstanden sein. Aber müsste Selektion das nicht verhindern, da Beine beim Schwimmen hinderlich sind? Anatomie steht gegen Selektion.

Allgemein wird heute angenommen, dass sich aus zweibeinig laufenden kleinen Dinosauriern die Vögel entwickelten – Vögel also als befiederte Dinosaurier. Zentrales Argument ist die Ähnlichkeit; diese bedeutet aber noch nicht den Erweis von erfolgter Evolution (siehe Kapitel 4.2. – 4.6.), sondern zeigt nur bei *Voraussetzung* (!) von Evolution, wie diese hätte verlaufen können. Diese Annahme ist auch nicht unumstritten: Die den Vögeln ähnlichsten Dinosaurier sind sehr viel jünger als der „erste" Vogel, die Entwicklung der Flugtauglichkeit ist ungeklärt (siehe 9.3), die Vogelhand entspricht „unseren" Fingern II, III und IV, die der Dinosaurier aber I, II und III; und auch die Krokodillunge der Dinosaurier ist von ihrer Konstruktion her kaum in die ganz anders geartete Vogellunge umzubauen.

9.3 Wie entwickelten sich Feder und Flug?

Stellvertretend für viele Details, die bei einem gründlichen Studium der Evolutionstheorie entdeckt werden, sei hier ausführlich die Frage nach der Entwicklung der Feder und des Flugs erörtert. Es stellt ein noch ungelöstes Problem dar, welche Selektionsdrücke die evolutive Bildung der Federn begünstigt haben könnten. Flugtaugliche Federn erscheinen irreduzibel komplex. Allerdings tendiert die Mehrheit der Forscher dazu, die anfängliche Funktion der Federn nicht in der Flugtauglichkeit zu sehen, sondern in einer anderen der zahlreichen Funktionen von Federn. Insbesondere an Wärmedämmung als ursprüngliche Funktion wird gedacht; doch dafür werden bei weitem nicht so komplizierte Strukturen wie Federn benötigt. Außerdem: Selektion auf Wärmedämmung „zielt" eher auf Daunenfedern als auf flugtaugliche Federn und führt von der Flugtauglichkeit weg. Wären Federn dagegen von vornherein auf Flugfähigkeit hin ausgelesen worden, hätte eine anfängliche flächige Vergrößerung von Reptilschuppen erwartet werden müssen. Für einen solchen Anfang gibt es jedoch keine fossilen Belege. Viele Wissenschafter halten die Frage nach den Selektionsbedingungen zum Erwerb von Federn für nicht testbar. Verschiedene hypothetische Szenarien schließen einander aus.

Ungeklärt ist auch die Frage, auf welchem Wege die Flugfähigkeit erworben wurde: auch dazu sind die Selektionsbedingungen nicht testbar. Hier stehen einander die Boden-Luft-Theorie (Cursorialtheorie) und die Baumtheorie (Arboraltheorie) gegenüber. Die Cursorialtheorie liegt einerseits nahe, da die meisten kleinen Dinosaurier (Theropoden), die den Vögeln nahe stehen, zweibeinige Läufer waren. Dem stehen jedoch schwerwiegende aerodynamische Probleme entgegen. Fast alle Theropoden-Dinosaurier gelten zudem als Ausgangsformen für einen Bodenstart als zu schwer. Lediglich der Microraptor zhaoianus hat als Theropode wahrscheinlich im Geäst gelebt und war zudem nur krähengroß. Einige seiner Merkmale sind aber vogelähnlicher als die von Archaeopteryx, der als „Urvogel" gilt. Damit ist er als Vorfahre zu spezialisiert. Seine Körperbedeckung ist aber nicht gut erhalten.

Da bei den Vögeln die hinteren Extremitäten eine ganz andere Funktion haben als die vorderen, ist dies auch bei ihren Vorfahren zu erwarten. Das wiederum spricht für laufende Vorfahren.

Der Start von einem erhöhten Punkt aus (Baumtheorie) wäre aerodynamisch klar vorteilhaft gewesen. In diesem Fall aber wäre nach Auffassung vieler Forscher zu erwarten, dass auch die Hintergliedmaßen in den Flugapparat integriert worden wären, was bei den Vögeln bekanntlich nicht der Fall ist. Spekulativ bleibt außerdem, wie die Kluft vom tödlichen Abstürzen wenigstens zu einem Heruntersegeln überbrückt werden könnte – ein Problem, das sich beim Bodenstart nicht stellt. Ein Übergang vom Gleitfliegen zum aktiven Flug wird zudem von vielen Experten als konstruktiv fragwürdig betrachtet (und ist auch bei anderen Gleitern unter den Wirbeltieren nie erfolgt). Andererseits ist ein direkter Erwerb des aktiven Flugs von erhöhten Standorten aus so gut wie ausgeschlossen.

Insgesamt ergeben sich bei jedem evolutions-theoretischen Szenario erhebliche Unstimmigkeiten; die Frage nach einem evolutiven Anfang des Vogelfluges kann nicht als geklärt gelten.

9.4. Radiometrisch datiert – was heißt das?

Immer wieder hören wir von entdeckten Fossilien, deren Alter angegeben wird. Woher kennt man dieses Alter?

Die Datierung erfolgt auf der Grundlage „radiometrischer Uhren". Wie funktionieren diese „Uhren"? Der Mensch kennt die Zeitdauer, in der die Radioaktivität z.B. von Kohlenstoff, Uran, Blei, Kalium und Argon um die Hälfte abnimmt. Ist nun in einem biologischen Überrest einer dieser Stoffe enthalten, so schließt man auf das Alter zurück, indem eine Gleichung mit zwei Unbekannten „gelöst" wird. Der Hausverstand genügt, um festzustellen: Wenn ich nur weiß, wieviel (zum Beispiel) Kohlenstoff ein biologischer Überrest heute enthält, aber nicht, wieviel ursprünglich in ihm war, kann ich auch nicht sagen, wie oft er halbiert worden ist. (Wüsste ich die Anzahl der Halbierungen, zum Beispiel fünf, so könnte ich mit der bekannten Halbwertszeit von 5370 Jahren sofort das Alter errechnen: 5 x 5370 Jahre.)

Nun ist aber der heutige Verhältniswert von radioaktiven und gewöhnlichen Kohlenstoffatomen in der oberen Atmosphäre bekannt; er beträgt $1:10^{12}$, also auf ein radioaktives C-Atom kommen 10^{12} gewöhnliche C-Atome. Pflanzen und Tiere bauen den atmosphärischen Kohlenstoff in ihr Gewebe ein, das dann dasselbe Verhältnis von $1:10^{12}$ zeigt. Sterben Tier oder Pflanze, so hört der Stoffwechsel auf und der radioaktive Kohlenstoff zerfällt. Nach 5370 Jahren würde das oben beschriebene Verhältnis nur noch $0,5:10^{12}$ lauten. Es ist allerdings nicht korrekt, das heutige atmosphärische Verhältnis von $1:10^{12}$ auf die ganze Vergangenheit anzuwenden. Die Produktion radioaktiver Kohlenstoffatome (^{14}C) ist abhängig von der kosmischen Strahlung, der Sonnenaktivität und dem Erdmagnetfeld. Auch bestimmt die Menge des gewöhnlichen Kohlenstoffs in Atmosphäre, Ozean und Biosphäre dessen Verhältnis zum radioaktiven Kohlenstoff (Vulkanausbrüche, weniger Wüsten auf der Erde verändern das Verhältnis). Im Rahmen des sogenannten Katastrophenmodells kann auch ein hohes ^{14}C-Alter als tatsächliches Alter von nur einigen Jahrtausenden gedeutet werden.

Wie zu erwarten ist, kann auch das Schöpfungsmodell keine lückenlose Beweisführung für ein (zahlenmäßig niedriges) Erdalter liefern. In diesem Modell spielen Katastrophen eine wichtige Rolle. Als Beispiel seien die Solnhofer Plattenkalke angeführt. Die ausgezeichnet erhaltenen Fossilien in deren Schichten zeigen zum Teil Todeskampfspuren – das heißt, dass lebende Tiere verschüttet worden sind. Die Ablagerung muss also sehr rasch, *katastrophisch*, vor sich gegangen sein. Fossile Seeigel haben noch ihre Stacheln, obwohl sie diese im allgemeinen schon zu Beginn ihrer Verwesung verlieren. Fast fünfzig Raubfische mit noch erkennbaren Beutefischen im Mund wurden gefunden – ebenfalls Hinweis auf schnelle Verschüttung. In senkrechter Lage fossilierte Ammoniten, die von verschiedenen übereinander liegenden Schichten umschlossen sind, deuten ebenso auf eine rasche Bildung mehrerer Kalkbänke hin.

10. Und die ersten Säugetiere?

Der nach Meinung der Evolutionsbiologen durch Fossilien am besten dokumentierte „Makro"-Übergang ist der vom Reptil zum Säugetier. Das dabei wichtigste Argument, der komplizierte (vermutete) Umwandlungsprozess von Kiefergelenksknochen zu Säugetiermittelohrknochen, ist durch keinen fossilen Beleg gestützt. Ein erst 2005 veröffentlichtes Fossil eines Kloakentiers zeigt, dass die für Säuger typischen Gehörknöchelchen mehrmals unabhängig voneinander entstanden sind – evolutionstheoretisch sehr unplausibel.

Was daraus schließen ... ?

In den Museen unserer Welt sind 250.000 fossile Arten von Lebewesen katalogisiert – gestützt auf ungezählte Millionen von Fossilien. Fast keine unbestrittenen Übergangsformen sind darunter zu finden.

Bereits vor sechzig Jahren lagen etwa 660 Skelette aus der „Evolutionsreihe" der Pferde vor; aber es gibt keine eindeutig verbindenden Übergangsformen zu anderen Säugetieren. Müssen wir an Vermutungen festhalten, auch wenn unter Millionen Funden kein Beleg auftaucht?

11. Mensch

11.1 Die Entstehung des Menschen

Ein *hypothetischer* (angenommener) insektenfressender Säuger *soll* gegen Ende des Kreide-Zeitalters (vor etwa 65 Millionen Jahren gemäß radiometrischer Datierung) einen *unbekannten* ursprünglichen Primaten hervorgebracht haben, der über eine Reihe *unklarer* Zwischenstufen in einen höheren Affen evolvierte. Die weitere Entstehung der einzelnen Vorläufer von drei Menschenaffenarten sowie des Menschen selbst erfordert jeweils große Bauplanänderungen.

Erstaunliche Mengen von Fossilien wurden entdeckt. Aber: Die Fülle des Fundmaterials macht einen unwidersprochenen Stammbaum unmöglich. Vor allem der aufrechte Gang, die Gehirngröße und eventuelle Werkzeugherstellung gelten als Kriterien für eine Höherentwicklung. Am besten lässt sich von ihnen die Fortbewegung untersuchen. Dabei ist eine zunehmende Anpassung an das zweibeinige Gehen nicht nachzuvollziehen. Der Australopithecus (= A.) anamensis (vor etwa vier Millionen Jahren gemäß radiometrischer Datierung) ist in mancher Hinsicht menschenähnlicher proportioniert als die weit „jüngeren" A. africanus und A. habilis (etwa zwei bis drei Millionen Jahren gemäß radiometrischer Datierung). Und während der „nur" zweieinhalb Millionen Jahre gemäß radiometrischer Datierung alte A. garhi in seinem Armskelett einem Orang Utan gleicht, zeigen die weit „älteren" Ardipithecus kadabba (über fünf Millionen Jahre gemäß radiometrischer Datierung) und Orrorin (sechs Millionen Jahre gemäß radiometrischer Datierung) viel weiter fortgeschrittene Anpassungen.

Auch Merkmalskonflikte bezüglich Schädel- und den langen Knochen der Extremitäten bereiten große Schwierigkeiten. „Jüngere" Funde sollten in beiden Fällen „menschenähnlicher" sein; aber während bei einer Gattung der Schädel noch sehr dem eines Menschenaffen gleicht, aber die Extremitäten schon menschenähnlich proportioniert sind, weist eine andere Gattung gegenteilige Merkmale auf. Eine „glatte" Entwicklung, die den bisherigen evolutionstheoretischen Vermutungen entspricht, konnte nicht festgestellt werden.

Heute sind sechs Arten angeblicher Vorläufer des Menschen bekannt, die in fünfzehn Gattungen gegliedert werden und ganz verschiedene „Merkmalsmosaike" besitzen. Dementsprechend viele Hypothesen gibt es über den Verlauf der Abstammungslinie des Menschen. Von *einer einhelligen* Theorie ist keine Rede (wie man aufgrund vieler populärwissenschaftlicher Artikel in Tageszeitungen vermuten könnte), eine kontinuierliche Evolutionslinie wurde im Laufe der letzten Jahrzehnte durch die zahlreichen Funde immer schwieriger und ist derzeit unmöglich. Aus einem erwarteten Stamm*baum* wurde ein Stamm*busch*, dessen „Dickicht" fast mit jedem Fund undurchschaubarer wird.

11.2 „Wissenschaft" heute?

Das Magazin GEO (*eine Beurteilung der Wissenschaftlichkeit dieser Hefte überlassen wir Fachleuten*) verlockt im Mai 2002 mit dem Untertitel „Als die Evolution das Gehirn erfand" zur Lektüre: Auf der siebzehnten von insgesamt 23 Bild- und Textseiten zum Thema Evolution stößt der Leser auf den Satz: „Am

Ende eines Nervenstrangs, der das ganze Fossil durchzieht, findet sich sogar ein Gehirn, das älteste bisher entdeckte.“[6] Das war aber auch schon alles zu dem „Aufhänger“ auf der Titelseite. Wie dieses Gehirn „erfunden“ worden ist, welche Entwicklungen zu seiner Entstehung führten, woraus geschlossen werden könnte, dass Evolution dafür verantwortlich war, wird allerdings mit keinem Wort erwähnt.

12. Welche Antworten kann die Annahme einer Schöpfung geben?

Das Geheimnis Schöpfung: Es gibt Worte, die eine gewaltige Faszination ausüben. Fallen sie zur richtigen Zeit, können sie sehr viel auslösen, manchmal bedeutende Folgen haben und über lange Zeiträume hinweg prägen. Die Menschen jeder Epoche haben ihre Erfahrungen und Erwartungen. Diese bestimmen mit, was „ankommt“ und was „durchfällt“.

Evolution – dieser Begriff ist in der Mitte des 19. Jahrhunderts „angekommen“ – und er wirkt immer noch. Er hat eine fast „mystische“ Bedeutung. Das ist verständlich, denn schließlich hat er vor hundertfünfzig Jahren die Hoffnung geweckt, die Entstehung von All und Welt und Leben und Menschen auf natürliche Art zu erkären. Aus der Hoffnung wurde inzwischen (scheinbare) Gewissheit – nicht aufgrund wissenschaftlicher Erkenntnisse, sondern mehr wegen einer Art „Gewohnheitsrecht“. Die Annahme wird vertreten und weitergegeben; die gesellschaftliche Entwicklung fördert überall den „freien Wettbewerb“ und macht deutlich, dass jeweils die Mächtigeren, Stärkeren oder Flexibleren „überleben“: Sie unterstreicht dadurch die „sichere“ Wahrheit der – auch auf Selektion beruhenden – Evolutionstheorie. Wer will nun diese Sicherheit, diese Gewissheit aufgeben? Also wird jede Kritik an dem Begriff *Evolution* abgewehrt. Spätestens an diesem Punkt hört aber (jede) Wissenschaft auf. Denn Wissenschaft will überprüft werden und Fortschritt erleben. Insofern unterscheidet sie sich von Weltanschauung – diese will ungestört bleiben und darf Angst vor neuen Erkenntnissen haben.

Ich erinnere mich noch, welchen Eindruck vor etwa dreißig Jahren die Theorie der „Schwarzen Löcher“ im Weltraum gemacht hat. Und trotzdem vertrat der an dieser Theoriebildung maßgeblich beteiligte Physiker STEVEN W. HAWKING 2004 ganz neue Ansichten über dieses Phänomen. Er ist Wissenschaftler und hat weitergeforscht.

Sehr beharrlich wird der Kirche und den Gläubigen vorgeworfen, sich immer schon gegen neue Erkenntnisse gewehrt zu haben, weil diese „Gott hätten in Frage stellen können“. Doch die Zeiten haben sich geändert. Der vernünftig

---

6   GEO 05/Mai 2002, Seite 80.

Glaubende weiß, dass keine (wissenschaftliche) Erkenntnis Gott in Frage stellen kann. Er hat keine Sorge, dass Evolution Gott aus seinem Weltbild (und seinem Herzen) verdrängen könne. Aber er will zum einen fundierte Lehre und nicht „Glaubenssätze", Vermutungen und Hypothesen. Denn zum anderen ist es ihm ein Anliegen, dass alle, die sich auf ein Weltbild mit Evolution als letzter Ursache von allem berufen, auch wissen, wie weit Evolution eine erwiesene Tatsache und inwieweit nur ein Deutungsversuch ist. Ein Zitat des zu Beginn erwähnten RICHARD DAWKINS macht das Fundament, auf dem er „seine" Evolutionstheorie aufbaut, deutlich:

> „Die erste Ursache, nach der wir suchen, muss das einfache Fundament für eine ‚Kran-Konstruktion' sein, die sich selbst aufbaut und schließlich jene Welt errichtet, die wir mit ihrer heutigen komplexen Existenz kennen."

Für den vernünftig Glaubenden ist die Annahme einer Schöpfung keine Verweigerung von Wissenschaftlichkeit, Forschung und Experimenten. Im Gegenteil: Diese Grundlage kann zu neuen Fragestellungen führen, zu entsprechenden Experimenten und Forschungen anregen. Es gibt keinen Grund, solche Hypothesen zu „verbieten" oder als inakzeptabel auszuschließen. Die Unhaltbarkeit wird sich herausstellen; entscheidend sind die Methodik der Forschung, die Überprüfbarkeit der Voraussetzungen und die Redlichkeit der Schlussfolgerungen – sie stellen das Kriterium für eine Beurteilung von Annahmen dar.

Vorweg: Wir haben bisher über die vielen ungelösten (und doch zentralen!) Probleme einer Evolutions-Annahme gesprochen. Nicht wenige der behandelten Fragen finden im Rahmen einer Schöpfungs-Annahme plausible Deutungen, doch bleibt auch hierbei noch vieles ungelöst. In der Folge geben wir eine kurze Zusammenfassung, wie sich die bisherigen Überlegungen unter der Annahme von Schöpfung darstellen.

Alle gefundenen Fossilien sind „fertige" Formen. Libellen und Fledermäuse waren voll ausgebildet und gleichen heute lebenden bis in Details. Über (geschätzte) 2,3 Milliarden Jahre (gemäß radiometrischer Datierung) hinweg sind zum Beispiel die Zellketten von Blaualgen identisch. Über achtzig Prozent der heutigen Säugetierfamilien liegen auch als Fossilien vor.

Die Evolutionstheorie gibt für das Aussterben von Lebewesen als Grund an, sie hätten dem Konkurrenzkampf nicht standgehalten – was natürlich nicht nachweisbar ist. Eine andere Erklärung – und kein erwiesenes Faktum – ist die Auslöschung dieser Tierarten durch gewaltige Veränderungen der Ökosysteme (Katastrophen) in vergangenen Zeiten. Diese Annahme wird von einer wachsenden Zahl von Naturwissenschaftlern und Historikern vertreten. Denn beim Studium geologischer und paläontologischer Fakten stellt sich immer deutlicher heraus, dass die ausgestorbenen Lebewesen nicht aufgrund ihrer „Primitivität" langsam verschwanden, sondern dass die Erde Schauplatz gewaltiger Prozesse war – nicht vergleichbar mit heutigem Geschehen.

Fast jede felsige Erhebung des Malawisees (Ostafrika) besitzt ihre eigene Fischart; etwa zweihundert Arten, oft voneinander isoliert, wurden festgestellt. Diese einzigartige farbenprächtige Tierwelt hat sich in etwa zweihundert Jahren entwickelt. Es genügen anscheinend auch kurze (evolutionstheoretisch vernachlässigbare) Zeiträume, um große gestaltbezogene Veränderungen hervorzubringen.

Grundtypen von Lebewesen (vgl. Kapitel 4.1.) könnten hypothetisch als Schöpfungseinheiten aufgefasst werden. Die deutliche Abgrenzbarkeit untereinander (keine Kreuzungsmöglichkeit, noch kein Indiz für Makro-Evolution) kann als Hinweis darauf gesehen werden. Weitere Forschungen sollten die Tragfähigkeit dieser Theorie prüfen.

Bei der Bildung neuer Arten von Lebewesen wurde gezeigt, dass die „Tochterarten" spezialisiert sind, einen kleineren Genpool haben (ein Ergebnis empirischer Forschung!). Das deutet darauf hin, dass die Vorfahren heute beobachtbarer Arten eher *komplexer* (also umfassender) als primitiver waren.

Dieser Forschungsansatz, dass eine bestimmte Merkmals-Kapazität da ist (sozusagen eine programmierte Variabilität: Die Merkmale können in verschiedener Kombination weitergegeben werden) und bei einzelnen Arten untersucht wird, könnte ganz neue Fragen und auch Ergebnisse bringen. 1997 hat ARBER bei Bakterien Evolutionsgene festgestellt, deren Aufgabe die Erzeugung genetischer Variabilität ist (auf mikroevolutiven Bereich beschränkt).

Mit diesem Konzept wären die (evolutionstheoretisch) widersprüchlichen Mosaikformen bei den „Vorläufern" der Menschen zu erklären. Wenn der ursprüngliche Vertreter der Menschenaffen oder auch der Menschen jeweils eine bestimmte Merkmals-Kapazität in sich trug, konnten sich durch verschiedene weitergegebene genetische Kombinationen die einzelnen Arten entwickeln.

Ein Froschmagen dient gleichzeitig als Gebärmutter (Kapitel 5.1), die Escherichia-Bakterien besitzen einen Elektrorotationsmotor – in der Natur (Schöpfung) sind viele äußerst komplexe Systeme zu beobachten, die nur funktionieren, wenn alle Elemente vorhanden sind und zusammenspielen.

In anderen Gebieten (als der Natur) schließt man beim Auftreten derartiger Systeme auf einen Urheber. Und während in der Archäologie Naturprodukte von künstlichen Herstellungen unterschieden werden (weil letztere auf einen Urheber schließen lassen ...), während auch die Kriminalistik davon lebt, auf Urheber von konstruierten Ereignissen zu schließen, während sogar die SETI-Forschung (Search für Extra-Terrestrial Intelligence) im Weltall (!) nach Spuren intelligenter Wesen sucht, so scheint lediglich im Bereich der Entstehung von Leben und der Entwicklung der Lebewesen die bloße Annahme (!) eines Urhebers anstößig zu sein ...

Die ursprüngliche (evolutionstheoretische) Auffassung, der genetische Code sei universal, wurde vielfach widerlegt. Andererseits ist er aber bei allen untersuchten Lebewesen so ähnlich, dass man auf einen gemeinsamen Ursprung schließen muss. Die Hypothese des Intelligent Design (eines intelligenten, willensbegabten Urhebers) sagt voraus, dass sowohl weitere Beispiele von Code-Unterschieden gefunden werden, als auch dass diese so über das System der Lebewesen verteilt sein werden, dass sie sich einer schlüssigen evolutionstheoretischen Deutung widersetzen. Die weitere Forschung wird Antwort geben

12.1 4500 Kilometer ohne Pause[7]

Der Goldregenpfeifer ist etwa so groß wie eine Taube und kommt in Alaska und Ostsibirien vor. Kaum kann er im Alter von einigen Monaten fliegen, verlassen ihn die Eltern und fliegen nach Hawaii. Etwa drei Monate lang nimmt der kleine, alleingelassene Vogel ständig zu und erhöht sein Gewicht von hundertdreißig auf zweihundert Gramm.

Das zusätzliche Körpergewicht braucht er, um in 88 Stunden die 4500 Kilometer nach Hawaii zurückzulegen – ohne Möglichkeit des Ausruhens. (In dieser Zeit bewegen sich seine Flügel 250.000 mal auf und ab. Nur einmal vorstellen: eine Viertelmillion Liegestütze ...)

Die Fluggeschwindigkeit beträgt etwa 51 Stundenkilometer. Wissenschaftler haben errechnet, dass ein langsameres Fliegen zu viel Verbrauch für den Antrieb, ein schnelleres zuviel Verbrauch aufgrund der Luftreibung mit sich brächte.[8] Pro Flugstunde setzt der Goldregenpfeifer 0,6 Prozent seines Körpergewichtes in Bewegungsenergie und Wärme um. Damit würde er in 72 Stunden die siebzig Gramm Fett verbrauchen, die er sich vor der Reise „angefressen" hat, und hätte wieder 130 Gramm. Das hieße, alle seine Reserven wären erschöpft; doch durch die Keilformation, in der die Vögel über das Meer fliegen, sparen sie 23 Prozent Energie. Die Stärksten wechseln sich vorne ab, da dort die Belastung am größten ist. Auf diese Art bleiben ein paar Gramm Fett übrig, sodass auch Gegenwind oder Niederschlag überstanden werden können.

Alles Zufall, durch Mutation und Selektion gelernt? Siebzig Gramm Fett anfressen, den Flugkurs bestimmen, die Geschwindigkeit und die Formation festlegen - in „kleinen Schritten" entwickelt? Oder eben doch als Ganzes entworfen und geschaffen?

---

7   Nach WERNER GITT, Wenn Tiere reden könnten.
8   Im Verhältnis zum eigenen Gewicht benötigt ein Hubschrauber siebenmal, ein Düsenjäger zwanzigmal so viel „Treibstoff".

12.2 Zwecklose Schönheit

Oft sind wir Menschen veranlasst, über Schönheiten bei Pflanzen und Tieren zu staunen: Warum entwickelt sich etwa beim Schmetterling ein so farbenfrohes und vollendet wirkendes Muster, das jegliche Tarnung verhindert?

Der Zoologe und Anatom ADOLF PORTMANN spricht von einer Selbstdarstellung der Lebewesen und einer „Prägnanz" der äußeren Erscheinung, die ihm als Biologen beim Studium der Tiere entgegentreten. „Diese Prägnanz der äußeren Erscheinung ist eines der großen Probleme in der Biologie." Als besonders eindrückliches Beispiel führt er den Gesang von Singvögeln an, die

> „vor ihrer Geschlechtsreife im leisen Jugendgesang ihren vollendetsten, reichsten Gesang produzieren, der im Herbstgesang wieder in gleicher Vollendung zu hören ist. Die viel lauteren, auffälligeren Äußerungen der Fortpflanzungszeit erreichen den Reichtum dieses Artgesangs nicht: Der vom Standpunkt der Erhaltung ,funktionslose' Gesang ist der formal reichste. Er ist reine Selbstdarstellung, deren Bedeutung und Ausmaß verkannt wird, solange man nur Erhaltungsleistungen beachtet."

12.3 Weisheit und Wissenschaft

Mit einem Zitat VIKTOR FRANKLS wollen wir unsere Überlegungen schließen:

> „Wenn so viele sagen, die ganze Evolution sei nichts als Zufall, wir verdanken sie ausschließlich zufälligen Ereignissen ohne jeden Sinnzusammenhang wie den Mutationen, da gibt es keinerlei Teleologie (Ausrichtung auf ein Ziel), dann muss man sich doch fragen, ob diese Ebene der Biologie notwendigerweise die einzige Ebene ist, in der ich die Wirklichkeit sehen darf. Ist es denn nicht möglich, dass diese Ebene der biologischen Betrachtungsweise eben nur eine ist, und dass - etwa ,senkrecht' dazu - noch eine andere Ebene besteht? Und könnte es nicht sein, dass in dieser anderen Ebene, in diesem Koordinatensystem, sehr wohl ein Gedanke existiert, eine Verbindungslinie zwischen jenen Punkten, die in der rein horizontalen Ebene zusammenhanglos (eben zufällig) zu sein scheinen? So betrachtet (unter Einbeziehung dieser vertikalen Ebene) könnte auch hinter Mutationen Teleologie (Sinnverbindung und Zielausrichtung) stehen. Ich erwarte nicht von KONRAD LORENZ, dass er jetzt eintaucht in diesen Bereich und dann sagt: Ja, gewiss, es gibt diese Zielausrichtung, diesen Sinn. Aber ich erwarte wohl, dass er nicht darauf besteht, es gebe notwendigerweise nur die Betrachtungsweise der rein horizontalen Ebene. Damals habe ich Konrad Lorenz gesagt: Wissen Sie, wenn Sie ganz einfach zugeben würden, dass es grundsätzlich möglich ist, dass - in einer anderen Ebene als der biologischen - doch eine Teleologie, ein Sinnzusammenhang, eine Sinnausrichtung existiert, dann haben Sie einen zweiten Nobelpreis verdient: einen Nobelpreis für Weisheit. Denn Weisheit ist Wissenschaft plus das Wissen um die eigenen Grenze." (*Altes Ethos – neues Tabu; ziziert nach: Peter Blank, Alles Zufall ? Naive Fragen zur Evolution. Augsburg 2006, 75f.)*

Evolution im Biologieunterricht

ALOIS WIMMER

1. Vorwort

In einem Jahresbericht des Gymnasiums Steyr-Werndl-Park[1] legte ich in einem kurzen Aufsatz mit dem Titel „Die Evolution – Tatsache oder Hypothese?" einige Gedanken zu diesem Thema dar. Die Reaktion ließ mich deutlich erfahren, dass durch die Evolutionslehre (E) nicht nur die Naturwissenschaften berührt sind, sondern dass sich bei diesem Thema nicht wenige philosophisch angesprochen fühlten. Die (E) ist also nicht nur ein Teilgebiet der Naturwissenschaft sondern auch der Philosophie wie SIR KARL POPPER es sieht.[2]

Warum diese Arbeit? Durch mein erstes Studium (Bio- & Geowissenschaften für das Lehramt an der Universität Salzburg) wurde ich in den verschiedensten Disziplinen mit der Evolutionstheorie konfrontiert, ohne dass diese hinterfragt worden wäre. Philosophische Überlegungen zur Evolutionsdoktrin waren sehr selten.

Die „Evolution" wurde uns Studierenden gleichsam als immanentes, nicht zu hinterfragendes Lehrprinzip in sämtlichen Gegenständen als Matrix dargeboten. Die „Evolution" wurde als Tatsache, gleichsam als Naturgesetz dargestellt. Kritische Gedanken dazu fehlten. Die ganze Physis sei sozusagen *„sub specie evolutionis"* zu betrachten und zu verstehen. Dieses naturwissenschaftliche Lehrgebäude schien auf den ersten Blick in sich konsistent und logisch. So waren offenbar Korrekturen oder gar das Anzweifeln dieses Lehrgebäudes „Evolution" nicht notwendig. Das war die eine Welt.

Die andere Welt sah so aus: Hineingeboren in ein katholisches Elternhaus, Kindheit und Jugend in einem katholischen Pfarrdorf; ich erhielt meinen ersten Religionsunterricht bei einem frommen und hochgebildeten Pfarrer, bei dem ich auch Ministrantendienst leistete. Danach besuchte ich die Klosterschule bei den Zisterziensern in Wilhering – hier gediegenes humanistisches Gymnasium, wieder sehr guter Religionsunterricht – aber ich hatte auch nicht geringen Kontakt mit den Werken Teilhards de Chardin. Erste Spannungen zwischen Naturwissenschaft & Theologie. Beim Biologiestudium versuchte ich eine Synthese zwischen diesen beiden Feldern herzustellen. Eine offene Konfrontation mit der

---

1   6. Jahresbericht Bundesgymnasium Steyr 1978/79, I-VIII, 64 ff.
2   KARL POPPER (…) ist der Meinung, dass die Lehre von der Evolution bzw. „der Darwinismus keine prüfbare wissenschaftliche Theorie ist" K. POPPER, Hamburg, 1979, 244; 248. Zitiert in: ALMA VON STOCKHAUSEN, Mythos-Logos-Evolution, Neuhausen-Stuttgart, 1981, 241.

Evolutionslehre hätte einen positiven Abschluss des Biologiestudiums gefährdet
– *Dogmata sunt servanda!*
JOHN LENNOX[3] zitiert den chinesischen Paläontologen JUN-YAN CHEN:

> „In China können wir DARWIN kritisieren, aber nicht die Regierung; in Amerika
> kann man die Regierung kritisieren, nicht aber DARWIN."

JOACHIM ILLIES schreibt:

> „Im Sinne der wissenschaftlichen Redlichkeit, können wir es uns aber keineswegs
> leisten, das darwinistische Erklärungsmodell der Evolution als endgültig akzeptiert
> zu betrachten und auf seine weitere Überprüfung zu verzichten. Eine massive Kritik
> am Darwinismus hat es stets gegeben, doch hat sie erstaunlich wenig ausrichten
> können gegen die ideologische Woge, mit der ERNST HAECKEL, KARL VOGT und
> THOMAS HUXLEY aus der Theorie eine weltanschauliche Vertrauensfrage machten,
> bei deren Verneinung der betreffende Kritiker zurückzutreten hat – zumindest in das
> letzte Glied der etablierten Wissenschaft."

Erstaunlich ist auch, dass die sorgfältige und umfassende kritische Widerlegung
des Darwinismus, die von der Philosophin HEDWIG CONRAD-MARTIUS in ihrer
„Abstammungslehre" (2.Auflage 1949) vorgebracht wurde, keinerlei Echo in
Biologenkreisen gefunden hat – nicht einmal einen Widerspruch. Der bleibende
Eindruck ist:

> „Die darwinistische Modellerklärung gilt als akzeptiert", und „jede Kritik an ihr er-
> scheint als unanständig."[4]

Lediglich kosmetische Operationen, wie sie in den Variationen des modernen
Neodarwinismus vorliegen, sind zugelassen und hochwillkommen, wie MAN-
FRED EIGENS kybernetische Hyperzyklen (zu deren Kritik siehe MAX THÜR-
KAUF, 1980) und RUPERT RIEDLs evolutionäre Erkenntnistheorie, der vom Philo-
sophen und Physiker ALFRED LOCKER 1980 eine „Akkumulation von Irrtümern"
bescheinigt wird."[5]
Das Ergebnis meiner Konkordanzversuche blieb unbefriedigend bis zu dem
Tag, an dem mir in der Begegnung mit einem sowohl theologisch als auch phi-
losophisch klarsehenden Exerzitienmeister in puncto Unvereinbarkeit zwischen
Evolutionsdoktrin und Philosophie die Augen geöffnet wurden. Seither ist mir
die Notwendigkeit aufgegangen, mein philosophisches und theologisches Wissen zu ordnen und zu vervollständigen, es in einem System von „Gott & Welt"

---

3 J. LENNOX, Hat die Wissenschaft Gott begraben? Witten, 2009, 136.
4 So berichtet kürzlich ein Schreiber eines Regionalblattes: „Schönborns Ausführungen zur
Evolutionstheorie (…) erregten Empörung" Oberösterreichische Nachrichten,
31.12.2011, 4.
5 ILLIES, JOACHIM, Der Jahrhundert-Irrtum: Würdigung und Kritik des Darwinismus,
Frankfurt, 1983, 52-54.

zu integrieren und anderen Menschen, die damit auch ihre Schwierigkeiten haben, helfen zu können. So begann ich nach meiner aktiven Zeit als Gymnasial-Lehrer für Biologie, in meinem „Ruhestand" das Studium an der Philosophisch-theologischen Hochschule Heiligenkreuz. Ganz groß war meine Freude, als ich in Vorlesungen von Prof. Dipl. Ing. Dr.WOLFGANG WEHRMANN das Thema (E) in bislang ungewohnter Tiefe und Perspektive dargeboten bekam. (Diese Vorlesungen[6] allein schon waren es wert, das Studium in Heiligenkreuz aufgenommen zu haben.) An dieser Stelle möchte ich ihm auch herzlich danken für den Hinweis und das sorgfältige Exzerpt von LENNOX' Werk.

2. Evolution im Biologieunterricht

Die folgenden Ausführungen sind nicht als wissenschaftliche Arbeit zu sehen, sondern einfach als Beitrag aus der alltäglichen Unterrichtspraxis (Biologie an einer AHS).

Das biogenetische Grundgesetz[7] besagt, dass die embryonale Entwicklung eines Individuums eine kurz gedrängte Wiederholung seiner Stammesgeschichte darstelle (=Die Ontogenese stelle eine kurze Rekapitulation der Phylogenese dar).

Kurz und übersichtlich legt dies H. KAHLE[8] dar:

„HAECKEL baute seine Lehre auf der makroskopisch vergleichenden Anatomie auf. Er setzte Funde von Ausgrabungen, meist Knochen und Knochenreste, miteinander in Beziehung von Ähnlichkeitsreihen. Weiterhin wurden präparatorisch isolierte Organe von den verschiedensten Tieren miteinander verglichen, zu aufsteigenden Linien angeordnet und als phylogenetische (=stammesgeschichtliche) Reihen deklariert. Die Vergleichbarkeit der Fischflosse mit einem Vorderflügel, mit dem Vorderhuf eines Vierfüßers oder auch mit dem Arm eines Menschen wurde als Argument für die Festlegung stammesgeschichtlicher Beziehungen angesehen.[9] Man muss beim Vergleich der verschiedenen Extremitäten der Wirbeltiere und der des Menschen diese Homologien aber nicht nur im Sinne der Evolution zu deuten versuchen. Der Gedanke, die innerhalb ein und desselben Organismus nachweisbaren Organe miteinander zu vergleichen, lag damals noch fern. Eine Alternative zur Evolution

---

6   WOLFGANG WEHRMANN hielt zahlreiche Vorlesungen an der Philosophisch-Theologischen Hochschule Heiligenkreuz Benedikt XVI., siehe Literaturverzeichnis.

7   Erstmals 1866 von ERNST HAECKEL formuliert.

8   HENNING KAHLE, Evolution, Irrweg moderner Naturwissenschaft? 1980 bei Moderner Buch Service, Claus Peter von Nottbeck, Bielefeld, 154f.

9   SCHERMAIER/WEISl „bio@school" (Biologielehrbuch für: Allgemein bildende höhere Schulen, 8. Klasse (Biologie und Umweltkunde) Veritas-Verlag, Linz, 2. Auflage 2008 …und für noch eine ganze Reihevon Schultypen, 98. Im Folgenden mit „Schulbuch 8" zitiert, 98.

wird zwar theoretisch geboten, aber als überwunden betrachtet. In unserem Schulbuch heißt es dazu: „Das naturwissenschaftliche Weltbild war bis zum 18. Jahrhundert von den Lehren der griechischen Philosophen und vom biblischen Schöpfungsgedanken geprägt."[10]

Lapidar heißt es in unserem Schulbuch:

„Evolution ist das zentrale Thema der Biologie – Sie erklärt die Geschichte und Vielfalt des Lebens".[11]

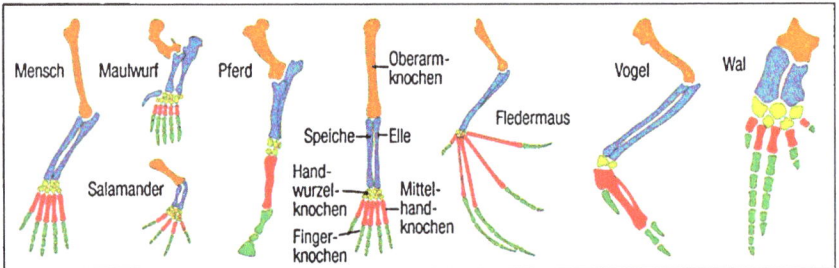

98.1 *Anatomische Homologien: Die Vordergliedmaßen verschiedener Wirbeltiere zeigen einen gemeinsamen Grundbauplan. Das ist ein Hinweis darauf, dass die einzelnen Arten von gemeinsamen Vorfahren abstammen.*

Abbildung 1[12]

Der Gedanke, die innerhalb ein und desselben Organismus nachweisbaren Organe miteinander zu vergleichen, lag damals noch fern.

Außerdem wurden vergleichende Untersuchungen fast nur auf gleich benannte Organe beschränkt. Nach Ansicht des Göttinger Humanbiologen ERICH BLECHSCHMIDT war es damals kaum denkbar, beispielsweise einen menschlichen Zahn mit einer menschlichen Zunge oder die Gliedmaßen mit dem faltenförmigen Kehldeckel oder mit den Augenlidern zu vergleichen).[13] Man konnte damals noch nicht bemerken, dass diese beim erwachsenen Organismus so verschiedenen Organe in embryologischem Sinne besonders eng miteinander verwandt sind. BLECHSCHMIDT schreibt (1968):

„Das bloße Aufzählen äußerlich ähnlicher Organbildungen bei Artverschiedenen … ist noch keine Einsicht in die Natur dieser Bildungen und bietet keine Erkenntnis von Gesetzmäßigkeit bei Differenzierungsvorgängen . . . Nur die Organe ein und desselben Organismus sind so nahe miteinander verwandt, dass naturwissenschaftlich fassbare Beziehungen ermittelt werden können."

---

10 Schulbuch 8, 90.
11 Schulbuch 8, 90.
12 Schulbuch 8, 98, Veritas-Verlag, Linz, Grafik 1, © Brigitte Gold, Wien.
13   BLECHSCHMIDT ERICH, "Vom Ei zum Embryo", Stuttgart 1968, 52.

2.1 Wir kommen hier zu einem wichtigen Punkt

Die frühen Embryonalstufen sehen – flüchtig betrachtet – einander „zum Verwechseln" ähnlich. So finden sich – bis heute – in den Schulbüchern[14] die suggestiven Zeichnungen von Mensch, Schwein, Schildkröte, Vogel, Fisch, Molch in frühen und späteren Stadien nebeneinander. In unserem Beispiel steht folgender Text unter der Abbildung im angegebenen Biologielehrbuch: „Zeichnungen von ERNST HAECKEL von 1870 sollen die Ähnlichkeit menschlicher Embryonen und mit anderen Wirbeltierembryonen in drei vergleichbaren Entwicklungsstadien zeigen. Weil HAECKEL keine Abbildungen menschlicher Embryonen zur Verfügung standen, *schwindelte*[15] er und bildete Hundeembryonen ab."[16] Der Schüler soll so – gleichsam zwingend – vor Augen haben, dass die stammesgeschichtliche Herleitung eine logische sei.

Doch was hat HAECKEL wirklich gemacht? WILHELM HIS, Anatom in Basel schrieb 1874:[17]

> „Wir nehmen die erste Auflage der natürlichen Schöpfungsgeschichte zur Hand und finden S. 242 in drei untereinander stehenden Abbildungen, das Ei des Menschen, das Ei des Affen und dasjenige des Hundes, je 100mal vergrößert, auf S. 248 aber in drei nebeneinanderstehenden Figuren den Embryo des Hundes, denjenigen des Huhns und den der Schildkröte. Die Übereinstimmung der beiden Figurenreihen ist eine vollkommene, und kaum kann man sich etwas Überzeugenderes denken als diese weitgehende Identität von Formen verschiedener Wesen. Selbst auf scheinbar unwesentliche Dinge erstreckt sich die Übereinstimmung; wo die Körner im Hunde-Ei etwas gröber sind, sind sie es auch im Ei des Menschen und des Affen; (…)."

---

14   Schulbuch 8, 98.

15   Kursiv von ALOIS WIMMER; wohlgemerkt: Das steht in einem Schulbuch! So wird jungen Menschen ein folgenschwerer Betrug leichtfüßig mit „schwindelte er", gleichsam entschuldigend, berichtet. Wird das Schwindeln den Schülern hier als eine mögliche wissenschaftliche Methode vor Augen gestellt? Welches Bild der wissenschaftlichen Arbeit wird hier den Schülern geboten? Was ist mit der Erziehung zu intellektueller Redlichkeit?

16   Schulbuch 8, 98.

17   W. HIS, Unsere Körperform, Leipzig 1874, 168ff, zitiert nach: BLECHSCHMIDT, Die Erhaltung der Individualität, Neuhausen-Stuttgart, 1982, 19f.

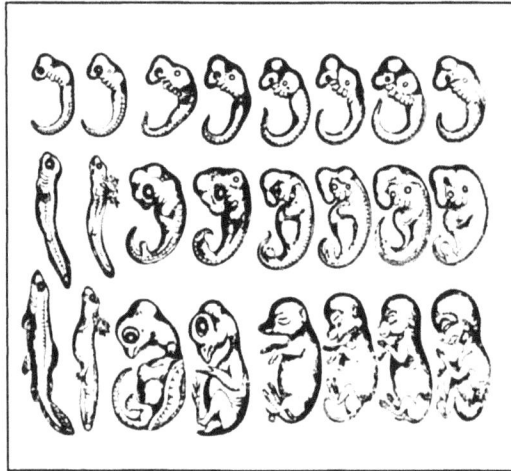

98.2 Zeichnungen von Ernst Haeckel von 1870 sollen die
Ähnlichkeit menschlicher Embryonen mit anderen Wirbeltierembryonen in drei vergleichbaren Entwicklungsstadien
zeigen. Weil Haeckel keine Abbildungen menschlicher
Embryonen zur Verfügung standen, schwindelte er und
bildete Hundeembryonen ab.

Abbildung 2: Bild und Text aus Schulbuch 8, 98, Grafik 2, Ernst Haeckel 1870.

„Der Embryo des Hundes, des Huhnes und der Schildkröte zählen je zehn Urwirbel auf jeder Seite, und zwar ist bei allen dreien der erste der rechten Seite je ein bisschen abgerundeter, der neunte ein bisschen schmaler als die übrigen. Sicher war es ein für die Wissenschaft nicht genug zu preisender Glücksfall, der HAECKEL drei so genau sich entsprechende Embryonen unter die Hände geführt und ihm damit ein entscheidendes Beweismaterial überliefert hat. Noch merkwürdigere Übereinstimmungen enthüllt indes eine weitergehende Prüfung der Figuren. Die absolute Identität besteht nicht allein für die Eier der einen und die Embryonen der anderen Bildreihe, sie besteht auch für Ort und Form der bezeichnenden Buchstaben, ja sie besteht für die Zahl und Länge der Strichelchen, mittels deren jene Figuren angefügt sind. Es hat uns mit anderen Worten HAECKEL je drei Clichés desselben Holzstockes unter drei verschieden Titeln aufgetischt!"

Es ist nun aber so, dass schon bald nach der Feststellung dieser Fälschungen HAECKELS sich seine Zeitgenossen über diesen Sachverhalt deutlich äußerten:

„Von allen Seiten erheben sich die wirklichen Vertreter der Naturwissenschaft gegen (...) Haeckels ebenso leichtfertige als gefährliche Darstellungen (...). Autoritäten ersten Ranges, wie SECCI, VIRCHOW, V. BAER, PFAFF etc., bezeichnen das sogenannte ‚Grundgesetz‘ (...) als Humbug, das ganze Treiben der (...) Haeckelianer als Unfug, Arroganz und Willkür."

Sie weisen HAECKEL offenbare Unkenntnis, ja Unredlichkeiten und Fälschungen in seiner Beweisführung nach, und sagen ihm geradezu, er habe sich unmöglich gemacht,

„im Kreise ernster Forscher als Ebenbürtiger mitzuzählen"

PFAFF äußert sich über ihn also:

„Wer absichtlich, bewußt, wie HAECKEL, nicht nur ein- oder zweimal, sondern oft, sich wissenschaftliche Fälschungen zu Schulden kommen läßt, (...) der hat auf das Recht einer Diskussion mit ihm verzichtet" (Schöpfungsgeschichte, Frankf. 1877. S. 709)".[18]

BLECHSCHMIDT fährt nun fort:[19]

„Wer das sogenannte *Biogenetische Grundgesetz* an den heute bekannten Fakten der menschlichen Entwicklung prüft, findet keine Bestätigung der *Haeckel*schen Vorstellungen. Vielmehr erkennt er, dass das Biogenetische Grundgesetz ein fundamentaler Irrtum der Biologie ist. (...) Seine Vorstellungen gelten auch nicht in einem anderen Sinn oder nur im Prinzip oder nur für einzelne Fälle, oder – wie es in einem Lexikon[20] heißt – zu 70 %. *Das Biogenetische Grundgesetz gilt gar nicht!"*

Warum man nun aber so verbissen an diesem, wie man meinen könnte, peripheren Spezialproblem der Biologie festhält? Die gesellschaftlichen Konsequenzen dieser Sicht der Entwicklung sind nicht zu übersehen: „Wenn der Mensch nicht von Anfang an Mensch ist, sondern am Beginn seiner Existenz, grob gesagt, nur ein allgemeines Wirbeltier, dann ein Fisch, hierauf ein Amphib, in der Folge ein Säugetier und zuletzt ein Mensch wird, so tötet man ja bei einer Abtreibung nicht einen Menschen. Man entfernt aus dem Schoß einer werdenden Mutter nur eine tierische(!) Vorform eines Menschen."

Die moderne Embryologie sagt uns also, dass der Embryo sich nicht *zum* Menschen entwickelt. Der Embryo entwickelt sich *als* Mensch – angefangen von der Verschmelzung (Zygote) der mütterlichen (Ei) und der väterlichen (Spermium) Keimzelle. „Das Genom dieser einzelligen Zygote ist eindeutig als menschlich zu identifizieren."

„Ein menschliches Ei besitzt als Erbträger menschliche und keine Hühner- oder Fischchromosomen. Schon dieser heute erwiesene Sachverhalt erlaubt es nicht

---

18 SCHUSTER, J., Handbuch zur Biblischen Geschichte, Freiburg, 1886, XIX.
19 BLECHSCHMIDT, E., Die Erhaltung der Individualität, Neuhausen-Stuttgart, 1982, 20.
20 Vgl. Art. Biogenetisches Grundgesetz, Der neue Herder, Bd. 1, Freiburg 1970.

mehr, darüber zu diskutieren, ob und wann, also in welchem Monat im Laufe der Ontogenese ein Mensch entsteht. Ein Erscheinungsbild von einem Menschen zu sein, ist für einen Organismus mit der befruchteten Eizelle festgelegt. Deshalb haben wir die Beschaffenheit der befruchteten Eizelle als eine wesentliche Voraussetzung der ganzen nachfolgenden Ontogenese anzusehen."[21]

In einem anderen Biologie-Schulbuch steht: [22]

„So durchlaufen Wirbeltiere (auch der Mensch) ein Embryonalstadium, in dem ‚Kiemen' = mit den sie versorgenden Arterien angelegt werden. (...) Aus dieser Tatsache ist (...) abzuleiten, dass die Evolution der Wirbeltiere von wasserbewohnenden Formen mit Kiemenapparat ausgegangen sein muss.

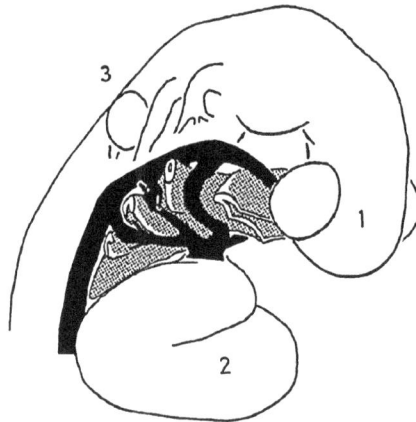

Abbildung 3: Gefäßkorb der Aorten des 3,4 mm-Embryo (BLECHSCHMIDT), ca. 27 Tage.
1 Vorderhirn mit Augenblasen, 2 Herz, Hinterhirn mit anliegender Ohrblase[23]

BLECHSCHMIDTs Untersuchungen früher Embryonen bringen dazu folgendes Ergebnis:[24]

„Im Kopfbereich des jungen Embryo nimmt die Krümmung gegen Ende des ersten Monats zu.

Hier finden wir jetzt Beugefalten. Diese Beugefalten wurden irrtümlicherweise bislang als Kiemen gedeutet und als Beweis dafür angesehen, dass die Ontogenese des Menschen eine Rekapitulation (s. o.) der Phylogenese sei. Tatsächlich sind die Lagebeziehungen der Beugefalten zueinander, ihre Größenunterschiede, ihr Relief

---

21 E. BLECHSCHMIDT, Wie beginnt das menschliche Leben, Stein am Rhein, 1984, 29.
22 KÖHLER, MANDL, REUER, Biologie f. 8. Klassen, 58.
23 E. BLECHSCHMIDT, a. a. O., 88.
24 E. BLECHSCHMIDT, a. a. O., 96-98.

und ihre Struktur in jeder ihrer Entwicklungsphasen leicht als konstruktive Bestandteile des Embryo nachzuweisen. Genau die Falten, wie sie in der menschlichen Entwicklung zu sehen sind, kommen bei keiner anderen Spezies vor. Auch umgekehrt
sind Differenzierungen, wie sie bei anderen Spezies beobachtet werden, niemals
beim Menschen zu finden, sie sind immer artspezifisch und immer nur Bestandteile
jeweils eines bestimmten Organismus. (…) Dies ist das ,Geheimnis der Kiemen' in
der vermeintlichen Fischphase der menschlichen Ontogenese: Der kinetische Zusammenhang zwischen Lage-, Form- und Strukturentwicklung führt im Bereich der
Beugefalten zu folgenden Entwicklungsbewegungen: Bei einem 3 mm großen menschlichen Embryo finden wir infolge seiner Krümmung im Kopfgebiet das Gesicht
zwischen dem weit vorgebeugten Stirnhirn und dem mächtigen Herzwulst biodynamisch[25] breitgequetscht. Das Kopfentoderm des Intestinalrohrs stellt hier ein breites
Hohlband dar (…). Um die Mundwinkel herum strafft sich das Binnengewebe und
verbindet als solches die Ausflussbahn der Herzens mit den dorsalen Aorten, die als
erste Begleitgefäße das Neuralrohr beidseitig flankieren. Dieses gestraffte Binnengewebe dient (…) als Leitstruktur für nach und nach entstehende Gefäßbrücken, sogenannte Anastomosen, zwischen der (…) ventralen und dorsalen Aorta. Diese Ge-
fäßanastomosen sind die Visceralbogenarterien (Abb. hier 29 – noch zu benennen).
Sie versuchen, wie alle Gefäße, sich zu begradigen und kerben dabei den Rand des
abgeplatteten Entodermschlauchs links und rechts ein. Die noch mikroskopisch kleinen Visceralbogenarterien sind also biodynamisch entstandene Kurzschlüsse im
Strömungsgefälle eines Stoffwechselfeldes, nicht aber rekapitulierte Merkmale von
Fischen (…). Sie stehen vielmehr in strenger, topokinetisch nachweisbarer Abhän-
gigkeit von dem Längenwachstum des Neuralrohrs. Sie sind nach Lage, äußerer
Form und innerer Struktur in jeder Entwicklungsphase als Bestandteile des ganzen
Embryo humanspezifische Bildungen."

Diese Forschungsergebnisse BLECHSCHMIDTs gehören einfach zur Allgemeinbildung, zumal jeder Mensch diese atemberaubende Dynamik durchgemacht hat.
Ein Stück persönlicher Individualgeschichte also.

Wie die vermeintlichen „Kiemenspalten" gleichsam als evolutionär gedeute-
te Rudimente gesehen wurden oder noch immer werden, wie die Biologiebücher
zeigen, so werden noch viele andere Organe als Rudimente von „tierischen Vorfahren" gedeutet. So der Blinddarm – Wurmfortsatz (heute jedoch weiß man,
dass er als lymphatisches Organ bei der Bildung weißer Blutkörperchen eine
wichtige Rolle spielt). Die menschliche Ohrmuschel wird oft als verkümmertes[26]
Rudiment eines Tütenohres tierischer Vorfahren gesehen. Es ist jedoch ein
komplexes Schallanalyse-Organ. WOLFGANG KUHN beschreibt im angeführten

---

25 „biodynamisch" ist hier als Beschreibung der Embryogenese zu verstehen.
26 Solche „Rudimente" werden immer noch als Beweise der Herkunft des Menschen aus
    dem Tierreich angeführt. Das bewegliche Tütenohr, wie es Pferde und Rinder oder auch
    Hasen besitzen, sah DARWIN als idealen Prototyp des Ohres an. Vgl. WOLFGANG KUHN,
    Darwin im Computerzeitalter, Berneck, 1989, 129 – 139.

Werk die zur Schall-Analyse vorhandenen anatomischen und physiologischen Einrichtungen unseres Hörorgans.[27]

Noch einmal zurück zu HAECKEL: Wissenschaften oder Ideologien, nur im stillen Kämmerchen gedacht, haben vielleicht noch keine großen Folgen. Aber erst einmal veröffentlicht, können sie durchaus, beabsichtigt oder nicht, folgenschwere Konsequenzen haben. Nach seinem „Biogenetischen Grundgesetz" von 1866 schreibt er:

> „Lebenswert der Tierklassen und Menschenrassen. Obgleich die bedeutenden Unterschiede in dem Geistesleben und Kulturzustande der höheren und niederen Menschenrassen allgemein bekannt sind, werden sie meistens doch sehr unterschätzt und demgemäß ihr sehr verschiedener Lebenswert falsch bemessen. Das, was den Menschen so hoch über die Tiere, auch die nächst verwandten Säugetiere, erhebt, und was seinen Lebenswert unendlich erhöht, ist die
> K u l t u r, und die höhere Entwicklung der V e r n u n f t, die ihn zur Kultur befähigt. Diese ist aber größtenteils nur Eigentum der höheren Menschenrassen und bei den niederen nur unvollkommen oder gar nicht entwickelt. Diese Naturmenschen (z. B. Weddas, Australneger) stehen in psychologischer Hinsicht näher den Säugetieren (Affen, Hunden) als dem hochzivilisierten Europäer; daher ist auch ihr individueller Lebenswert ganz verschieden zu beurteilen."[28]

Im nächsten Unterkapitel fährt er fort:[29]

> „Der Abstand dieser denkenden Seele des Kulturmenschen und der gedankenlosen tierischen Seele des wilden Naturmenschen ist aber ganz gewaltig, größer als der Abstand zwischen den letzteren und der Hundeseele".

Soll man diesen Text HAECKELs den Schülern vorenthalten? Besteht eine Verbindung zwischen dem „Biogenetischen Grundgesetz" und diesem Text?

Daneben findet sich dann noch der Embryo mit den angelegten „Kiemenspalten",[30] oder ein Textverweis dazu.[31]

---

27 WOLFGANG KUHN, Darwin im Computerzeitalter, 133 – 138.
28 ERNST HAECKEL, Die Lebenswunder, Gemeinverständliche Studien über Biologische Philosophie. Ergänzungsband zu dem Buche über die Welträthsel, Volksausgabe, Stuttgart, 1906, 159.
29 ERNST HAECKEL, Die Lebenswunder, 160.
30 KÖHLER, MANDL, REUER, Biologie f. 8. Klassen, S 58.
31 Schulbuch 8, 98.

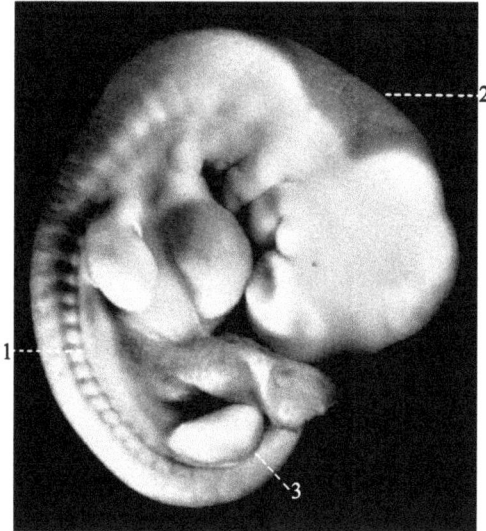

Abbildung 4: Embryo 7mm, ca.34 Tage, Originalfoto, 1 Grenze zwischen ventraler und lateraler Rumpfwand, 2 dünne Wand des Oberkopfes, 3 untere Extremität[32]

2.2 Konklusion

A.E. WILDER SMITH[33] schreibt:

„Es gibt heute viele Neodarwinisten, die der Überzeugung sind, dass DARWIN die Gott-Idee vernichtet hat. Gott wurde durch Mutation und Selektion als Schöpfer ersetzt. Solche Wissenschaftler, wie etwa der Nobelpreisträger KONRAD LORENZ, tadeln deshalb bei ihren Kollegen jegliche religiöse Haltung."

ERICH FROMM schreibt zu diesem Thema:

„Man kann diese Einstellung von Lorenz nicht völlig verstehen, wenn man sich nicht seine quasi-religiöse Haltung dem Darwinismus gegenüber klarmacht. Seine diesbezügliche Haltung ist keine Seltenheit. (...) Als die Evolutionstheorie das Bild von Gott, dem obersten Schöpfer zerstörte, ging auch das Vertrauen in Gott als dem allmächtigen Vater des Menschen verloren. Einige von ihnen verkündeten einen neuen Gott, die Evolution, und verehrten DARWIN als seinen Propheten. (...) Alle

---

32 E. BLECHSCHMIDT, Die pränatalen Organsysteme des Menschen, Stuttgart 1973, 51; 146.
33 A. E. WILDER SMITH, Die Naturwissenschaften kennen keine Evolution, Experimentelle und theoretische Einwände gegen die Evolutionstheorie, Basel/Stuttgart, 1978, 133.

menschlichen Phänomene, die man mit ökonomischen, religiösen, moralischen oder politischen Erwägungen angehen und erklären konnte, waren vom Standpunkt der Evolution aus zu verstehen. Diese quasi-religiöse Haltung dem Darwinismus gegenüber zeigt sich auch im Ausdruck „die großen Konstrukteure" mit dem Lorenz die Selektion und die Mutation bezeichnet … (Er) gebraucht das Wort im Singular und spricht vom „großen Konstrukteur", womit er der Analogie zu Gott noch näher kommt. Nirgends dürfte dieser Götzendienst im Denken von Lorenz deutlicher zum Ausdruck kommen als im letzten Abschnitt seines Buches ‚Das sogenannte Böse'."[34]

Weiter unten zitiert WILDER SMITH auch ERICH FROMM:

„Die ‚Religion' des Sozial-Darwinismus gehört zu den gefährlichsten Elementen im Denken des letzten Jahrhunderts. Sie verhilft dem rücksichtslosen nationalen und Rassenegoismus zum Sieg, indem sie ihn zur moralischen Norm macht. Insofern Hitler überhaupt an etwas glaubte, so waren es die Gesetze der Evolution, die sein Handeln und speziell jede Grausamkeit rechtfertigten und heiligten."

Im Anhang fügt er die sieben Hauptpostulate der Evolutionstheorie an, wie sie G.A. KERKUT in *The Implications of Evolution* anführt:[35]

1. Nicht-lebender Stoff ergab spontan lebenden Stoff – Biogenese.
2. Spontane Biogenese nach (1) ergab sich bloß einmal, sodass das ganze heutige Leben von einer einzigen Urzelle abstammt. Man untermauert diese Annahme mit der Feststellung, dass der genetische Code in allen heute bekannten Lebensformen (pflanzlich und tierisch) gleich ist. (…),[36]
3. Virusarten, Bakterien, Pflanzen und Tiere stammen alle voneinander ab – sie sind miteinander genetisch verwandt.
4. Die Metazoen (Vielzeller) gingen aus den Protozoen (Einzellern) nach den Prinzipien der zufälligen Mutation und der natürlichen Auslese spontan ohne Planung hervor.
5. Die wirbellosen Tiere (Invertebrata) sind genetisch alle miteinander verwandt.
6. Die Wirbeltiere (Vertebrata) sind mit den Invertebrata genetisch verwandt.
7. Alle Vertebrata sind genetisch miteinander verwandt.

Kommentar:

„Diese sieben Annahmen bilden die Basis und das Fundament der allgemeinen Theorie der organischen Evolution. *Keine einzige dieser Annahmen kann experimentell bewiesen werden.*[37] Man könnte vielleicht einige von ihnen wiederholen. Dies würde aber unter keinen Umständen beweisen, dass sie historisch, in der Vergangenheit, ohne die heute gegebenen Voraussetzungen tatsächlich stattfanden."

---

34   A. E. WILDER SMITH, Die Naturwissenschaften kennen keine Evolution, 133.
35   A. E. WILDER SMITH, Die Naturwissenschaften kennen keine Evolution, 135.
36   vergleiche die Ausführungen zum genetischen Code im Buchteil von WOLFGANG WEHRMANN/ WOLFGANG KAMMERER „Die 5 Hauptkritikpunkte der Evolutionstheorie", Kap. 4.9.3. „Die Rolle der Nukleinsäuren."
37   (*kursiv*: ALOIS WIMMER.)

Dieser Sachverhalt müsste aber den jungen Menschen in ihrer Schulausbildung deutlich vor Augen gestellt werden!

Der heutige Kampf erinnert in Intensität und Eifer durchaus an die Zeit HAECKELS. Wäre es nicht besser, den Schülern Einblick in dieses geistige Ringen ihrer Zeit zu gewähren als mit Denkverboten von welcher Seite auch immer zu operieren?

Dazu seien die ersten Zeilen von: *Der Streit um die Evolution* von ENGELBERT RECKTENWALD[38] angeführt.

„‚Wissenschaftliche Theorien wie die Evolutionstheorie sind immer wieder überprüf- und widerlegbar, sonst handelt es sich nicht um Wissenschaft, sondern um Pseudowissenschaft oder ‹Junk Science›.' So schreibt DI DR. PETER HOLUBAR, Universitätsprofessor am Institut für angewandte Mikrobiologie an der Wiener Universität für Bodenkultur in „Die Presse" vom 26. Okt. 2006. HOLUBAR kritisiert damit den Vorwurf von CHRISTOPH KARDINAL SCHÖNBORN in dessen berühmten Artikel in der „New York Times" vom 7. Juli 2005. SCHÖNBORN hatte von „Verteidigern des neo-darwinistischen Dogmas" gesprochen und mit dieser Formulierung die Diskussionsverweigerung jener Verteidiger der Evolution kritisieren wollen, für die die Evolutionstheorie keine Theorie, sondern unhinterfragbare Tatsache ist: „Schon im ersten Satz des Artikels begeht der Kardinal den Fehler vom ‚neodarwinistischen Dogma' zu sprechen." HOLUBAR will zeigen, dass Schönborns Vorwurf ins Leere läuft, weil es in der Wissenschaft keine Dogmen gebe.

Wir merken uns also: Nach HOLUBAR sind

„Theorien wie die Evolutionstheorie (…) immer wieder überprüf- und widerlegbar."

Nun wenden wir unseren Blick nach Deutschland und stellen verwundert fest, dass Prof. Dr. ULRICH KUTSCHERA, Vizepräsident des Verbandes Deutscher Biologen und dort Vorsitzender der von ihm selbst gegründeten AG Evolutionsbiologie, genau das Gegenteil sagt: Er meint, es sei

„inakzeptabel, die Evolution als Factum in Frage zu stellen".

Er reagiert damit auf einen Vorschlag von Hessens Kulturministerin KARIN WOLFF,

„fächerübergreifende und -verbindende Fragestellungen aufzuwerfen".

Sie hatte Anfang Oktober erklärt,

„dass nicht einfach Schüler in Biologie mit der Evolutionslehre konfrontiert und Schüler im Religionsunterricht mit der Schöpfungslehre der Bibel. Sondern dass man gelegentlich auch schaut, ob es Gegensätze oder Konvergenzen gibt."

---

38 www.kath-info.de, Das Portal zur katholischen Geisteswelt, Themen: Evolution, (Hier finden sich noch weitere Artikel und Pressemeldungen zu diesem Thema).

Für KUTSCHERA ist die Evolution keine Theorie, sondern eine Tatsache, und WOLFF benutze die Sprache der Kreationisten, wenn sie von Evolutions- und Schöpfungstheorie spreche.

Fasst man die Standpunkte von HOLUBAR und KUTSCHERA zusammen, kann man sagen: Nach HOLUBAR ist es Pseudowissenschaft, die Evolution nicht als überprüf- und widerlegbare Theorie, sondern als Tatsache hinzustellen. Nach KUTSCHERA ist es genau umgekehrt: Es ist pseudowissenschaftlich, die Evolution als Tatsache in Frage zu stellen. Bei beiden handelt es sich um kompetente Naturwissenschaftler und Verteidiger der Evolutionstheorie.

Was ist also jetzt? Wie soll's weitergehen?

An Stelle von ideologischem Gerümpel (siehe HAECKEL) und „Dogmatik" in der Biologie könnte man den Schülern folgendes Faktum nahebringen.

Als Gegenstück zu den HAECKEL'schen Spekulationen und Betrügereien(!) ist im folgenden Abschnitt das bestens dokumentierte Geschehen der Ausbildung des menschlichen Blutkreislaufes „vor, während und nach der Geburt" angeführt.

3. Der fetale Kreislauf und seine Umstellungen bei der Geburt

Hier sei kurz auf ein atemspendendes Ur-Erlebnis eines jeden Menschen hingewiesen.

Jeder von uns lebte den Beginn seines Lebens zehn Mondmonate geborgen unter dem Herzen seiner Mutter. Mit der Geburt wurden wir durch den engen Weg ans Licht und in die Atmosphäre gepresst (gedrückt, geschoben, in die Welt hineingeboren). Unser Brustkorb wurde dabei fest zusammengedrückt. Nach dem Durchgang durch den engen Geburtskanal kam es, bedingt durch die Elastizität der Rippen, plötzlich wieder zu einer Vergrößerung des Brustraumes. Durch Abklemmen der Nabelschnur steigt der CO_2-Gehalt im Blut des Neugeborenen. Die direkte Versorgung durch die Mutter ist beendet.

Das Kind holt zum ersten Mal in der neuen Freiheit tief Luft – die eigene Atmung beginnt. Eine ganze Kaskade von aufeinander abgestimmten Vorgängen nimmt nun ihren Lauf. Doch der Reihe nach:

In der dritten Woche nach unserer Empfängnis beginnt das Herz, anfangs noch ein „einfacher kontraktiler Abschnitt" unseres „Ur"-Blutkreislaufes, zu schlagen. Im Laufe unserer Ontogenese kommt es, je nach den sich ständig ändernden Erfordernissen, zu den nötigen Differenzierungen und Erweiterungen.

In unserem gegenwärtigen, adulten Status verfügen wir über „zwei" Herzen. Das rechte (etwas kleinere) Herz pumpt das CO_2-reiche Blut in die Lunge → Lungenkreislauf (Kleiner Kreislauf). Das linke Herz übernimmt das von der Lunge kommende O_2-reiche Blut und pumpt es in den Körper (Großer Kreislauf). Beide Herzen, nebeneinander liegend und eine Einheit bildend, arbeiten synchron.

Im Mutterschoß spielte die Lunge und somit der Lungenkreislauf eine untergeordnete Rolle. Den Sauerstoff (O_2) erhielten wir mit den übrigen Aufbau-Stoffen, die wir zum Aufbau und zum Betrieb unseres Körpers brauchten, über die Nabelschnur (Nabelvene) unserer Mutter. So musste die Lunge nur insofern mit Blut versorgt werden als sie eben zu ihrem Aufbau und zu ihrer Entwicklung benötigte, um später, nach der Entbindung von der versorgenden Mutter, in der „Welt draußen" sofort ordnungsgemäß arbeiten zu können. Aber um dies „später draußen" bewerkstelligen zu können, musste schon im Mutterleib das Herz stärker als jetzt benötigt, gebaut und trainiert werden. So ist das rechte Herz im Mutterschoß dem linken als Hilfe in Serie vorgeschaltet. Zwei Pumpen arbeiten also einander stärkend direkt hintereinander. Da die Lunge noch nicht entfaltet (noch zusammengefaltet) ist, wirkt ein deutlich erhöhter Widerstand im embryonalen Lungenkreislauf. Das arterielle Blut gelangt durch die untere Hohlvene in den rechten Herzvorhof. Dieses Blutgefäß transportiert aber neben dem sauerstoffreichen Blut von der Nabelvene auch venöses Blut vom Körper des Kindes. Die beiden Blutströme fließen unvermischt(!) in ein und demselben Blutgefäß nebeneinander (die Strömungs-Bedingungen im Körper sind so gestaltet, dass Turbulenzen vermieden werden). Beide Herzen arbeiten somit vor der Geburt schon unter voller Belastung. Durch die Öffnung den in der Vorhofscheidewand (Foramen ovale) gelangt, gesteuert durch eine Falte im Vorhof, hauptsächlich der arterielle Anteil des Gefäßinhaltes in den linken Vorhof. Von dort fließt das Blut in die linke Kammer und in die Aorta. Somit erhalten die Herzkranzgefäße und die Arterien, die zum Gehirn, dem größten Teil des Embryos, führen das sauerstoffreichste Blut.

Die Abbildung auf der folgenden Seite zeigt detailliert den Blutkreislauf des ungeborenen Kindes; so werden die oben geschilderten Vorgänge auch bildlich verständlich dargestellt.

3.1 Blutzirkulation des ungeborenen Kindes[39]

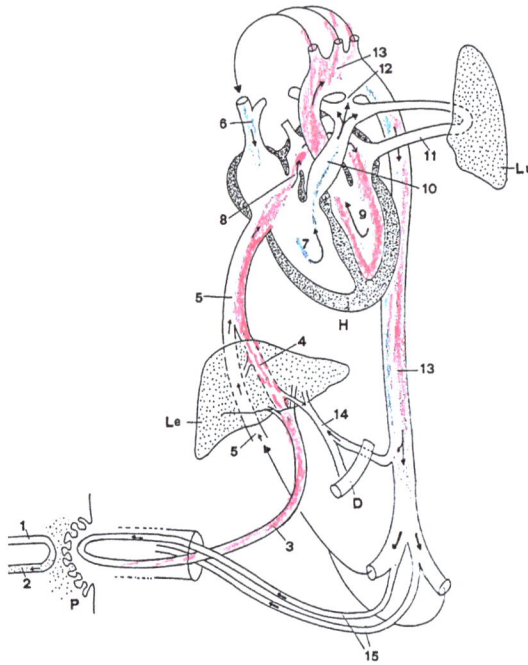

*„Das ungeborene Kind ist mit der Plazenta durch die Nabelschnur verbunden. In dieser
verlaufen zwei Nabelarterien und eine Nabelvene"*

Zu Abbildung 5:

Lu Lungen   *5 Untere Hohlvene (Vena cava inferior)*
Le Leber   *6 Obere Hohlvene (Vena cava superior)*
H   Herz   *7 Rechtes Herz*
D   Darm   *8 Foramen ovale*
P   Plazenta   *9 LinkesHerz*
               10 Lungenarterie (Arteria pulmonalis)
1 Mütterliche Arterie   *11 Lungenvene (Vena pulmonalis)*
2 Mütterliche Vene   *12 Ductus arteriosus (Botalli)*
3 Nabelvene (Vena umbilicalis) *13 Aorta*
 führt arterielles Blut   *14 Pfortader (Vena portae)*
4 Ductus venosus (Arantii)   *15 Nabelarterien (Arteriae umbilicales)[40]*

---

39 ERICA JECKLIN, Arbeitsbuch Anatomie und Physiologie, Stuttgart, Jena, New York,
    [7]1992, 146.

40 ERICA JECKLIN, Arbeitsbuch Anatomie und Physiologie, 145.

Das Blut des Kindes ist mit dem Blut der Mutter also *nicht direkt* verbunden. Eine mütterliche Arterie bringt *Sauerstoff* und *Nährstoffe* an die *Plazenta* heran. Diese Stoffe gelangen mittels Diffusion in die *Nabelvene*, welche *arterielles* Blut führt. Die Nabelvene führt teilweise zur Leber des Kindes, größtenteils durch den Ductus venosus direkt in die untere *Hohlvene*. (...) ...von hier in den rechten *Herzvorhof*. Die Hauptmenge gelangt, gesteuert durch eine Falte im Vorhof, durch die Öffnung in der Vorhofscheidewand (Foramen ovale) direkt in den linken Vorhof, von dort in die linke Kammer und in die Aorta. Somit erhalten die Herzkranzgefäße und die Arterien, die zum Kopf und Gehirn (größter Teil des Embryo) führen, nebst der Leber das sauerstoffreichste Blut.

Das Blut vom Kopf und Gehirn sowie von den oberen Extremitäten kommt durch die obere Hohlvene ebenfalls in den rechten Vorhof und von dort, gesteuert durch die Falte im Vorhof, in die rechte Kammer.

Der Hauptteil geht durch eine Gefäßverbindung, den Ductus arteriosus oder Ductus Botalli, in die absteigende Aorta und versorgt die Bauchorgane und die Beine.

Ein Teil fließt durch die untere Hohlvene in das Herz zurück. Das meiste Blut wird durch die Nabelarterien, die also venöses Blut enthalten, zur Plazenta geführt, wo es Schlackenstoffe und Kohlendioxid abgibt, Sauerstoff und Nährstoffe aufnimmt.

Aus der rechten Herzkammer führt die Lungenarterie nur wenig sauerstoffarmes Blut in die Lungen und via Lungenvenen in den linken Herzvorhof.

Die Notwendigkeit für die Existenz des Foramen ovale und den Ductus Botalli ergibt sich allein aus der Tatsache, dass die Lungen in der Fetalzeit nicht belüftet und kaum durchblutet (siehe oben) sind. Diese beiden Kurzschluss-Verbindungen ermöglichen, dass die am Gasaustausch nicht beteiligte Lunge von der Blutzirkulation weitgehend umgangen wird und somit das Blutvolumen überwiegend dem Großen Kreislauf zugeführt werden kann.

3.2 Umstellung des Kreislaufs nach der Geburt

Beim ersten Atemzug des Neugeborenen dehnen sich die Lungen und ziehen Luft in die Alveolen und Blut in die Lungengefäße. Damit wird der Ductus Botalli stillgelegt. Das aus den Lungen zurückströmende Blut drückt das Vorhof-Septum mit seinem Foramen ovale gegen die Falte im rechten Vorhof, sodass auch dort kein Blut mehr durchströmt. Damit ist der fetale Kreislauf auf den bleibenden umgestellt. Die Nabel-Arterien, die Nabel-Vene und der Ductus Venosus werden nach dem ersten Atemzug nicht mehr durchflossen und kollabieren. Die Lichtung der kollabierten Gefäße verwächst, verödet, und aus den verödeten Gefäßen bilden sich verschiedene Bänder.

3.3 Kurzfassung

Geburt:

1. Nach rund zehn Lunar-Monaten ist der Fetus ausgereift – das Kind ist bereit in den neuen Lebensabschnitt einzutreten.
2. Hormonelle Steuerung der Geburt von Seiten des Kindes und von Seiten der Mutter.
3. Das Kind wird durch aktive Kontraktion der Uterusmuskulatur in den engen Geburtsweg gedrängt.
4. Der Brustkorb des Kindes wird stark zusammengepresst.
5. Das Kind kommt zur Welt.
6. Durch die Elastizität der Rippen dehnt sich nun außerhalb des Mutterleibes der Brustkorb aus.
7. Der erste Atemzug: Atemluft wird in die Alveolen (Lungen-Bläschen) und Blut in die Lungengefäße der Lungen gesogen.
8. Der Druck im rechten Vorhof sinkt stark ab.
9. Die Falte im linken Vorhof wird durch den nun größeren Druck im linken Vorhof gegen das Foramen ovale gedrückt – das rechte und das linke Herz werden dadurch zu zwei je eigenen Einheiten.(In den nächsten Tagen wächst das Foramen ovale endgültig zu.)
10. Durch aktive Muskeltätigkeit wird der Ductus Botalli verschlossen – die Trennung in Lungenkreislauf und Körperkreislauf ist vollständig. Das rechte Herz – bestens dafür schon im Mutterschoß trainiert - arbeitet nun voll für den Lungenkreislauf.
11. Damit ist der fetale Kreislauf in den bleibenden umgestellt.[41]

(Er arbeitet so bis heute: wie bei dir und mir. Zufall?)

„Der reine Zufall, nichts als der Zufall"[42]

hat dies bewirkt. Oder?

Druckerlaubnisse für Abbildungen in diesem Abschnitt

Mit freundlicher Erlaubnis des Veritas-Verlages, Linz:
Abb.1, S.114 aus Schermaier/Weisl: bio@school, S. 98/1, © Brigitte Gold, Wien; Abb. 2, S. 116 aus dem gleichen Werk, S. 98/2.

---

41   Vgl. M. JOST, Der fetale Kreislauf – Zufall oder Notwendigkeit, factum, Berneck 9/1980, 19-22.

42   J. MONOD, Zufall und Notwendigkeit, dtv, [3]1977, 172. Nach W. GITT, Logos oder Chaos, Stuttgart, 1980.

Der Zauberlehrling der Evolution

CHRISTOF GRUBER

Der Mensch ist zum Zauberlehrling der Evolution geworden. Die angeborenen, weise lenkenden Programme und Regulative werden überbaut. Der Instinkt wird über den Intellekt, die Ratio über den Hausverstand gesetzt. Die natürlichen Hemmungs-Mechanismen, wie sie die erste Evolution allen aggressiven, waffentragenden Arten einbaute, werden durch die Entwicklung der Fernwaffen umgangen. Die Prägbarkeit des Menschen wird da von der Werbung, dort von Ideologien manipulierbar. Sein Sammel- und Tätigkeits-Sinn wird vom exponentiellen Wachstum der Wirtschaft und der Macht fortgerissen. Und fortgesetzt findet er sich mit seinem Gemeinschafts- und Gruppen-Sinn hinter neuen Heerführern vergattert.

Nicht minder beschleunigt sich des Menschen Wirkung auf sein eigenes Milieu. Jene Kontrollfunktion, die allein das Zweckvolle vom Unsinn schied, wird nun von ihm selbst beansprucht. Seine zufälligen Machtkonstellationen dekretieren einmal so, einmal anders, was gut und was verwerflich wäre. Er soll nun seinen Sinn selbst bestimmen und bemerkt, dass er von seinen alten Regulativen verlassen wurde. Er soll entscheiden, wie seine Welt aussehen soll und bemerkt, dass er sie zerstört. Der Zauberlehrling beginnt mit seiner Unvernunft allein zu sein.

1. Das Unvernünftige an der evolutionären Vernunft

Die Kontrollen aber sind nicht nur zurückgefallen gegenüber dem Tempo, in welchem der Zufallsgenerator der Phantasie fortgesetzt Neues schafft. Wir Menschen machen sogar die Kontrollen zurecht, damit sie unsere Phantasien bestätigen. Wir produzieren jeweils ein Milieu sozialer Selbstverständlichkeiten und Tabus, um in ihnen beliebige Blüten des evolutionären Aberglaubens ungestraft wuchern zu lassen. Hingegen kann in den Weltbild-Programmen keines Tieres der reine Unsinn enthalten sein. Nur an den Grenzen des Milieus, für welches sie selektiert wurden, beginnen sie zu irren.

„Reinen Unsinn zu glauben ist ein Privileg des Menschen",

sagt KONRAD LORENZ.[1] Und dieser reine Unsinn kann eben überall dort ungestraft wuchern, wo er die Kontrollen abgeschafft hat. Er trennt Geist und Materie, um aus Geist Materie und aus Materie Geist zu machen.

---

1   KONRAD LORENZ, Vorlesung 1976.

Er misstraut dem, was er erkennt, und vertraut sich dem an, was er nicht erkennen kann. Er zweifelt an der Realität und richtet sie gleichzeitig zugrunde. Der evolutionären Un-Vernunft obliegt es, die Wahrheit zu degradieren. Das Alles zählt zum Unvernünftigen der evolutionären Vernunft. Es muss in der Natur Ordnung geben, denn von Unordnung allein ist nicht zu lernen. Die Un-Vernunft geht so weit, wie Bertrand Russel meint,

> „die Annahme, dass das ganze Leben ein Traum sei, in dem wir uns selber alle unsere Gegenstände schaffen, ist logisch nicht unmöglich ... . Aber es spricht auch nicht das mindeste dafür, dass diese Annahme wahr wäre".[2]

Die Lösung, die die evolutionäre Methode gefunden hat, vermeidet den zwingenden Schluss und operiert mit bloßen Wahrscheinlichkeiten. Der hypothetische Evolutionismus enthält die Methode der Verbesserung in sich selbst, das Prinzip der Selbst-Organisation, ein Grundprinzip der Evolution. Das „Wie" dieses Prozesses wird nicht erklärt.

Dem Vorgang nach handelt es sich um eine Vorwegnahme, um etwas, das in der evolutionären Welt einem Urteil über kommende Zustände entspricht, um Urteile im Voraus, also um richtige Vorurteile. Ein gesponnenes Netz von Voraus-Urteilen ist das Ergebnis alles biologisch-evolutionären Erlernten. Die Richtigkeit eines Urteils im Voraus kann nie gewiss sein. Immer ist es eine Extrapolation, und ein solcher Schluss ist niemals zwingend: denn er schließt vom Bekannten auf das Unbekannte. Ein Schluss also, mit dessen Berechtigung alle induktive Wissenschaft, das ist die ganze Naturwissenschaft, stehen und fallen muss. Auch die objektivste und vernünftigste Wahrscheinlichkeit reicht nie für den zwingenden rationalen Schluss. Keine Gewissheit, kein zureichender Grund, ist selbst in der modernen induktiven Logik für diesen Schluss zu finden. Und KARL POPPER erklärt ihn als einen Widerspruch in sich selbst.[3]

Für den Algorithmus des Lebendigen ist es eine unersetzliche Hypothese: die Konstanz der Natur. Im gesunden Hausverstand heißt sie: Die Natur macht keine Sprünge[4], was aber der Zufälligkeitshypothese bzw. dem Prinzip der Mutation der Evolutionstheorie widerspricht. Dem Grundprinzip des Lebendigen schließt sich an: das „order-on-order" Prinzip, wie es schon ERWIN SCHRÖDINGER nannte[5]. Ordnung kann nur auf Ordnung aufbauen. „Ein Ausweg aus dem Dilemma" der induktiven Logik „wäre gefunden, wenn wir uns auf ein nicht lo-

---

2 BERTRAND RUSSEL, Probleme der Philosophie, 67, Frankfurt am Main 1967.

3 Vgl. KARL POPPER, Objektive Erkenntnis – Ein evolutionärer Entwurf, 13-43, Hamburg, 1974.

4 Die philosophische These „Natura non facit saltus" geht in dieser Form als Ausdruck des Kontinuitätsprinzips auf J. FOURNIER zurück.

5 ERWIN SCHRÖDINGER, What is life. Frankfurt,1971.

gisches Prinzip" – so der Positivist STEGMÜLLER -, also eine synthetische Aussage[6] über die Welt stützen könnten, etwa auf ein Uniformitätsprinzip,[7] welches besagt, dass „in der Vergangenheit beobachtete Regelmäßigkeit auch in der Zukunft gelte".[8] Auf dieses stützt sich die Evolutionstheorie; ja alle Möglichkeiten des Lebendigen stützen sich auf dieses Prinzip Konstanzerwartung.[9] Es steckt das Prinzip der Redundanz dieser Welt und in der Erhaltung der in ihr entstandenen Gesetzlichkeit. Eine seiner Formen ist das Aktualitätsprinzip, dessen Anwendung durch KANT und LAPLACE, durch LAMARCK, LYELL[10] und DARWIN erst Evolution begreifbar machte. Wie absurd, würde man erwarten, dass diese Welt morgen anderen Gesetzen folgen würde als jenen, welchen sie gestern gefolgt sind. Was man von dieser Welt lernen kann, das ist ihre Ordnung. Unordnung kann man wohl, ja muss man, wie wir wissen, erzeugen – sei es durch Projektion einer Theorie; aber zu lernen ist vom Chaos nichts.

Wenn der Zufall im Bereich der Evolution ein Maß unserer Kenntnis ist, wie können wir zwischen Vorhersehbarem und Unvorhersehbarem mit nötiger Gewissheit unterscheiden? Keine Kreatur könnte überleben, würde sie die Zufälle für vorhersehbar, das Notwendige aber für unvorhersehbar halten. Eine Evolution, die darauf angewiesen ist, ausschließlich mit Hilfe des Zufalls schöpferisch zu sein, kann es sich nicht leisten, den Schöpfer auszuschließen

2. Das Kalkül des Zufalls versus Notwendigkeit

Der ratiomorphe Apparat verrechnet Zufälliges gegen Notwendiges. Es zeigt sich, dass viele Assoziationen im Nichtbewussten geknüpft werden, dass ihr Antrieb dem Bewusstsein entzogen blieb, dass alles Schöpferische[11], wie ARTHUR KOESTLER zeigt, sich jenseits des Bewussten ereignet; und dass alles, was wir an Gedächtnisinhalten, komplexen Lösungen, Kombinatorik, Gestalterleben besitzen, erst aus dem Nichtbewussten hervorgeholt, ja mühsam ins Bewusstsein befördert werden muss, um nur zu leicht ins Nichtbewusste wieder zurückzusinken. Für all das stehen die ratiomorphen Leistungen.

---

6   Hier beginnt es bereits metaphysisch zu dämmern.
7   Implizit wird ein transzendentes Prinzip gefordert.
8   WOLFGANG STEGMÜLLER, Das Problem der Induktion. Humes Herausforderung und moderne Antworten: In H. LENK (Hrsg.), Neue Aspekte der Wissenschaftstheorie, Braunschweig, 1971, 17.
9   Ist dieser Begriff ein Synonym für Teleologie!?!?
10   Vgl. CHARLES LYELL, Principles of geology, London 1875
11   A. KÖSTLER, Der göttliche Funke. Der schöpferische Akt in Kunst und Wissenschaft, Wien 1966, 48.

Dieser subjektive Wahrscheinlichkeitsbegriff von Bruno de Finetti[12] stellt eine Präzisierung und Idealisierung, ein rationales Modell des vorwissenschaftlichen, intuitiven Begriffs der Wahrscheinlichkeit dar, den wir im Alltag verwenden und

> „einen allgemeinen Rahmen für die Verknüpfung rationaler Glaubensannahme entwickeln".[13]

Der evolutionäre Ansatz reduziert sich auf bloßes Meinen. Der formale Begriff der subjektiven Wahrscheinlichkeit, resümiert von Kutschera,

> „will weder den tatsächlichen Glauben irgendeiner Person wiedergeben noch die Prinzipien, die für diesen tatsächlichen Glauben gelten. Was und wie tatsächlich geglaubt wird, ist eine rein empirische Frage"[14]

Wir haben es hier – auch in der Evolutionstheorie – nicht mit Logistik, nicht mit Deduktion oder zwingender Ableitung, sondern mit Induktion oder möglicher Konstruktion zu tun; wir haben es in dem Kreislauf des wissenserwerbenden Prozesses, wie ihn Erhard Oeser schildert[15], nicht mit der formalwissenschaftlichen Erklärung von Erwartungen zu tun. Wir verstehen nun, dass, wie gering die Kenntnis einer Sache auch sein kann, jede Entscheidung von einer Erwartung getragen werden muss, die bewusst oder unbewusst von einer völlig subjektiven Wahrscheinlichkeit ausgeht. Entscheidend ist vielmehr, dass überhaupt mit einer Wahrscheinlichkeit gerechnet werden kann, dass man mit einer Erwartung, einem Vorurteil, einer Hypothese jedem Folgeereignis begegnet. Evolutionstheorie beruht auf einer Ökonomie des Vorurteils. Der naturwissenschaftliche Ansatz will nicht von Wahrheit sprechen. Denn Wahrheit in ihr ist als Begriff belastet; sie sieht so aus, als könne sie ohne Beobachter existieren, was korrekt ist; und sie ist als Wahrheitswert und logische Wahrheit eingenistet, wo sie wieder so aussieht, als könne diese Welt in wahr und falsch geteilt werden; in Wahrheit wird aber in der evolutionstheoretischen Logik die Übertragung der Wahrscheinlichkeit beschrieben, einer Wahrheit, von der man meint, dass sie in Wahrheit niemand besitzt. Die Frage der Wahrheitsfindung ist nicht mehr ihre Sache. Evolutionstheorie ist zunächst Schaffung oder Aufdeckung von neuen Wahrscheinlichkeiten, mittels eines Algorithmus der Wahrscheinlichkeiten, ist die Methode des Lebendigen, hinauf bis zu den ratiomorphen Lehrmeistern unserer Vernunft. Es geht in der Heuristik der Evolution um

---

12 Bruno de Finetti, Teorie delle Probalitia, Turin 1970, 120.

13 F. v. Kutschera, Wissenschaftstheorie – Grundzüge einer allgemeinen Methodologie, Band 1, München 1972, 46.

14 F. v. Kutschera, Wissenschaftstheorie, 47.

15 Vgl. E. Oeser, Wissenschaft und Information. Systematische Grundlagen einer Theorie der Wissenschaftsentwicklung (3. Band), Wien 1976, 119.

den Glauben jeder Person und um Prinzipien, die für diesen tatsächlichen Glauben gelten. Ein wunderbares Kaleidoskop der Irrungen tritt in Erscheinung. Rein rational wird die Lösungsfindung in der Evolutionstheorie von zwei Sackgassen behindert, die sich auftun, wenn man versucht wird, dem ratiomorph-evolutionären Lehrmeister zu erliegen. Rein rational kann nämlich, und zwar in unbelehrbarer Weise, Zufall für Notwendigkeit und, wo wirklich, Notwendigkeit für Zufall gehalten werden. Vom Notwendigkeitssyndrom, Zufall für Absicht oder Notwendigkeit zu halten, lebt eine unreflektierte Wissenschaftsgläubigkeit bis zur Demagogie und Polemik. Im Mechanismus der Evolution soll die Erhaltung des Zufalls eine Notwendigkeit sein, die Begegnung mit den Notwendigkeiten der Selektion aber ist immer wieder ein Zufall. Was in diesem Prozess befremden kann, ist die Notwendigkeit des Zufalls. Schon ARISTOTELES, so rekapituliert OESER,[16] hat die Induktion als das Gegenteil eines deduktiven, zwingenden Schlusses verstanden. Damit aber ist die Wissenschaft der Moderne dem Irrtum verfallen, dass es nirgendwo eine absolute Gewissheit geben kann, von welcher aus alle anderen zwingend zu folgern wäre. Die Wahrheit gibt es, nicht aber im Erkenntnisapparat des Evolutionären.

3. Die These vom Ver-Gleichbaren

Schon das Wort vergleichen enthält das Problem; nämlich das Ver-gleichen, das Gleichmachen von Ungleichen. Man wird zugeben müssen, dass das „Selbe" und das „Gleiche" weder dasselbe noch das Gleiche ist. Auch in anderen Sprachen wird das Wort ähnlich gebildet, so beispielsweise im lateinischen comparare = zusammenstreben, gleich bereiten. Im Griechischen wird das Adverb „gleich" (ομοιος) direkt in das Verbum verwandelt nämlich ομοιοω = gleichmachen, vergleichen. Was befugt uns, das niemals Gleiche gleich zu machen? Aufgrund der Homologie werden in der Evolutionstheorie weitreichende Schlüsse gezogen, wenn des Ungleichen viel zu vieles ist. Man gerät durch das Induktionsproblem als Ähnlichkeitsphänomen in ein Unlösbares, da wir nicht wissen können, von welcher der vielen Größen des Speziellen auf das Allgemeine geschlossen werden könnte. Das Schlimmste des Ungleichen ist es, dass das wirklich Gleiche zu fast keinem Inhalt verdichtet.

KONRAD LORENZ:[17]

> „die Zählmaschine unserer extensiven Quantifikation arbeitet gleichsam wie ein Schaufelbagger, der ein Schäufelchen von irgendetwas zum Vorhergehenden ad-

---

16 Vgl. E. OESER, Wissenschaft und Information, 71f.
17 KONRAD LORENZ, Gestaltwahrnehmung als Quelle wissenschaftlicher Erkenntnis. Zeitschrift f. experimentelle und angewandte Psychologie 4, 1959, 131.

diert. Wirklich stimmig und widerspruchsfrei ist die Arbeit nur, wenn sie leer läuft
und immer nur das Wiederkehren ihrer einzigen Schaufel, der Eins, abzählt. So wie
wir diese Maschine in die inhomogene Materie der außersubjektiven Wirklichkeit
eingreifen lassen, geht die absolute Wahrheit ihrer Aussage sofort verloren".

Gewissheit vom Gleichen erhalten wir also erst dort, wo das Gleiche nichts
mehr enthält, was zu deren Unbrauchbarkeit führt. In der Ebene der Theoriebildung greifen oft selektonsbewährte Voraus-Urteile steuernd in die Bereiche unseres Urteilens ein. Dies sind beispielsweise jene Vorurteile, welche unsere Ge-
staltswahrnehmung regeln. Und es zählt zu den Eigentümlichkeiten, dass sie
dort, wo sie jenseits ihrer Geltungsbereiche widersprüchlich werden, als Täuschung in Erscheinung treten Von „Täuschung" sprechen wir dort, wo etwas
wesenhaft eine autonome Existenz „beansprucht" (wie etwa ein Haus oder eine
andere Person) und diese nicht besitzt, sondern wo nur einem Subjekt scheint,
dass etwas solcherart existiert. Von „Erscheinung" sprechen wir in dem hier
gemeinten Zusammenhang überall dort, wo es zur „Seinsweise" von etwas gehört, ein nur von einer Person wahrnehmbarer „Aspekt" einer Sache zu sein.
Solcherart sind Farben oder Töne, die perspektivische Sicht der Außenwelt, unser subjektives Zeiterlebnis (etwa was wir als „lange" oder „kurz" empfinden),
unser Erlebnis von Entfernungen als „groß" oder „klein", was von unserer Kör-
pergröße etc. abhängt. Dies und vieles andere „beansprucht" in keiner Weise,
unabhängig von jedem Subjekt als autonome Realität der Dinge zu existieren. Es
ist deshalb kein „Schein", sondern eine „Erscheinung", die in dem Maß objektiv,
d. h. gültig ist, als sie nicht bloß zufällig und auf ein einzelnes Subjekt relativ ist
(wie etwa, dass zwei Personen derselbe Weg ganz verschieden lang vorkommt),
sondern in sich sinnvoll und daher zum humanen Aspekt der Wirklichkeit gehört
(wie etwa Farben und Töne etc.). Für diese Wirklichkeiten ist es also vollkommen „legitim", dass ihre Existenzweise eben darin „besteht", dass sie sich nur
für ein Subjekt konstituieren, ja sie können gar nicht anders existieren denn als
„Erscheinung". Um diese Art der Existenz zu verstehen, muss man das Wesen
des bewussten, personalen Seins betrachten, das von etwas Bewusstsein haben
kann und so wird man sehen, dass darin die Möglichkeit gründet, dass es gewisse Aspekte oder auch Realitäten (Töne etwa, die nicht eigentlich Aspekte sind)
geben kann, die wesenhaft nur als Erscheinung für ein Subjekt existieren können, deren erfüllte Existenzweise sich erst in ihrem wahr-genommen Werden
konstituiert.[18]

Während dies aber bei „Erscheinungen" die in ihrem Wesen gründende reale Existenzweise ist, Gegenstand eines Bewusstseins von Subjekten zu sein,
können zuweilen auch solche „Dinge" nur als „Objekte für ein Bewusstsein

---

18 recipere secundum recipientem (THOMAS V. AQUIN, De Veritate, I,2).

von" existieren, die damit zu einem bloßen nichtigen Schein herabsinken, weil zu ihrer Realwerdung wesensnotwendig gehört, dass sie nicht bloß für ein Subjekt existieren, nicht bloß von ihm wahrgenommen werden. Am allermeisten gehört dies zum Wesen jedes Subjektes, jeder Person, voll real zu existieren und niemals bloß als „Objekt" eines „Bewusstseins von" einer anderen Person zu „sein". Eine von mir bloß vorgestellte oder ausgedachte Person existiert überhaupt nicht als Person. Es kann zwar jedes Seiende bloß als „Objekt" eines „Bewusstseins von" „existieren", aber nur für die „Erscheinungen" bedeutet dies die ihnen eigene Existenzweise. Im Augenblick hingegen, in dem etwa eine Person nur von einer anderen im Traum wahrgenommen wird, sinkt sie zu einem „bloßen Schein" herab. Zu ihrem Wesen gehört es nämlich, an sich, d. h. nicht bloß als Gegenstand eines Bewusstseins von einer anderen Person zu existieren.

Alle Erwartungen und alles Vergleichen spielen sich in gedachten Feldern von Ähnlichkeiten ab, beziehen sich auf bestimmte Gruppen und Strukturen. Das Prinzip, von wahrgenommenen Merkmals-Koinzidenzen auf die nicht wahrgenommenen zu schließen, ist universell so notwendig und begründet, wie das Schließen vom Speziellen auf das Allgemeine. Diese Logik ist genauso wenig zwingend. Es führt zu einem Inhalt ohne Grenzen oder zu einem Feld ohne Inhalt. Das evolutionäre Vorurteil, das in den Koinzidenzen einen vorhersehbaren Zusammenhang erwarten lässt, blendet oft die Unähnlichkeit aus. Die einbezogenen Koinzidenzen der Grenzen und der Diskontinuitäten der Merkmale, die möglichen Lücken – missing links – und Widersprüchen mit ihren relativen Häufigkeiten werden verrechnet, dies liegt auf der Hand. Man glaubt, der Algorithmus biologischen Wissenserwerbs erweise sich aus einem Kreislauf aus Erwartung und Erfahrung. Was er in der Entdeckung des anscheinend Wahren vorbereitet, kann in der Entdeckung des Gleichen in einem System abgestufter Ungleichheit fortsetzen, was nicht einleuchtend ist. Während die Logik Wahrheiten deduziert, die selten von dieser Welt sind – weil metaphysisch, gewinnen die Erfahrungswissenschaften Wahrscheinlichkeiten aus dieser Welt, die selten von jener Logik sind – weil a-logisch. Soweit bekannt ist, hat der Neodarwinismus die Strukturierung des Komplexen nicht proklamiert. Erst die Systemtheorie des RUPERT RIEDL[19] hat die Notwendigkeit der Etablierung ganz bestimmter Muster der Ordnung des Lebendigen gefolgert; gewissermaßen als die Konsequenz der „Strategie der Genesis".

Der wirkliche Unsinn des Vor-Urteils geht soweit, dass sich die ratiomorphe Verrechnung nicht einmal mehr im Bewusstsein vollzieht und es die angeborenen Lehrmeister nicht mehr gibt. Sie behaupten, die erfahrbare Welt bestünde

---

19 RUPERT RIEDL, Die Strategie der Genesis. Naturgeschichte der realen Welt. München 1976.

nur aus Individualerfahrungen und diese enthielte nur Einzelbilder, ja sogar nur unsere Namen für dieselben. Es ist konsequent, Erwartungen, Theorie sowie Abstraktion und Synthese für eine Täuschung zu halten.

Aus diesen Täuschungen wuchert die Simplifikation der Gegenstände der Forschung und eine entmenschlichte Wissenschaft; Reduktionismus, Behaviourismus, Sozial- und Kulturdarwinismus[20] sind Repräsentanten. Weiters folgt der Empirismus und der Nominalismus. Und das Ergebnis ist die Täuschung durch den Schein einer wissenschaftlichen Begründbarkeit eines extremen Materialismus, eines inhumanen Weltbildes. Im anderen Extrem besteht das Missverständnis darin, das Produkt der vorbewussten Verrechnung für besonders real, ja für realer als die äußere Welt und zuletzt für das einzig reale überhaupt zu halten. Dies wird jeweils vom Rationalismus, vom Idealismus und vom Solipsismus vertreten. Während wir nunmehr gerade dabei sind, unsere eigene Umwelt zu Grunde zu richten, können also, wie KARL POPPER[21] sagt,

„die Philosophen noch immer darüber streiten, ob es diese überhaupt gibt".

4. Die Suche nach der Ur-sache

DAVID HUME zweifelt, ob unserer Vorstellung von der Kausalität überhaupt etwas Reales in der Natur entspräche. Man meint, „Wenn", oder „weil die Sonne scheint, erwärmt sich der Stein", sondern nur: „Jedesmal wenn die Sonne scheint, ist auch der Stein warm". Ein „weil", so folgert HUME, ist keine Sache der Erfahrung, sondern nur der Erwartung. Und darum ist Kausalität wohl keine reale Sache, sondern ein Bedürfnis der Seele nach Gewohnheit. Die Evolutionstheorie enthält Erwartungen, dass sich ähnliche Ereignisse oder zuständeähnliche Ereignis- oder Zustandsfolgen prognostizieren ließen; und dass (sie enthält wieder die Erwartung der Abstrahierbarkeit) ein bestimmtes Feld von Ähnlichkeiten, ein und dieselbe Menge von Ereignissen oder Zuständen auch ein und dieselbe bestimmte Ereignis- oder Zustandsfolge vorhersehen ließe. Und zwar eine Folge aus der Vergangenheit wie eine ebenso bestimmte in die Zukunft. Verkürzt können wir sagen: die Hypothese von der Ursache in der Evolutionstheorie enthält die Erwartung, dass ähnliche Ereignisse oder Zustände dieselbe Ursache haben und dieselbe Wirkung tun werden. Aus der Wahrnehmung des Nacheinander (post hoc) kann man logisch nicht auf eine ursächliche Abhängigkeit (propter hoc) schließen. Meist werden die Wahrscheinlichkeits-Verhältnisse der möglichen Hypothesen vorbewusst, ratiomorph verrechnet. Denn wo immer

---

20 H. KOCH, Der Sozialdarwinismus. Seine Genese und sein Einfluss auf das imperialistische Denken. München 1973.

21 KARL POPPER, Objektive Erkenntnis. Ein evolutionärer Entwurf, Hamburg 1974, 44.

es nicht nur um Einzelgebiete geht, sondern um deren Zusammenhang, verwickelt uns dieses Regulativ in Widersprüche und unser Weltbild in einen Teufelskreis von Unverträglichkeiten. Sie entspringt der Suche nach Herkunft und führt zum Widerspruch der tatsächlichen Ur-Ursache. Das ganze System von Naturgesetzen – a fortiori einer Evolutionstheorie – mag ein System von Vermutungen sein[22], das uns mit immer größerer Gewissheit und mit immer weniger Aufwand immer mehr in dieser Welt angeblich vorhersehen lässt. Dieser Algorithmus zur Erkenntnis der Natur basiert auf einer Ökonomie der Vermutung. Er ist ein Erbe jenes Ökonomieprinzips, wie sich dieses aus den Vorurteilen der vorbewussten Reflexion und selbst der einfachsten Reflexe und Reaktionen im Leben schon längst vor der Selektion bewährt hat. Die Selektion selektiert sich selber. Es ist nachzufragen, wie weit die evolutionäre Verrechnungsweise vernünftig führt oder aber in die Irre leitet. Obwohl also die Reafferenz[23] der Evolution, hier die Rückmeldung der Wirkung zu ihrer Ursache, wie OESER in seiner „Dynamik erfahrungswissenschaftlicher Systeme" zeigt, als ein Erfordernis des Erkenntnisgewinns bis in die Theorie der Wissenschaften reicht, ist sie im Vorbewussten des sogenannten gesunden Hausverstandes nicht vorgesehen. Schon im Rechenvorgang ist die Rückverrechnung der Wirkung auf die evolutionäre Ursache durch ihr unbestimmtes Ende mühsam und entmutigend; und mancher wird zugeben, unter der Zinzeszinsrechnung gestöhnt zu haben. Jenseits der begründend-linearen Wenn-Dann-Zusammenhänge beginnt bereits eine Welt der Täuschungen, wo die Linearität nur aus „missing links" besteht. Der Fachmann JOHN GALBRAITH versichert uns:

> „Die Erklärung der auftretenden Unregelmäßigkeit wuchs sich fast schon zu einem selbständigen Berufszweig aus, der mit seiner Mischung aus Vernunft, Weissagung, Beschwörung und gewissen Elementen von Zauberei bestenfalls in primitivem Schamanismus eine Parallele findet."[24]

Die Erklärung endet in einer pseudo-religiösen Nicht-Erklärung.

5. Der Zweck des Zwecklosen

Die Finalursache ist stets ein „Fremdling in der Naturwissenschaft" gewesen[25] und als solcher bis heute geblieben. Zumal glaubt man in den Naturwissenschaften keinen Hinweis zu finden, dass Zwecke vor den Schöpfungen der Evolution

---

22 Vgl. RUPERT RIEDL/PAUL PAREY, Biologie der Erkenntnis, Berlin 1981, 141.
23 Vgl. E. OESER, Wissenschaft und Information, Systematische Grundlagen einer Theorie der Wissenschaftsentwicklung (3.Band), München 1976, 27f.
24 JOHN GALBRAITH, Die moderne Industriegesellschaft, München 1970, 11.
25 IMMANUEL KANT, Kritik der Urteilskraft, Bd. VI., §72., Frankfurt 1977.

hätten existieren können. Zum Anderen zeigt die kosmische und chemische, die biologische wie die kulturelle Evolution die Chronologie eines Schichtenbaus, in dem die Komplexität der Welt Schicht auf Schichte von den Quanten über die Atome, Moleküle, Biomoleküle und Individuen zu den Sozietäten und Kulturen folgerichtig zunimmt. Die Lösung ist einfach und zwingend: die neuen Zwecke entstehen immer zwischen dem Teil und dem Ganzen. Was immer an lebendigen Zwecken die Struktur der Organismen differenziert hat, was immer im Laufe von drei Jahrmilliarden an zweckmäßigen Zellen, Geweben, Organen, an Taxien, Trieben und Instinkten entstanden ist, es entstand als eine neue Zwischengeschichte zwischen Funktionen der Art und den Molekülen ihrer Erbprogramme. Und stets ist der oberste Zweck derselbe: die Erhaltung der Art, so die Evolutionstheoretiker. Die gemeinsame Zweck-Ursache ist nur das Einende aller Form-Ursachen des Lebendigen. Wo die Form-Ursachen von Schicht zu Schicht wechseln, zieht sich im Organischen die Zweck-Ursache einheitlich durch. Man betrachtet alles als ein Hindurchreichen der Zwecke. Gemeinsam ist den beiden allerdings die Richtung ihrer Wirkung. Bei beiden steckt die Ursache in den Bedingungen der Oberschichte und in beiden tut sie ihre Wirkung in der jeweiligen Unterschichte. KANT wird von R. EISLER kommentiert:

> „Die Welt ist so eingerichtet, dass die in ihr waltenden Kräfte und Gesetze zu einer zweckmäßigen Entwicklung führen".[26]
> „Zu den Maximen der Vernunft gehört, dass selbst dasjenige, was die deutlichste Beziehung auf Zwecke enthält, doch nach Ordnung der Natur entstanden sei."[27]

Nur ob der *nexus finalis* ein objektives Prinzip der Natur, wäre, das lässt KANT offen.

> „Wir wissen nicht, ob der bloß ein vernünftelnder und objektiv leerer" Begriff sei;[28]
> „ein subjektives Prinzip der Vernunft für die Urteilskraft, welches als Regulativ für unsere menschliche Urteilskraft ebenso notwendig gilt, als ob es ein objektives Prinzip wäre."[29]

KANT führt ein objektives Prinzip ein und nimmt es im gleichen Moment wieder zurück. Der Zweck ist bloß ein achtungsvoller Titel für das durchreichend Gleichbleibende jener Form-Ursachen, von welchen der Evolutionist meint, sie im Vergleich zu Erfüllung unserer eigenen Lebensfunktionen und Absichten sehen zu können. Ähnlich dem Begriff der Harmonie, welcher eine Ehrenbezeugung vor jenen Proportionen darstellt, die wir als angenehm erleben. Zweck wie Harmonie entspringen einer Bewunderung für uns selbst.

---

26   R.EISLER, Kant Lexikon, Hildesheim 1930, 623.
27   R.EISLER, Kant Lexikon, 626.
28   IMMANUEL KANT, Kritik der Urteilskraft, Band VI, § 72-74.
29   IMMANUEL KANT, Kritik der Urteilskraft, Band VI, §76.

KANT formuliert es so:

> „Zwecke haben eine gerade Beziehung auf die Vernunft, sie mag nun fremde oder unsere eigene Vernunft sein. Allein, um sie auch in fremde Vernunft zu setzen, müssen wir unsere eigene wenigstens als ein Analogon zu Grunde legen; weil sie ohne diese gar nicht vorgestellt werden können."[30]

So bleibt jeder Zweck oder Grund eine Projektion. Man schließt vom Ähnlichen auf das Gleiche der Struktur, weiters vom Gleichen auf dasselbe der Ursache, und wir schließen nochmals weiter von gleichen Subfunktionen auf dieselben Oberfunktionen. Die Lösung ist ein evolutionäres Weltbild, in dem Determination, Gesetzmäßigkeit durch den Zufall entsteht, in der notwendiger, schöpferischer Zufall in die Falle zufällig sich bildender Notwendigkeit geht.

> „Gott würfelt nicht!"

hat, wie wir wissen, ALBERT EINSTEIN wiederholt gesagt. „Er würfelt", sagt heute MANFRED EIGEN,

> „aber er befolgt auch seine Spielregeln!"[31]

Evolutionisten konzentrieren sich auf die Frage, wie der Zweck einen Sinn bekommt, und zwar in dem naturwissenschaftlichen Sinn einer echten Zielbildung, eines in die Zukunft weisenden Richtungsinns, also auf das Problem der Teleonomie realer Prozesse. Damit, falls wir uns nicht vorsehen, so resümiert WOLFGANG STEGMÜLLER,

> „betreten wir einen ebenso altehrwürdigen wie fast undurchdringlichen philosophischen Urwald."[32]

Die teleologische Erklärung hat eine Ziel-Ursache im Auge; und

> „was in einer solchen Erklärung geschieht, ist nichts Geringeres, als dass ein gegenwärtiges Geschehen durch Bezugnahme auf künftige Zustände und Vorgänge erklärt wird."[33]

Tatsächlich sind in der Zukunft wirkende Ziel-Ursachen nicht im Sinne der Evolutionisten. Die Teleonomie der Evolutionisten erweist sich als Folge und nicht als die Ursache ihres Richtungs-Sinns. Es folgt daraus, dass diese Welt weder bar der Harmonie noch prästabilisierter Harmonie sein kann. Sie ist von poststabilisierter Harmonie. Ihre Entwicklung stabilisiert sich selbst, was mythisch

---

30 IMMANUEL KANT, Krik der Urteilskraft, Band VI, § 72.
31 M. EIGEN u. R. WINKLER, Ludus vitalis. In: HOIMAR VON DITFURTH, Mannheimer Forum 73/74, 53-140.
32 WOLFGANG STEGMÜLLER, Probleme und Resultate der Wissenschaftstheorie und analytischen Philosophie, Heidelberg 1969, 518.
33 WOLFGANG STEGMÜLLER, Probleme und Resultate der Wissenschaftstheorie, 519.

anmutet. Sie ist weder ganz deterministisch noch indeterminiert, ihre Produkte weder prädestiniert noch wahllose Ergebnisse des Zufalls. Sie sind prädisponiert, zu neuer Gesetzmäßigkeit zusammengetreten, was eine petitio principii ist. Wo immer die Evolution Neues schafft – meint man – enthält diese Welt notwendig den Zufall der schöpferischen Freiheit, und sie führt diesen in die Falle zufälliger Notwendigkeit, und Prädisponiertes zu neuer Gesetzlichkeit.

„Der Glaube reinen Unsinns ist ein Privileg des Menschen".

– sagte schon KONRAD LORENZ.

Der Unsinn beginnt, wo Extrapolation – siehe Evolutionstheorie – zum reinen Vorurteil wird, wo sie die Grenzen des Überprüfbaren verlässt. Da nun wandelt sich der bloße Irrtum zur bösen Täuschung. Die Hypothese von der Evolution, zunächst jenseits der Kontrollen ein Born der Irrungen, wird zur Handhabe der demagogischen Methode. Der Humbug wir zum Betrug, sobald es sich nämlich erweist, dass die Förderung und im Bedarfsfall die Durchsetzung des Humbugs zur Mobilisierung der Affekte, allein schon zur Schaffung eines Feindbildes zum Zwecke des Herrschens, als politisches Instrument erfolgreich wird.

6. Der Begriff der Evolution

Es gilt der Satz:

> „Die Reihenfolge des erdgeschichtlichen Auftretens der einzelnen Organismenformen entspricht ihrer Stellung im System der Tiere und Pflanzen, das nach Vollkommenheitsstufen in bezug auf Bau und Leistung organisiert ist"[34].

Nun scheint es uns unbestreitbar, dass dieser Realzusammenhang zwischen Organen und Funktionen der früheren und jenen der späteren Art naturwissenschaftlich nur als Konditional-, aber nicht als Kausalzusammenhang ausgesagt werden kann. „Wenn es die frühere Art nicht gegeben hätte, wäre auch die spätere nicht entstanden", so lautet diese konditionale Formulierung. Mehr scheint uns in den empirischen Fakten nicht drinzustecken.

Wir sind uns darüber klar, dass nicht alle Naturwissenschaftler diese Definition ohne weiteres gelten lassen werden. Zunächst ist es ein Problem, ein Kriterium für Höher- und Niedersein von Formen zu finden; und zweitens ergibt sich die Frage, ob man überhaupt die Höherentwicklung in den Begriff der Evolution hineinnehmen soll, selbst wenn man glaubt, Kriterien für die verschiedene Ranghöhe der Naturformen zu besitzen (denn die Mutationen, welche die

---

34   JOHANNES HAAS, Biologie und Gottesglaube, Berlin 1961, 143.

Grundlage der Evolution sind, können sowohl lebenssteigernd als auch – hemmend als auch in dieser Hinsicht indifferent sein).

Was nun die erste Frage angeht, so glauben wir sagen zu können, dass sich die verschiedenen Naturformen im Kosmos durch eine wachsende Vielfalt ihrer Beziehungen und Kommunikationen mit der Welt bzw. Umwelt ordnen lassen (so könnte man generell die Beziehung durch Sinnesorgane „höher" nennen als jene, die durch bloße Reizbeantwortung im Sinne des vegetativen Lebensdranges erfolgt); und hinsichtlich der zweiten Frage könnte man sich damit helfen, dass man die besagte Höherstaffelung als Spezialfall jenes Evolutionsbegriffes ansieht, der von der Wertkategorie absieht und bei dem besagter Realzusammenhang die verglichenen Formen einzig unter dem Gesichtspunkt des Früher- und Späterseins betrachtet.

Ein Konditionalzusammenhang ist noch kein Kausalzusammenhang, weil condicio noch nicht causa ist.

Wenn eine Stoßkraft als Ursache eine bislang ruhende Kugel in Bewegung versetzt, dann hat die Wirkung, die Bewegung, noch andere Bedingungen als die physikalische Ursache selbst (z. B. die Eigenschaften der Kugel, Rundheit, Glätte, die Unterlage usw.), und selbst die Ursache ist durch den Trägheitswiderstand der Kugel mit bedingt, da sie sich erst an diesem Widerstand realisiert, aber all diese Bedingungen „erwirken" nicht die Bewegung. Oder: condicio ist die Zeit, die ich für eine Arbeit brauche, sie ist aber keineswegs eine Ursache, die meine Arbeit vorantriebe; dass ich Speise zu mir nehme, ist Bedingung dafür, dass ich meine Gedanken sammle, sie ist aber nicht Ursache, die meinen Gedanken von bestimmter Qualität hervortriebe.

Wohlgemerkt, solche Konditionen können, in sich betrachtet, durchaus Ursachen sein, aber in bezug auf das erwartete Resultat sind sie in den obigen Beispielen nur Konditionen. So sind die Verdauungsvorgänge meines Organismus an der Nahrung ganz gewiss in sich Kausalvorgänge. Aber in bezug auf das erwartete Resultat — Fassen eines Gedankens — stellen diese Ursachen nur Konditionen dar.

Es ist aber wesentlich zu beachten, dass solche Konditionalzusammenhänge echte Realzusammenhänge sind. Es wäre ein Irrtum zu glauben, Realzusammenhänge könnten nur als Kausalzusammenhänge auftreten.

Es ist nun nicht einzusehen, wieso die reale Verbindung zwischen früheren Strukturen und Funktionen im Kosmos und späteren den Naturwissenschaftler von den naturwissenschaftlich beobachtbaren Fakten her zu *mehr* berechtigen sollte als zu einer konditionalen Formulierung dieses Realzusammenhanges.

Ein Grund besteht darin, dass noch kein Naturwissenschaftler beobachtet hat, wie eine frühere Art die entsprechende spätere kausal aus sich hervorgetrieben hätte oder wie dies durch andere Faktoren, z. B. die Umwelt, sinnfällig bewerkstelligt worden wäre. Bester Beweis dafür ist, dass die bekannte These, die Verbindung von niederer und höherer Form geschehe durch Umprägung des Erbgutes, bereits ein Postulat der Evolutionstheorie ist und kein Bestandteil der Faktengrundlage.[35]

Es ist nicht einzusehen, wie aus abiologischen oder antibiologischen Kausaleinwirkungen ein neuer biologischer Gestaltungsfaktor entstehen sollte. Die Evolution kann nicht hypostasiert und selbst als „Kraft", „Tendenz", „Kosmische Drift" oder „namenlose Macht"[36] aufgefasst werden, die neue Gestaltungsformen produziert.

Denn da die „Evolution" ja bei solcher Auffassung an den Organen, Funktionen und am Gestaltungsfaktor der Ausgangsart „transformierend" anknüpfen müsste, so ergäbe sich folgendes Absurde:

1. Eine Zerstörung des früheren Gestaltungsfaktors durch die „Evolution" selbst (sie „fräße ihre eigenen Kinder").
2. Die „Evolution" müsste darüber hinaus in den Organen der Ausgangsart schon Funktionen und Vorgänge im Sinne des späteren Gestaltungsfaktors vor sich gehen lassen, bevor dieser existierte. Oder sie müsste den neuen und höheren Gestaltungsfaktor schon virtuell in sich enthalten; dann aber müsste sie ebenso alle künftigen Seinsformen schon virtuell in sich bergen und noch dazu mit Eigenintelligenz die Ordnung des Nacheinander-Drankommens dieser Formen planen und realisieren. Es ist ersichtlich, dass dies eine Mythologisierung der „Evolution" wäre.

Alle solchen Widersinnigkeiten werden auch dadurch nicht aus der Welt geschafft, dass man ein transzendentes göttliches Prinzip heranzieht, das die „Evolution" zur Erschaffung der höheren Form aus der niederen ermächtigen oder die niedere Form zum Funktionieren im Sinne der noch nicht existenten höheren bzw. zum Produzieren dieser höheren befähigen oder schließlich die Umweltfaktoren zum Hervortreiben neuer Seinsformen aus alten instand setzen soll. Denn wenn eine Leistung einer innerweltlichen Größe metaphysisch widersprüchlich ist, dann kann man eben diese Leistung nicht dadurch metaphysisch möglich und sinnvoll machen, dass man sie „mit Hilfe Gottes" geschehen lässt. Denn der Schöpfer widerspricht niemals den Seinsgesetzen. Endlich ist es genauso unvollziehbar, Gott selber in dem Sinne „am Werke" zu sehen, dass er selbst eine „schöpferische Verwandlung" der alten Formen in neue vornähme. Eine solche Vorstellung widerspricht dem Wesen der göttlichen Schöpfertätig-

---

35 J. Haas, Biologie und Gottesglaube, 146.
36 Teilhard de Chardin, Le Coeur de la Matiere, in: Claude Tresmontant, Einführung in das Denken Teilhard de Chardins, Freiburg 1960, 46.

keit, da Schaffen niemals Zerstören des Vorhandenen und niemals Verwandlung (im Sinne einer Zustandsänderung) von Vorherbestehendem ist.

Dieses unser zweites Argument wird allerdings nur von solchen Biologen anerkannt werden, die so etwas wie einen Gestaltungsfaktor anerkennen und folgerecht annehmen, dass es im Aufstieg einen echten Wechsel von Gestaltungsfaktoren gebe. Aber anderseits untergraben jene Biologen, die dies nicht tun und die evolutive Kausalität durch eine quantitative Summation von Mutationsraten und mutierten Merkmalen gewährleistet denken, ihre eigene evolutionistische Theorie. Denn wie wollen sie bei diesem rein quantitativ ursächlichen Sinn einen Maßstab für „Höher" und „Nieder" gewinnen? Die Quantität der Veränderungsschritte kann dafür kein Maßstab sein (denn es könnte ja einen inferioren Wechsel geben), die Quantität der im Laufe der Evolution anmassierten Aufbauteile oder Eigenschaftselemente aber auch nicht. Denn wenn schon im technischen Bereich jene Erfindung ganz bestimmt nicht die bessere ist, die dasselbe Problem komplizierter löst als die andere, dann ist Kompliziertheit, Komplexion im Reich des Lebendigen an sich erst recht kein Beweis für einen Hochstand der Lösung des Lebensproblems. Wenn man nichts Qualitatives, keine Bauform, keinen Gestaltungsfaktor oder dergleichen anerkennt, warum dann nicht die Amöbe zur Krone der Schöpfung erklären, da sie an Anpassung und Ausnutzung der Erfolgschancen nicht zu übertreffen ist? Warum dann überhaupt von Aufstieg, von Evolution im Kosmos sprechen? Man sieht, die kausale Aussage über den Realzusammenhang von inferiorer (früherer) und superiorer (späterer) Lebensform wird nicht nur dann absurd, wenn man, wie wir es im soeben angezogenen zweiten Argument taten, einen Gestaltungsfaktor im Lebendigen anerkennt, sondern auch dann, wenn man diesen ablehnt und sich auf eine quantitative Summation von Mutationsraten, Aufbauteilen und Eigenschaften beschränkt, da im letzteren Falle der Begriff des Aufstiegs überhaupt sein Fundament verliert.

Der dritte Grund ist vielleicht der entscheidendste: evolutive Formen lassen sich nicht prognostizieren. Das liegt daran, dass jedes Lebendige eine „Zeitgestalt" hat.[37] Das heißt, jedes Lebendige ist dadurch charakterisiert, dass die inneren Ereignisse an seinen Bestandteilen je in einem bestimmten, unbeliebigen Zeitpunkt (Kairos) „drankommen", und zwar so, dass die einzelnen Geschehnisse mit- oder nacheinander in einer ganz bestimmten Ordnung eintreten, wo dieses jetzt mit jenem und nicht mit einem (wenn auch im gleichen Plan vorgesehenen) beliebigen anderen, und wo dieses mit jenem jetzt und nicht dann realisiert wird. Diese dem Gestaltungsfaktor entsprechende Ordnung des Zeitlichen

---

37 Vgl. über die Zeitgestalt: R. SCHUBERT-SOLDERN, Materie und Leben als Raum- und Zeitgestalt, München 1959, 275.

ist die Zeitgestalt. Es ist gleichsam eine „lebendige Zeit" (vergleichbar BERG-SONS „fortschreitender qualitativer Mannigfaltigkeit"), wo nicht in gleichen Zeitabschnitten Gleiches, sondern in jedem Einmaliges und Unwiederholbares geschieht und wo jeder Zeitpunkt eine einmalige Sinnqualität besitzt.

Eine Zeitgestalt lässt sich nicht prognostizieren. Das wird klar, wenn wir zum Vergleich die mikrophysikalisch fundierten Prognosen der Physik im makrophysikalischen Bereich heranziehen: zwar ist das Schicksal eines einzelnen Elementarteilchens unvorhersagbar, aber wenn Trillionen von Teilchen zusammenkommen und in Austausch stehen, dann sind Summeneffekte zu erwarten, die sich praktisch hundertprozentig der Wahrscheinlichkeit unterordnen und daher gesetzmäßig nach dem Gesetz großer Zahlen prognostizierbar sind.[38] Angesichts einer Unmenge von mikrophysikalischen Elementarteilchen kann ich mit praktisch hundertprozentiger Wahrscheinlichkeit (im Sinne der statistischen Physik) voraussagen, dass sich unter gleichen Bedingungen gleiche Körpermassen mit gleicher Trägheit, Dichte, Ausdehnung usw. bilden werden. Wenn ich aber die Vorstellung hege, dass eine entsprechende Zahl von (morphologischen oder biochemischen) Elementen, die ich in einem Lebendigen zu finden gewohnt bin, sich nach ebensolcher Wahrscheinlichkeit unter gleichen Bedingungen zu qualitativ gleichen Zeitgestalten von Lebendigem komponieren werden, so wird das Fiktive einer solchen Vorstellung offenbar, und zwar in dreifacher Hinsicht:

1. Die Zeitgestalt ist eine Ordnung von zeitlichen Geschehnissen. Sie kann daher nicht selbst ein zeitliches Geschehnis und daher auch nicht aus zeitlichen Geschehnissen an (morphologischen oder biochemischen) Elementen ableitbar und prognostizierbar sein. Das gilt dann auch für das evolutiv neue Lebendige, da es eine Zeitgestalt ist.
2. Gleiche Bedingungen gibt es im Bereich des Lebendigen gar nicht. »Identische Faktoren« (z. B. gleiche Zeiten im Sinne der physikalischen Zeit, gleiche Ausdehnungen im mathematischen Sinne) bedeuten zu verschiedenen Zeitpunkten, eben wegen des Gesetzes des Kairos, für das Lebendige Verschiedenes. Also gibt es auch realiter keine gleichen Bedingungen für das Entstehen von evolutiv neuen Zeitgestalten, das heißt von Lebendigem; und damit ist wieder die Prognostizierung der letzteren unmöglich.
3. Die Vorstellung einer Zusammensetzung einer Zeitgestalt, das heißt eines Lebendigen, aus (morphologischen oder biochemischen) Elementen ist fiktiv. Denn im Lebendigen sind die konstitutiven Bestandteile das, was sie sind, nur in Beziehung zueinander, sodass ein Isoliertes nicht mehr dasselbe (vielleicht überhaupt nichts mehr) ist. Auch von hier aus erweist sich die Vorstel-

---

38 B. BAVINK, Die Naturwissenschaft auf dem Wege zur Religion, Frankfurt/M. 1934, 33.

lung, eine evolutiv neue Zeitgestalt, das heißt eine in der Evolution hervortretende neue Lebensform könne nach Wahrscheinlichkeitsgesetzen in Analogie zur statistischen Physik komponierbar und so prognostizierbar sein, als absurd.

Lassen sich also neue evolutive Formen in ihrer Qualität nicht prognostizieren, so kann ich auch nicht sagen: diese Organe oder Funktionen oder morphologischen Elemente usw. einer Ausgangsart treiben in Verein mit Umweltfaktoren in kausaler Weise und daher notwendig diese bestimmte neue evolutive Form hervor. Da diese Unmöglichkeit der kausalen Aussage aber mit Rücksicht auf die Zeitgestalt des Lebendigen eine grundsätzliche ist und nicht durch einen Zuwachs in der Entdeckung von bedeutsamen evolutiven Faktoren aufgehoben werden kann, so gilt sie auch für die Vergangenheit: ich kann Strukturen, Funktionen, morphologische Elemente, Umwelteinflüsse usw. bei einer vergangenen Art nicht als Ursachen für die rezente Art bezeichnen, selbst dann nicht, wenn der Realzusammenhang zwischen beiden lückenlos nachweisbar sein sollte, sondern nur als Konditionen im besprochenen Sinne; jedenfalls gilt das vom sauberen naturwissenschaftlichen Methodenansatz aus.

7. Die Notwendigkeit einer konditionalen Formulierung

Fassen wir die Gründe zusammen, aus denen eine kausale Aussage im evolutiven Realzusammenhang von Arten unmöglich ist: Mangel an empirischen Belegen — Widerspruch zum Wesen des Lebendigen — Nicht-Prognostizierbarkeit neuer lebendiger Formen —, so bestätigt sich, dass der naturgeschichtliche Realzusammenhang zwischen früheren und späteren Formen unter naturwissenschaftlichem Gesichtspunkt, und das heißt in diesem Falle dem Gesichtspunkt der Evolutionslehre, nur *konditional* formuliert werden darf: wenn es Organe, Strukturen, Funktionen, morphologische Elemente der früheren Art im Verein mit den erforschten Milieubedingungen nicht gegeben hätte, wäre auch die spätere Art nicht in Existenz getreten. Was über diese Aussage hinausgeht, ist durch den empirischen Faktenbestand nicht gedeckt. Wir können also definieren: Evolution bezeichnet jenen Realzusammenhang zwischen einer späteren (höheren) und einer früheren (niederen) Art, der Organe, Strukturen, morphologische Elemente der ersteren in konditionaler Abhängigkeit von Organen, Strukturen, morphologischen Elementen der letzteren und entsprechenden Milieubedingungen der letzteren im naturgeschichtlichen Sinne erscheinen lässt.

Zur Verhütung von Missverständnissen muss aber ein Dreifaches beachtet werden:

1. Die einzelnen evolutiv bedeutsamen Faktoren können in sich durchaus kausaler Natur sein (so wie die physiologischen Verdauungsvorgänge, die meinen Gedankenfluss bedingen, durchaus kausaler Natur sind), aber daraus folgt nicht, dass sie in bezug auf das evolutive Ergebnis mehr als bloße Konditionen sind.

2. Dem Evolutionsforscher kann es grundsätzlich nicht verwehrt werden, dass er annimmt, dass unter den von ihm herausgestellten, evolutiv bedeutsamen Faktoren auch solche sind, die in bezug auf das evolutive Ergebnis kausal sind; er kann nur nicht sagen, welche. Denn da einerseits jeder einzelne evolutive Faktor in seiner Effizienz nur eruiert werden kann unter Berücksichtigung aller anderen (da das Lebendige, laut oben, eine Raum- und Zeitgestalt ist), und da der Forscher andererseits die Totalität der evolutiven Faktoren nie überschaut, so steht für ihn das jeweilig in Frage stehende Evolutionsprodukt immer in einer Gleichung mit mehreren Unbekannten. Er ist daher zu einer Urteilsenthaltung verpflichtet hinsichtlich der kausalen Valenz der von ihm entdeckten evolutiv bedeutsamen Faktoren. Daher bleibt im Sinne der Methode der Naturwissenschaft nur die konditionale Aussage über die Faktoren übrig.

3. Konditionale Abhängigkeit ist eine echte reale Abhängigkeit, der Konditionalzusammenhang ein echter naturgeschichtlicher Realzusammenhang zwischen früheren und späteren Lebensformen. Die konditionale Aussage genügt daher, um das Auseinander der Lebensformen im Sinne der Naturgeschichte sach- und gegenstandsgerecht zu beschreiben. Wir werden damit der Methode und den Aufgaben der Evolutionsforschung durchaus gerecht.

Der naturwissenschaftliche Evolutionsforscher muss, wenn er noch so viele evolutiv bedeutsame Faktoren entdeckt und vielleicht sogar einen lückenlosen Realzusammenhang aller Arten (eine Ausfüllung aller missing links) hergestellt hat, im Hinblick auf das betreffende Ergebnis der Evolution einen X-Faktor offenlassen. Und eben diese Offenheit des X-Faktors hindert ihn daran, die konditionale Aussage bezüglich der von ihm entdeckten evolutiven Faktoren zu überschreiten. Dieser X-Faktor muss von anderen Wissenschaften ausgefüllt werden. Und erst unter Einbezug dieses von einem anderen Formalobjekt herkommenden „Restes" lässt sich sagen, dass die spätere Art aus der früheren kommen musste. Aber dann sind wir nicht mehr im Bereich dessen, was man Evolutionstheorie zu nennen hat.

Evolution und Entwicklung können nach dem heutigen Stande des Wissens und der Diskussion nicht mehr gleichgesetzt werden. Entwicklung ist ein Seinszuwachs, den das Lebendige nachweislich aus seiner aktiven Potenz, nämlich aus seinem Gestaltungsfaktor leistet, bei der Evolution steht dagegen eine solche aktive Potenz nicht im Blick. Denn gerade die Rückführung der neuen Art auf die aktive Potenz der alten hatten wir ja bei der Evolution als naturwissenschaftlich gegebenem Sachverhalt ausschließen müssen, weil der Faktenbestand dazu nicht ausreicht, während der Faktenbestand einer selbsttätigen Entwicklung eines Individuums zur Reife aus seinem Keim zur Alltäglichkeit gehört.

Damit zeigt sich ein weiterer Unterschied: der Begriff der Evolution hat einen ausschließlich phylogenetischen Sinn. Niemand wird heute die Entwicklung eines Individuums aus seinem Keim als Evolution bezeichnen. Man darf sich nicht dadurch irremachen lassen, dass Entwicklung und Evolution in der Literatur oft terminologisch und auch oft begrifflich vieldeutig sind.

Endlich darf man sich nicht daran stoßen, dass Entwicklung nur die deutsche Übersetzung von Evolution ist. Wir stehen oft auch vor einem semantischen Problem. Es kommt in der Begriffsentwicklung des Öfteren vor, dass zwei Wörter, von denen rein etymologisch das eine nur die Übersetzung des anderen in eine andere Sprache ist, dennoch einen verschiedenen Bedeutungsgehalt bekommen haben (z. B. Substanz und Hypostase!). Begriffsdefinitionen decken sich eben nicht immer mit den entsprechenden Verbaldefinitionen.

Hat Evolution einen eindeutig phylogenetischen Sinn, so folgt daraus aber nicht, dass Entwicklung umgekehrt nur auf den ontogenetischen Bereich anwendbar wäre. Warum soll sich nicht ein artmäßiger Gestaltungsfaktor erst im Laufe der Zeit durchsetzen, differenzieren, vollkommen in einzelnen Glied- oder Organteilen ausformen?!

Eben damit sind wir wieder bei dem bereits oben kritisierten quantitativ-additiven Standpunkt, der Evolution kausalistisch aus einer Summation von Mutationsraten erklären will und damit alle „organischen Gestalten und Prozesse" (Gestaltungsfaktoren) in naiver Weise „atomisiert"[39]. In seinem Artikel „Entwicklungsprobleme in Naturphilosophischer Sicht" hat ADOLF HAAS diese Theorie vom „Additionsmechanismus kleinster Mutationsschritte" widerlegt. Es ist klar, dass für eine solche Theorie mit dem Gestaltungsfaktor auch der Unterschied zwischen Entwicklung und Evolution im phylogenetischen Bereich fallen muss.

Fairerweise muss also gelten: im phylogenetischen Bereich ist dort Evolution (und nicht Entwicklung) anzunehmen, wo ein neuer Gestaltungsfaktor auftritt. Es kann jetzt dahingestellt bleiben, auf welcher Stufe der biologischen Systematik eine phylogenetische Veränderung einen Wechsel des Gestaltungsfaktors notwendig fordert.

---

39 JOHANNES HAAS, Biologie und Gottesglaube, Berlin 1961, 45.

8. Evolution und Entwicklung

Die altbekannte Evolutionstheorie des 18. Jahrhunderts hatte freilich beides gleichgesetzt, bzw. Evolution schlechthin als Entwicklung verstanden. Das kam bekanntlich durch die irrige Voraussetzung, dass Entwicklung nichts weiter sei als Ausfaltung dessen, was im Kleinen zusammengefaltet bereits vorhanden war. Das reife Individuum war schon im Keim „präformiert". Natürlich musste man weiter gehen. Was im Keim war, musste bereits noch kleiner in den Keimzellen der Eltern und schließlich und letztlich in denen der allerersten Eltern vorhanden gewesen sein. In den Keimzellen der ersten Menschen sollte schon „alles drinstecken", was später zur körperlichen Erscheinung in menschlichen Geschlechtern gelangte.[40] So standen schließlich Ontogenese und Phylogenese beide unter dem gleichen Prinzip, Entwicklung und Evolution mussten „zusammenfallen". Mit dem Denkmodell des alten Evolutionismus wurde auch der Grund hinfällig, der diese frühen Evolutionisten dazu führte, Evolution und Entwicklung gleichzusetzen.

Nach dem heutigen Stande der Diskussion ist es nicht mehr zulässig, Evolution und Entwicklung gleichzusetzen. Tut man es, so gerät man in die schlimmsten Verwirrungen. Der Evolutionismus freilich hat ein tendenziöses Interesse daran, Evolution und Entwicklung gleichzusetzen, weil er nur so den Schein erwecken kann, als bestünde zwischen einer Art und einer anderen genau so ein nahtloser und seins-notwendiger Zusammenhang wie zwischen Keim und reifem Individuum. Eine Auffassung freilich, die den Artbegriff als solchen aufhebt, weil dann zwischen einer Art und einer späteren anderen kein anderer Unterschied besteht als der zwischen zwei Entwicklungszuständen ein und desselben Individuums. Wie das Individuum im späteren Zustande kein anderes ist, so ist auch die spätere „Art" im Grunde keine andere als die frühere, sondern nur dieselbe in einem weiter entwickelten Zustand. Es gibt dann keine fest umrissenen Arten mehr, sondern nur noch einen Komplex von lebendiger Substanz als Komplex von biologischen Eigenschaften, den wir im früheren Zustande Art I, im späteren Art II nennen (nominalistische Zerstörung des Artbegriffes!). Anders ausgedrückt: jede „Art" ist nur ein Übergang von einer früheren zu einer späteren Art.[41] Die Zirkeldefinition, die sich hiermit ergibt (Art wird durch Art definiert!), entspricht dem Sachverhalt, dass die Art „undefinierbar", zu einem bloßen ephemeren Zustand einer in Veränderung begriffenen lebenden Substanz geworden und entworden ist. Das ist natürlich eine ontologische These, wenn

---

40 Vgl. zu dieser Theorie H. CONRAD-MARTIUS und C. EMMRICH, Das Lebendige – Die Endlichkeit der Welt – Der Mensch, Drei Dispute, München 1951, 120 f.

41 Vgl. hierzu die treffenden Ausführungen von A. CH. V. GUTTENBERG, Mensch, Tier und Schöpfung, Graz 1961, 105.

auch eine negative nominalistische, und sie zeigt die pseudometaphysische Belastung jedes Evolutionismus im Unterschied zu einer gesunden Theorie der Evolution. Man sieht, dass das Zusammenfallen von Evolution und Entwicklung im zeitgenössischen Evolutionismus einen ganz anderen Grund und eine ganz andere Folgenschwere besitzt als im frühen Evolutionismus. Der letztere hat nie daran gedacht, die Grenzen zwischen den Arten zu verwischen. Im Gegenteil.

Die Nichtunterscheidung von Evolution und Entwicklung kann in der zeitgenössischen Diskussion und Situation ernste Folgen haben, da sie dazu verleitet, Probleme der Evolution mit den Kategorien der Entwicklung lösen zu wollen, und dann ist man unversehens mitten im Evolutionismus.

9. Der Begriff der Schöpfung

Schöpfung im strengen, das heißt im metaphysischen Sinne ist Hervorbringen eines Seienden aus dem Nichts. Dabei ist das Nichts nicht als ein „Etwas" zu verstehen, das als Baustein diente, auch nicht so, als wenn ein Nichts in ein Sein verwandelt würde; es besagt lediglich, dass der Hervorbringende für das, was er hervorbringt, keinerlei Voraussetzungen außerhalb seiner selbst bedarf. In diesem Sinne zu schaffen vermag nur der göttliche Schöpfer. THOMAS V. AQUIN hat diesen Schöpfungsbegriff scharf bestimmt: Gott bedarf keines vorgegebenen Materials (Trägers), das er erst von einem Zustand in den anderen überführen müsste, so dass am Ende dieser Veränderung das Geschaffene stünde. Vielmehr ist der ganze Träger, das ganze Seiende einschließlich der Materie Ziel der göttlichen Urhebung (S. th. I 45,4 ad 2, ad 3). Und eben das Hervorbringen des Seienden nach der Totalität seines Seins und unter dem Gesichtspunkt seines totalen Seins ist Schaffen.

Von Gottes Schaffen ist also streng das Überführen eines Materials von einem Zustande zum anderen auszuschließen. Das eben ist gemeint, wenn THOMAS sagt, dass Gott „ohne Bewegung" schaffe (S. th. I 45, 3). Bewegung besagt hier nicht Ortsveränderung, sondern schlechthin Veränderung als Übergang von einem Zustand eines Trägers in einen anderen Zustand. Eben dies ist Gottes Schaffen nicht.

Daraus ist zu schließen: wo immer Bewegung im soeben definierten Sinne auftritt, da kann sie nicht zum Schöpfungsakt Gottes gehören, sondern muss dem Geschaffenen zugesprochen werden, das sich als Folge seines Geschaffenseins selbst bewegt oder von anderem Geschaffenen bewegt wird. „Folge" ist aber nicht im zeitlichen Sinne zu verstehen, so als sei das Seiende „erst" erschaffen und »hernach« finge es an, sich zu bewegen oder bewegt zu werden, sondern so, dass Gott das Geschöpf bzw. die Geschöpfe dazu ermächtigt, sich selbst zu bewegen (verändern) bzw. bewegt (verändert) zu werden. Alle Veränderung der Geschöpfe, sei sie aktiv oder passiv, ist vom schöpferischen Tun Gottes gehalten, getragen, umgriffen. In diesem Sinne kann man auch sagen, dass sich das Geschöpf „in" Gott bewege, was natürlich kein wesensmäßiges Identifizieren mit dem Sein Gottes besagt, sondern das, was der Apostel meint: in ihm leben, bewegen wir uns und sind wir.

Erschaffen ist ein Geschehen, aber eben keine Bewegung im oben definierten Sinne, weder eine Bewegung (Veränderung) seitens des Tätigen, Gottes, noch eine Bewegung (Veränderung) am oder im Erschaffenen. Wenn man also bestimmen will, was dieses Geschehen, die Erschaffung selbst im Geschöpf darstellt, so muss man nach THOMAS alle Bewegung im Sinne des Übergangs von einem Zustand in den anderen abziehen, und was dann noch zurückbleibt, ist eine „bloße Beziehung des Geschöpfes zum Schöpfer" (S. th. I 45,3 c). Eben diese Beziehung ist es, von der das Geschöpf, wie oben gesagt, gehalten, getragen, umgriffen ist; und so sind auch alle seine Veränderungen und Eigentätigkeiten von ihr gehalten, getragen und umgriffen.

Wir haben diese tragende Grundrelation die »schöpferische Relation« genannt, nicht weil sie selbst schüfe, sondern weil sie die spezifische Relation des Geschöpfes zum Schöpfer und als solche ontologischer Grund des Geschöpfes ist.

Diese Relation ist daher nicht episodisch, nicht zeitlich, sondern überzeitlich (wenn auch nicht ewig, da sie einen Anfang hat) und trägt das Geschöpf, solange es existiert. Sie muss überzeitlich sein, weil ja das Schaffen Gottes keine Bewegung im oben definierten Sinne ist und daher nicht im Sinne eines zeitlichen Ablaufs endet. Das ist der Begriff der „fortgesetzten Schöpfung": Gott ruft das Geschöpf dauernd in überzeitlicher Weise ins Sein, solange es existiert. Schöpfung und Erhaltung sind, von Gott her gesehen und als (überzeitliches) Geschehen betrachtet, ein und dasselbe. Erhaltung ist nichts anderes als das Fortwähren der schöpferischen Relation.

Unser Ergebnis, dass göttliches Schaffen und Bewegung im Sinne von Veränderung (Werden) einander gegenseitig ausschließen, oder anders ausgedrückt, dass eine auf Veränderung zielende Tätigkeit nicht Gottes Schaffen zugesprochen werden und umgekehrt ein Schaffen Gottes nicht als verändernder Eingriff in die Dinge verstanden werden darf, ist für das Folgende von außerordentlicher Wichtigkeit.

10. Das Prinzip der Evolutionstheorie

Das Prinzip der Evolutionstheorie lässt sich am besten fassen, wenn wir sie von einer physikalischen Theorie abgrenzen.

Einen wesentlichen Unterschied zwischen beiden haben wir oben bereits festgestellt. Wo die Physik im Hinblick auf zukünftig in Existenz tretende Körperlichkeiten prognostizieren kann, ist dies der Evolutionstheorie im Hinblick auf neue Lebensformen unmöglich, wenn sie sauber bleibt.

Der Paläontologe bzw. Evolutionsforscher befindet sich in ähnlicher Lage wie der Historiker. Man hat diesen mit Recht einen „nach rückwärts gewandten Propheten" genannt, er „prognostiziert von rückwärts nach vorwärts, vom Damals auf das Heute". Er kann nämlich sagen: nachdem die Bedingungen dieser oder jener Art in der Vergangenheit einmal so lagen, wie es die Urkunden offenbaren, und nachdem bestimmte personale Entscheidungen, wie es ebenfalls die Urkunden zeigen, hinzukamen und die Bedingungen modifizierten, „musste" dieses oder jenes geschehen, unterbleiben, entstehen oder vergehen. Sobald er aber die Zukunft voraussagen und vom Heute auf das Morgen prognostizieren will, wird er ein hybrider Prophet und spielt Vorsehung, weil er sich anmaßt, die freien Akte der Menschen, die erst die Bedingungen mitbestimmen werden, vorauszuwissen. Der Evolutionsforscher ist „Historiker" im Sinne der „Naturgeschichte". Obwohl man nur mit Vorbehalt von einer Geschichte im untermenschlichen Naturreich reden kann, gibt es doch gewisse

„Übereinstimmungen, weil das Lebendige zwar keine Entscheidungsfreiheit, aber ein gewisses Ausmaß von ‚Seinsfreiheit' hat",[42]

die der Zeitgestalt und der sich daraus ergebenden Nichtprognostizierbarkeit entspricht. Der Evolutionsforscher kann daher keine neuen evolutiven Formen in der Zukunft, nicht von heute auf morgen prognostizieren. Tut er es, so wird er zum falschen Propheten. Besonders verhängnisvoll wird es, wenn er Sinngebilde, die aus der freien Personalität des Menschen entspringen, wie kulturelle und soziale Leistungen, in die prognostische evolutive Vorausschau einbeziehen will. Das ist ein wichtiger Gesichtspunkt für unsere Kritik am Evolutionismus im zweiten Hauptteil dieses Buches. Der Evolutionstheoretiker, der Weltallprognosen stellt, ist ein Zerrbild des Wissenschaftlers.

Der Evolutionsforscher kann nur innerhalb der Vergangenheit, von der früheren Naturform zur späteren hin bis zur Gegenwart Aussagen machen, sofern er den naturgeschichtlichen Realzusammenhang der Seinsformen nach Weise des konditionalen Zusammenhanges feststellt. Insofern dem Historiker ähnlich, hat er dennoch eine schwächere Position als dieser. Denn während der Historiker wenigstens durch die Urkunden eine indirekte Kenntnis von den freien Entscheidungen der geschichtlichen Persönlichkeiten besitzt, geben die toten Stofflichkeiten der paläontologischen Funde dem Evolutionsforscher und Paläontologen nichts von den Zeitgestalten, nichts von der „Seinsfreiheit" der vergangenen

---

42 Vgl. H. E. HENGSTENBERG, Freiheit und Seinsordnung, Stuttgart 1961.

Lebensformen zur Anschauung. Daher erklärt es sich, dass er aus seiner eigenen Wissenschaft nicht einmal Kriterien dafür hat, ob ein bestimmter paläontologischer Fund, der im Übergangsgebiet zur Sphäre des Menschlichen liegt, „noch" Tier oder „schon" Mensch ist und dass er zur Gewinnung solcher Kriterien auf die Philosophische Anthropologie und die geisteswissenschaftliche Prähistorie angewiesen ist. In keinem Falle kann der Evolutionsforscher die durch den X-Faktor (oder die X-Faktoren) bedingte Leerstelle auf Grund seiner eigenen Methodik ausfüllen. Und deshalb bleibt selbst seine „Naturgeschichte" von der früheren zur späteren Form, „von damals auf heute" weit von einer Notwendigkeitsaussage über das Hervorgehen der späteren Form aus der früheren entfernt.

Mit diesen Beschränkungen ist für die Evolutionstheorie ein zweiter grundsätzlicher Unterschied zur physikalischen Theorie verbunden: die Evolutionstheorie kann keine eigentlichen Gesetze aufstellen, wie es die Physik kann.

Da für den Evolutionsforscher, wenn er in seinen legitimen Grenzen bleibt, ein evolutiver Zusammenhang zwischen einer früheren und einer späteren Naturform mangels Möglichkeit zu kausaler Aussage immer ein empirisch festgestellter, kontingenter Sachverhalt bleibt, so kann er auch keine allgemeinen Gesetze über den Umfang der Evolution aufstellen, etwa in dem Sinne: jegliche Naturform muss als solche eine Evolution hinter sich haben, oder jede muss eine Evolution vor sich haben, oder sie muss beides haben — ganz im Unterschied zum Physiker, der sagen kann, dass alle materiellen Körper als solche den Gesetzen der Wärme oder des freien Falles unterliegen.

Übrigens steht einem „allgemeinen Gesetz der Evolution"[43] auch der empirische Faktenbestand entgegen. Einschlägige Autoren weisen darauf hin, dass es im Naturreich Arten gibt, die in Jahrhunderttausenden entweder keine Evolution gehabt haben oder nicht das Geringste davon erkennen lassen.[44]

Beachtet man die beiden oben entwickelten Unterschiede zur physikalischen Theorie bzw. Aussage, so ergibt sich, dass das „Substrat" der Evolutionstheorie eigentlich in dem einen Satz besteht: „Es gibt Evolution", wobei Evolution im oben bestimmten Sinne des Konditionalzusammenhanges zwischen der früheren und der späteren Art zu verstehen ist.

Gewonnen wird dieser Satz am konkreten Beispiel, am „Fall": diese bestimmte Art ist evolutiv von jener abhängig; und dies gilt auf Grund des empirischen Faktenbestandes, weil Bauformen der niederen Stufe in gesteigerter Vollkommenheit in der höheren wiederkehren und sich dies durch verschiedene Zwischenglieder hindurch geschichtlich und abstammungsmäßig nachweisen lässt. Für andere Arten kann das Gleiche nachgewiesen werden. Aber doch im-

---

43 TEILHARD DE CHARDIN, Gesetz der fortschreitenden Komplexion.
44 Vgl. hierüber A. CH. V. GUTTENBERG, Mensch, Tier und Schöpfung, Graz 1961, 77f .

mer nur „von Fall zu Fall". Gewiss kommt durch die Vielzahl der Fälle eine gewisse Allgemeinheit der Geltung für die Evolution heraus, aber doch immer nur auf empirischer Grundlage, die Induktion bleibt immer eine unvollständige. Niemals kann auf diese Weise ein apriorisch anwendbares „Gesetz der Evolution" nach Häufigkeit ihres Auftretens oder nach Weise ihres Verlaufs zustande kommen. Eine Apriorität und apriorische Gesetzmäßigkeit gibt es wohl in dem Sinne, dass eine Feststellung eines evolutiven Zusammenhanges, die für eine bestimmte Systemeinheit gemacht wird, auch für sämtliche Untergliederungen gilt. Aber das ist eine apriorische Gesetzmäßigkeit ontologisch-logischer Art. Sie gründet auf einer seinsmäßig-biologischen Verwandtschaft aller Untergliederungen der betreffenden Systemeinheit, aber nicht auf einem naturwissenschaftlichen „Gesetz der Evolution" in dem Sinne, dass man sagen könnte: welche Art oder höhere Systemeinheit es auch sei, sie muss vom Formalobjekt der Naturwissenschaft aus eine Evolution gehabt oder vor sich haben.

Was zu dem allgemeinen Satz „Es gibt Evolution im Sinne des konditionalen Realzusammenhanges von Arten" hinzukommt, ist der Ausbau der Theorie durch „Postulate", wie JOHANNES HAAS es nennt. Das sind Zusatzhypothesen oder bestenfalls Zusatztheorien über den Vorgang der Evolution innerhalb des Geltungsbereiches des Satzes, dass es überhaupt Evolution gibt; sie können also die Sicherheit des genannten »Grund«-Satzes nicht überschreiten und daher die induktive Beschränkung des letzteren nicht mindern. Zu diesen Zusatztheorien innerhalb der Theorie gehört die Annahme vom Entstehen der neuen Formen durch Umprägung des Erbgutes der alten, gehört die weitere Annahme, dass diese Umprägung sich durch Mutationen vollzogen habe usw. Wir brauchen uns damit nicht zu befassen, da diese Zusätze für Wesen, Geltungsbereich und Grundprinzip der Evolutionstheorie nichts Neues bringen.

Aus all dem geht hervor, dass die Evolutionstheorie, so gut fundiert in messbaren Fakten sie sein möge, in ihrer Anwendung nur als heuristisches Prinzip benutzt werden kann, nicht als Prinzip, aus dem deduktiv für einzelne Fälle gefolgert werden könnte. Wenn sich die Evolutionstheorie in diesen und jenen Fällen bewährt hat, so kann man annehmen, dass sie sich in weiteren Fällen bewähren wird. Man wird also immer wieder andere Arten untersuchen unter dem Gesichtspunkt, ob sich ein evolutiver Zusammenhang zwischen ihr und früheren Arten bestätigen lässt. Man muss also unterscheiden zwischen der Evolutionstheorie als solcher, die sich in dem Satz konzentriert: „Evolution existiert (da und dort)", und der Evolutionstheorie in Gestalt eines heuristischen Prinzips: „Nehmen wir methodisch an, dass sich die Evolution auch in diesem bestimmten Fall bestätigen lässt und forschen wir in diesem Sinne nach Fakten!". Wenn man mehr will, macht man das heuristische Prinzip, mit dem man Erkenntnisse finden will, dogmatisch zum Erkenntnisinhalt selbst: „Diese bestimmte Art muss

eine Evolution gehabt haben". Damit hat man durch Dogmatismus die Vorur-
teilslosigkeit der Forschung zerstört, und welche Voreingenommenheiten bei
Ausdeutung von paläontologischem Material dann zustande kommen können, ist
bekannt.

11. Kennzeichnung des Evolutionismus

Die Grenze von einer sauberen Evolutionstheorie zum Evolutionismus wird
überschritten, wenn die konditionale Aussage über den naturgeschichtlichen
Realzusammenhang zwischen Art A und Art B zugunsten einer kausalen Aussage im naturwissenschaftlichen Bereich überschritten wird: Art A treibt Art B im
Verein mit Milieubedingungen notwendig hervor.

Damit ist aber etwas Wesentliches geschehen, nämlich ein Überschritt zu
einer ontologischen Aussage, und zwar einer destruktiven. Erinnern wir uns daran, dass neue evolutive Zeitgestalten und somit Formen des Lebendigen nicht
als notwendig-kausales Ergebnis von früheren auszusagen sind (weil für diese
Aussage die empirische Deckung fehlt, weil sie dem Wesen des Lebendigen und
der Nichtprognostizierbarkeit neuer Formen des Lebendigen widerspricht). Sage
ich also Art B als notwendig-kausale Folge von Art A (und der Milieuumstände)
aus, so habe ich damit im Geiste Zeitgestalt und Gestaltungsfaktor des Lebendigen gestrichen und damit etwas abgezogen, was zum Wesen des Lebendigen
gehört.

Eine Aussage, die Folgen für den ontologischen Bestand des Gegenstandes
hat, ist selbst eine ontologische Aussage. In unserem Falle ist es eine negative
ontologische Aussage. Sie ist zugleich eine destruktive negative ontologische
Aussage. Denn eine lebendige Form B, von der Zeitgestalt und Gestaltungsfaktor abgezogen sind, ist keine lebendige Form mehr. Tatsächlich erweist es sich
in den literarischen Niederschlägen, dass ein Evolutionismus, um logisch durch-
führbar zu sein, immer etwas vom Wesen des Lebendigen abziehen und zerstören muss, selbst dann, wenn der betreffende Theoretiker beim Ausgangspunkt
seiner Überlegungen von treffenden phänomenologischen Bestimmungen des
Lebendigen ausgegangen war. G. A. WETTER hat das für den Fall der OPARIN-
schen Theorie ausgezeichnet nachgewiesen.[45]

Was bleibt aber von der lebendigen Form B und damit von der lebendigen
Form überhaupt (da ja die Auffassung von Form B die Auffassung aller lebendigen Formen bestimmt), wenn Zeitgestalt und Gestaltungsfaktor gestrichen werden? Nun, wenn die letzteren fallen, fallen die grundsätzlichen Unterscheidun-

---

45 G. A. WETTER, Der dialektische Materialismus und das Problem der Entstehung des Le-
    bens, München 1958.

gen zwischen den verschiedenen Lebensformen überhaupt. Jetzt ergibt sich das, was wir bereits in dem Abschnitt über Evolution und Entwicklung klarlegten: eine allgemeine „evolutive Substanz", die von früheren Zuständen herkommt und sich auf künftige hin entwickelt. Evolution und Entwicklung werden an dieser „Einheitssubstanz" identisch, und Art II ist nichts anderes als Art I in einem späteren und „höheren" Zustand. Der Artbegriff wird nominalistisch aufgelöst.

Wenn aber alle Lebensformen in diese Entwicklung der einen „substanzlosen evolutiven Substanz" aufgenommen werden, dann folgt mit Notwendigkeit die These, dass alle Formen des Lebendigen notwendig eine Evolution vor und hinter sich haben. Das ist ein solches „allgemeines Gesetz der Evolution", zu dem, wie wir oben nachwiesen, eine saubere Theorie der Evolution überhaupt nicht gelangen kann. Hier zeigt sich der Wesensunterschied zwischen Evolutionstheorie und Evolutionismus. Und hier haben wir die zweite Ontologisierung durch den Evolutionismus: es soll im Wesen jeglicher Lebensform liegen, eine Evolution vor und hinter sich zu haben. Und nun wird auch der Satz „Es gibt Evolution" über seine heuristische Funktion zwecks Findung neuer Fälle von Evolution hinaufgesteigert zum dogmatischen Erkenntnisinhalt a priori für alle Fälle und zur deduktiven Anwendung auf alle Fälle.

Der Evolutionismus ist notwendig totalitär. Ein Evolutionismus, der irgendeinen Bereich auslässt, hebt sich selber auf. Denn wenn es nur eine einzige Ausnahme gibt, sei es, dass eine Art keine Evolution hinter sich oder sei es, dass sie keine vor sich hat, so muss man zugeben, dass das angenommene evolutive Werden nicht wesensnotwendig jeglicher Art eigen ist. Dann aber muss man auch zugeben, dass nur die Empirie über das Vorliegen von Evolution hier und jetzt entscheiden kann und dass der Satz „Es gibt Evolution" nur als heuristisches Prinzip für den Erkenntnisfortschritt über evolutive Zusammenhänge benutzt werden kann. Dann sind Generalisierung der Evolution und Ontologisierung der Evolutionstheorie aufgehoben, und man vertritt keinen Evolutionismus mehr. Es ist eine Restriktion auf eine gesunde Theorie der Evolution mit ihrer Beschränkung auf die konditionalen Aussage des Realzusammenhanges eingetreten.

Die soeben geschilderte Position des Evolutionismus steht unter einem Denkzwang. Hat jegliche Art, welche auch immer, eine Evolution hinter sich, so kommt man zwangsläufig zu einem Anfangsglied einer „Evolution aus dem Nichts" (das hat nichts zu tun mit der theistischen These, dass Gott die Welt aus dem Nichts geschaffen habe). Hat jegliche Art, welche auch immer, eine Evolution vor sich, so muss die Evolution (postulatorisch) über den Menschen hinausgehen. Und da man sich schlecht ein Wesen vorstellen kann, das kein Mensch mehr, aber noch nicht Engel oder Gott ist, müssen die kulturellen und sozialen Leistungen des Menschen als Evolutionsprodukte und -agenzien herhalten, und man gelangt zu einem kosmischen „Kollektiv", das zugleich Bewusstseinseinheit und Oberperson, bzw. Obermensch ist, ja sogar zu einem Gott, der zwei Gesichter hat, ein werdensmäßiges und ein überzeitliches. All solche Folgerungen, die doch nur Ergebnis des genannten Denkzwanges sind, werden heute als Ausdruck einer großartigen Konzeption gefeiert.

Wegen der oben dargelegten notwendigen Unterscheidung zwischen Evolutionstheorie und Evolutionismus ist es irreführend, von einem „gemäßigten Evolutionismus" zu sprechen, wenn man die Evolutionstheorie im sachlich restringierten Sinne, nämlich im Sinne einer konditionalen Aussage über den Realzusammenhang der Naturformen, meint. „Gemäßigter Evolutionismus" ist ein unmöglicher Begriff.

Evolutionismus gibt es in sehr verschiedenen Formen. Sehen wir von den Ansätzen bei den Vor-Sokratikern ab, so liegt seine erste, spezifisch-naturwissenschaftlich freie orientierte Form im Evolutionismus des 18. Jahrhunderts vor, von dem oben bereits gesprochen wurde. Seine These lautet, dass im befruchteten Ei bereits der Erwachsenenkörper des Lebewesens in Kleinform drinstecke (Präformisinus). Diese Präformation geht nach besagter Theorie folgerecht auf die elterlichen Keimzellen und schließlich — speziell beim Menschen — auf das erste Menschenpaar zurück, in dem schon „eingeschachtelt" und unendlich klein alle späteren menschlichen Formen actualiter vorhanden sind. Dieser frühe Präformismus ist durch die Lehre von der Epigenese überwunden worden, besonders durch die Entelechielehre von H. DRIESCH, nach welcher das Keimmaterial am Anfang noch ein „äquipotenzielles System" ist, dessen Teile erst im Laufe der Ontogenese unter Herrschaft: der Entelechie als eines immateriellen Prinzips auf eine „prospektive Bedeutung" für die Organdifferenzierung festgelegt werden.

Dass der alte präformistische Evolutionismus mit seiner Einschachtelungstheorie sich wesentlich vom modernen Evolutionismus, dessen Grundprinzip soeben gekennzeichnet wurde, unterscheidet, da es sich bei ihm nicht um einen Transformismus von einer Art zur anderen handelt, wurde oben bereits gesagt). Erst recht lässt die Entelechielehre im Sinne von Driesch und seinen Schülern keinen Evolutionismus im oben definierten Sinne zu, da sich ja die Entelechie als immaterielles Ganzheits- und Ordnungsprinzip nicht selber aufheben und noch weniger auf eine andere Entelechie hinbewegen kann. Das ist erst recht der Fall, wenn man die Entelechie im Sinne eines individuellen Formprinzips der einzelnen Zelle bzw. des Metabionten umdenkt, wie das zum Beispiel SCHUBERT-SOLDERN — unseres Erachtens in berechtigter Weise — tut.[46]

---

46   R. SCHUBERT-SOLDERN, Materie und Leben als Raum- und Zeitgestalt, 332; 346.

Indessen ersteht der Präformismus in neuer Form bei den mechanistischen Genetikern (Entwicklungsmechanik im Sinne von WEISMANN, ROUX und anderen). Hiernach ist zwar der Erwachsenenkörper des Lebewesens nicht in seiner phänomenalen Gestalt im Ei präformiert, wohl aber ursächlich in gewissen Werdebestimmungen, den Genen, bzw. in der Anordnung dieser Gene zum Genom. Die individuelle Entwicklung des befruchteten Eis geschieht dann unter der Wirkung der Gene durch fortgesetzte Zellteilungen über verschiedene Stadien: Zweizellenstadium, Vier-, Achtzellenstadium, Blastula (Hohlkugelform des Keimes mit entsprechender Anordnung der Zellen) und Gastrulation (Einstülpung des Keimes und Sonderung der einzelnen Keimblätter); und zwar so, dass in jedem Stadium die neu entstandenen Zellen einer bestimmten Raumzone des künftigen Individuums zugeordnet sind. Also eine abstraktere Form des Präformismus! Nicht der zukünftige Körper ist im Keim in Kleinform enthalten, sondern der Präformismus besteht erstens in der determinierenden Macht der Gene, zweitens in der Disposition der Raum- und Gestaltzonen, nach der sich die Entfaltung des Keimes richtet. Die „Einschachtelungstheorie" des alten Evolutionsismus ist damit aufgegeben. Dass für die Zeugung neuer Lebewesen gleicher Art undifferenzierte Keimzellen bereitstehen müssen, sucht man durch die Scheidung von Keimplasma, das im Laufe des individuellen Lebens unverändert mitgeführt wird, und Somatoplasma, aus dem sich das Individuum durch die Teilungsstadien bildet, zu erklären (Keimbahntheorie WEISMANNS).[47]

Bis hierhin ist diese genetische Theorie noch ebensowenig evolutionistisch im modernen, oben skizzierten Sinne wie der alte Evolutionismus des 18. Jahrhunderts. Das eigentlich evolutionistische Moment ergibt sich erst durch die Heranziehung der Mutationen, die die im Erbgefüge notwendigen Umwandlungen zum Entstehen der neuen Form erklären sollen. Der mechanistische Charakter, der sich bei dieser Form des Evolutionismus durch seine Rückführung auf die atomistische Kombination der Genmoleküle ergibt, hat als kritischen Gegenspieler den dialektischen Materialismus auf den Plan gerufen.

12. OPARIN und der Evolutionismus

Diese Form des Evolutionismus, typisch vertreten von OPARIN,[48] gründet auf der Annahme einer wachsenden Komplexion von Elementen, die aber notwendig und nicht zufällig im dialektischen Fortschritt und nicht mechanisch erfolgen

---

47 Vgl. SCHUBERT-SOLDERN, Materie und Leben als Raum- und Zeitgestalt, 73 ff.
48 Vgl. GUSTAV A. WETTER: Der dialektische Materialismus und das Problem der Entstehung des Lebens, München 1958; vgl. auch Kapitel 4.9.2 im Buchteil „Die fünf Hauptkritikbereiche der Evolutionstheorie", WOLFGANG WEHRMANN/WOLFGANG KAMMERER.

soll. Zunächst werden unter atmosphärischen Einflüssen früherer Zeitepochen und unter einmaligen Bedingungen anorganische Stoffe zu niedermolekularen organischen synthetisiert, die letzteren zu großmolekularen physiko-chemischen Gebilden. Durch Polymerisation und Autokatalyse (Selbstreproduktion nach dem einmal erreichten Muster) bilden sich aus den Radikalen (Molekülteilen) allmählich immer kompliziertere Großgebilde, die von einer bestimmten Stufe an einen selbständigen Austausch ihrer Teile unter Korrespondenz mit der Umwelt erreichen sollen, die sogenannten Koazervate (Koazervat = geordneter Haufen, von acervus, der Haufe). Sie stellen »offene Systeme« dar, die durch Aufnahme von Fermenten aus der Umwelt die Fähigkeit erlangen sollen, sich mit einer Membran zu umgeben (häutige Grenze) und einen sich ständig reproduzierenden Austausch von Stoffen mit der Umgebung zu realisieren. Das Koazervattröpfchen macht sich zum Träger und Ziel dieses Austausches. Die Fortpflanzung gibt nur weiter, was das Tröpfchen sich erworben hat. So sollen allmählich nacheinander die Grundfunktionen des Lebens entstehen. Diese Entwicklung vom Anorganischen über das niedermolekulare organische und die hochmolekularen organischen Gebilde bis zum Koazervat und zum eigentlichen Lebewesen wird so gedacht, dass das jeweils Höhere durch einen qualitativen (dialektischen) Sprung aus dem jeweils Niederen entsteht.[49] Dies alles soll mit dialektischer Notwendigkeit geschehen, jeder „Zufall" ausgeschlossen sein — ein radikaler Evolutionismus. Hier ist das „Ideal" des Evolutionismus, wie wir ihn definiert haben, erst ganz erfüllt, weil die höhere Form hier lückenlos aus der niederen hervorgetrieben wird, wenn auch unter Stützung auf die Umwelt.

Mit der OPARINschen Theorie ist die des TEILHARD DE CHARDIN rein formal gesehen am stärksten verwandt. Auch er macht den Komplexionsgedanken zum Grundgedanken seines Systems. Den Naturalismus des dialektisch-materialistischen Evolutionsschemas will er damit überwinden, dass er in den Anfangsstoff der Welt bereits keimhaft Leben, Bewusstsein und Geist hineindenkt. Dem Autonomismus jener Lehre, das heißt dem Versuch, das Höhere aus der immanenten Eigengesetzlichkeit des Niederen ohne Rückgriff auf eine Transzendenz zu erklären, stellt er die These entgegen, dass Gott in Gestalt von »Punkt Omega« bei diesem evolutiven Geschehen ziehend, lenkend und Richtung gebend beteiligt sei. Wir werden sehen mit welchem Erfolg.

Lamarckismus und Darwinismus

Vom Lamarckismus und Darwinismus braucht hier nicht viel gesagt zu werden, da sie einerseits allgemein bekannt sind und andererseits an Aktualität verloren

---

49 Vgl. GUSTAV A. WETTER, Der dialektische Materialismus, 53 ff.

haben. Der ursprüngliche Darwinismus ist bekanntlich durch die Zusatztheorie der Mutationen reaktiviert worden, besonders wirkt er in der mechanistischen Genetik und Keimbahntheorie nach, von der schon gesprochen wurde. Es ist genügend darauf hingewiesen worden, dass die darwinistische Zuchtwahltheorie wohl die Ausmerzung der schwachen, nicht aber das Entstehen von neuen Formen origineller Organisation und Gestalt erklären kann. Auch die Kritik am Lamarckismus mit seiner Annahme einer aktiven Anpassung an neue Lebensbedingungen unter Vererbung der neu erworbenen Eigenschaften ist bekannt.

Überblickt man die bisherigen Formen des Evolutionismus, so sind eigentlich nur dialektischer Materialismus und Chardinismus aktuell, in dem Sinne, dass sie gegenwärtig im Brennpunkt der Diskussion stehen. Sie allein erfüllen auch rein den oben definierten Begriff des Evolutionismus. Alle anderen arbeiten nicht mit einem streng geschlossenen Kausalnexus, sie lassen bei der Ableitung des Späteren vom Früheren Raum für den Zufall oder ein schöpferisches Eingreifen. Man könnte bei ihnen sinngemäßer den alten Terminus „Deszendenztheorie" anwenden.

Ziemlich evolutionistisch im Sinne unseres Begriffs ist allerdings auch der Lamarckismus, da er vorgibt, durch Anpassung neue Seinsformen erklären zu können. Aber auch er betont die Vererbung und folgerecht auch den genealogischen Zusammenhang stark, und dieser ist notwendig von nicht prognostizierbaren Faktoren durchsetzt; denn dass ein Organismus einen anderen zeugt, ist niemals notwendige Folge aus dem Sein des Ausgangsorganismus. So ist auch der Lamarckismus mehr Deszendenztheorie im alten als Evolutionismus im neuen Sinne.

Für dialektischen Materialismus und Chardinismus ist es dagegen kennzeichnend, dass sie, wie die nichtprognostizierbaren Faktoren überhaupt, so besonders den Faktor der Proliferation entweder nicht beachten oder unterschätzen, weil er in ihr System lückenloser notwendiger Folge des Späteren aus dem Früheren auf Grund ständig erweiterter Komplexion nicht passt. A. WETTER hat bereits auf die diesbezügliche Schwäche der Koazervattheorie aufmerksam gemacht: wie soll das Koazervattröpfchen sich zwecks Vermehrung teilen, ohne seine mühsam erworbene empfindliche Struktur zu zerstören und wieder ganz von vorne beginnen zu müssen? Und TEILHARD DE CHARDIN sagt ausdrücklich, dass ihn die Genetik nicht interessiere. Verständlich, sie würde sein System der fortschreitenden Komplexion als eines einheitlichen Prinzips für den Aufstieg im Kosmos zerstören; muss doch der Keim jeden Lebewesens, mag es als reifes Individuum noch so „komplex" sein, wieder auf eine völlige Einfachheit zurückkommen. Diese Rückkehr zum Einfachen lässt sich nicht durch ein Gesetz der Komplizierung erklären, geschweige denn als kausal-notwendiges Produkt durch ein solches Gesetz vorausberechnen; und hier haben wir den Einbruch des Nichtprognostizierbaren in die Progressionsreihe des Evolutionismus.

Eben dieser „Wille zum System" im Sinne einer lückenlosen Kausalkette „von unten nach oben" gehört zum Wesen des eigentlichen Evolutionismus.

13. Hypothese der Theorie der gestuften Schöpfung

13.1 Totale Schöpfung und fortgesetzte Schöpfung

THOMAS VON AQUIN bestätigt den Sachverhalt, dass alles Sein von Gott stammt und daher jedes Selbstandseiende unmittelbar geschaffen sein muss, ungeachtet seines Beitrages aus eigener Aktivität, den wir deutlich herausgestellt haben. Wir haben also keine (induktive) Verallgemeinerung vollzogen, sondern gleich beim „Allgemeinen" begonnen, sofern es sich um die Universalität des Seins handelt, das nach THOMAS die universellste Wirkung Gottes in bezug auf das Geschöpf ist. Ein metaphysisches Prinzip — wie „alles Sein stammt von Gott" — muss entweder ausnahmslos gelten, oder es kann überhaupt nicht gelten. Um diese Universalität des Seins handelt es sich aber in beiden Fällen: wenn es um ein „erstes Geschöpf" geht, bei dem Gott an nichts anknüpft, oder um ein solches, bei dem er ein bereits vorhandenes Material als Ausdrucksmedium verwendet. Wir haben in den voraufgehenden Abschnitten nachgewiesen, dass die schöpferische Relation in beiden Fällen dieselbe ist und dass es sich beide Male um Erschaffung des Seinsaktes und der entsprechenden Prinzipien handelt.

Es ist also umgekehrt: das schöpferische Wirken Gottes beim Entstehen einer neuen Art ist keine Verallgemeinerung dessen, was bei der Erschaffung der Einzelseele vorliegt, sondern beide Male handelt es sich um Besonderungen des allgemeinen metaphysischen Gesetzes, dass alles Sein von Gott stammt und jedes Selbstandseiende unmittelbar zu Gott ist.

Diese These nennen wir die der totalen Schöpfung. Zu ihrer Verifizierung wollen wir die wesentlichsten Schöpfungsbereiche durchgehen.

Nicht nur die Entstehung einer neuen Art gelegentlich der elterlichen Zeugung innerhalb der alten Art, sondern jede neue Zeugung eines Lebewesens, auch innerhalb der Art, setzt das schöpferische Tun Gottes im ähnlichen Sinne voraus.[50]

Zwar entsteht hier kein neuer Artlogos, infolgedessen auch kein Gestaltungsfaktor und kein psychisches Prinzip, die artmäßig neu wären. Aber dennoch muss es sich um einen neuen individuellen Gestaltungsfaktor und ein neues individuelles psychisches Prinzip handeln (wenn auch innerhalb der glei-

---

50 JOHANNES HAAS, Biologie und Gottesglaube, Berlin 1961, 123f.

chen Art). Jedes Lebendige muss seine eigenen, auf seine individuelle Ganzheit und Selbständigkeit bezogenen Formprinzipien haben. Konstitutionen sind je individuell, wenn auch (bei Tier und Pflanze) unter der Herrschaft eines übergreifenden Artlogos.

Hier hat nun folgende Überlegung einzusetzen: der individuelle Gestaltungsfaktor eines der elterlichen Individuen kann nicht den individuellen Gestaltungsfaktor des neuen Individuums hervorbringen, denn jeder individuelle Gestaltungsfaktor ist auf die je individuelle Konstitution bezogen, und etwas Individuelles ist wesensmäßig nicht multiplizierbar. Das Gleiche gilt für das Verhältnis von individuellem psychischem Prinzip eines Elternteils und individuellem psychischem Prinzip des neuen Individuums. — Natürlich können auch nicht die individuellen Gestaltungsfaktoren der elterlichen Individuen oder die individuellen psychischen Prinzipien der Eltern zusammen den neuen Gestaltungsfaktor beziehungsweise das individuelle psychische Prinzip des gezeugten Individuums erzeugen.

Es ist auch undenkbar, dass der neue individuelle Gestaltungsfaktor aus den beiden elterlichen alten Gestaltungsfaktoren oder das neue individuelle psychische Prinzip aus den beiden alten Prinzipien zusammengesetzt wäre. Denn etwas metaphysisch Einfaches lässt sich weder halbieren noch in Hälften weitergeben noch aus Hälften zusammensetzen

Schließlich gilt das bereits beim Neuentstehen einer Art auf Grund einer alten herangezogene Argument: von den korrelativen Prinzipien der Einfachheit und der Einheit ist keines fähig, seinen Partner hervorzubringen, da beide in konstitutiver Abhängigkeit voneinander stehen. Und daher kann kein individuelles psychisches Prinzip eines Elternteiles einen neuen individuellen Gestaltungsfaktor im gezeugten Individuum und kein individueller Gestaltungsfaktor eines der Eltern ein neues individuelles psychisches Prinzip im Gezeugten hervorbringen.

Für das zweite Konstituens, die Materie (den Körper) des neuen Individuums, gilt bei der Zeugung innerhalb der Art dasselbe wie beim ersten Individuum einer neuen Art: es muss in seiner Ganzheitlichkeit neu sein, da es in seiner Individuation notwendig an der Individuation des ganzen Individuums teilnimmt. Freilich handelt es sich hier um keine Schöpfung ganz aus dem Nichts. Wie das Anknüpfen des Schöpfers an die vorgegebene Materie, an das Keimmaterial (Gameten!), zu denken sei, werden wir in den Abschnitten über den „Kontakt mit der Evolutionstheorie" darstellen.

Wenn aber Prinzip der Einfachheit und Prinzip der Einheit ganz neu, das heißt geschaffen sind, dann muss das auch für den individuellen Seinsakt, die individuelle Wesenheit (im Unterschied zum Artlogos) und den individuellen ontologischen Sinn des neuen Individuums gelten, denn wenn sie auch in psychischem Prinzip, Gestaltungsfaktor und Materie konstituiert sind (weshalb wir sie die „Konstituierten" nennen), so können sie dies doch nicht sein, ohne in Einem vom Schöpfer mitgeteilt und von den Konstituentien empfangen zu sein.

13.2 Menschsein und Geschaffensein

Die Frage nach dem ersten Menschen

Wenn es zutreffen sollte, dass der erste Mensch einem tierischen Mutterleibe entstammt ist, dann gelten für das erste Entstehen eines menschlichen Individuums die gleichen Argumente, aber in verschärfter Form, die wir bereits beim Entstehen eines ersten Individuums einer neuen tierischen Art für die unmittelbare schöpferische Tätigkeit Gottes herangezogen hatten. Sie gelten in verschärfter Form wegen der entscheidenden metaphysischen Unterschiede zwischen dem ersten Menschen und dem ersten Individuum jeglicher Tierart.

Der erste entscheidende Unterschied besteht darin, dass das Prinzip der Einfachheit beim Menschen im personalen Geist besteht, der in seiner positiven Einfachheit einem bloßen tierischen psychischen Prinzip, das ja dem tierischen Organismus ganz „eingesenkt" ist (forma inhaerens), gewaltig überlegen ist.

Weiter müssen wir beachten, dass der Mensch ein ganz neuer Gesamtentwurf in der Natur gegenüber der tierischen Lebensform ist. Er hat nicht etwa einen tierischen Organismus, dem ein personaler Geist nur „aufgesetzt" wäre, sondern einen Leib, der sich — und zwar schon biologisch — vom tierischen Organismus wesentlich unterscheidet, weil er sein Sein (auch biologisch) nur in ontologischer Relation zum personalen Geiste hat. Also ist der Mensch eine Seinseinheit von Geist und Leib. Damit verbindet sich aber der weitere Sachverhalt, dass nicht nur „der Mensch" gegenüber „dem Tier" (als Gattungsbegriff) einen neuen Gesamtentwurf darstellt, sondern jeder Mensch als Individuum. Es ist nicht so, als wenn ein singulärer Leib mit einem singulären Geist zufällig verbunden wäre, und als wenn „dieser" Leib genauso gut mit „jenem" Geist und „dieser" Geist genauso gut mit „jenem" Leib zusammen existieren könnte. Sondern „dieser" bestimmte Leib ist nur dieser, weil er zu „diesem" Geist einmalig und unauswechselbar konstitutiv hingeordnet ist; und „dieser" Geist ist nur dieser in seiner Hinordnung auf „diesen" Leib. In jedem Menschen herrscht zwischen seinem Geist und seinem Leib eine einmalige, bei keinem anderen so wiederkehrende Bewegungs- und Begegnungsform, die die dynamische Weise bestimmt, in der sich dieser Geist in diesem Leibe ausdrückt und reziprok dieser Leib als Ausdrucksmedium gerade diesem Geist dienend hingeordnet wird. Wir haben diese Verbindungsform — als „individuelle Form" — das Personalitätsprinzip genannt. Es ist die Sonderform, die der Gestaltungsfaktor beim Menschen annimmt. Nach unserer Konstitutionslehre ist es das „dritte" Konstituens — nicht indessen eine dritte Natur zu Geist und Vitalität! Während der Geist das erste, der Leib das zweite ist. Der Geist ist Prinzip der Einfachheit, das Personalitätsprinzip das der Einheit.

Somit besitzen alle drei Konstituentien beim Menschen im Vergleich zum Tier eine metaphysische Sonderstellung.

Das Entsprechende gilt für die Konstituierten: der Seinsakt des Menschen, der zwischen dem personalen Geist und dem einmaligen, „worthaft" dem Geiste zugeordneten Leibe aufgespannt ist, besitzt eine unvergleichlich höhere metaphysische Mächtigkeit und Würde als ein tierischer Seinsakt.

Die individuelle menschliche Wesenheit ist durch eine metaphysische Kluft von der individuellen Wesenheit eines Tierexemplares geschieden. Ein Tierexemplar unterscheidet sich von einem anderen der gleichen Art nur unwesentlich (akzidentell), ein Mensch vom anderen aber wesentlich. Und zwar so, dass der Unterschied von Person A und Person B zum Wesen einer jeden von ihnen gehört und infolge dessen jede ihr eigenes Wesen nur durch Begegung mit der „ganz anderen" erfahren kann.[51] Deshalb entspricht jeder Mensch, wie AUGUSTINUS sagt, einem besonderen Gedanken Gottes. Das muss auch für den „ersten Menschen" gelten. Hier entsteht gar nicht so etwas wie ein bloßer abstrakter Artlogos wie bei Tier und Pflanze, der sich in den weiteren Exemplaren der Art nur fortzeugt und serienhaft vervielfältigt, sondern eine urphänomenale Wesenheit, die gleichermaßen Geist, Leib und Personalitätsprinzip durchwaltet. So ist die Wesenheit eines jeden Menschen urphänomenal, während sich die Urphänomenalität bei Tier und Pflanze nur auf die Art als solche erstreckt.

Schließlich ist der individuelle ontologische Sinn des Menschen dadurch ausgezeichnet, dass er nicht nur eine individuelle biologische Lebenskurve meint, sondern auch einen einmalig-personalen Bezug zu Mitmenschen und zu Gott mit einer einmaligen persönlichen Schicksalslinie einschließlich des übernatürlichen Vollendungszieles. Das ist eine einmalige ontologische Sinnbestimmung, an deren Erfüllung der Mensch durch Freiheit mitwirkt.

Die Argumente dafür, dass Gott im ersten Menschen Geist, Ganzheitlichkeit des Leibes (eventuell unter Anknüpfung an tierische Vorstufen), Personalitätsprinzip, Seinsakt, Wesenheit und ontologischen Sinn unmittelbar neu schafft, decken sich mit jenen, die wir für Gottes Schöpfungstätigkeit beim Entstehen einer neuen Art auf Grund einer alten beigebracht haben. Wir brauchen nur in die dort angeführten Argumente beim Gestaltungsfaktor das Personalitätsprinzip, beim psychischen Prinzip (anstelle seiner) den Geist, bei der Materie den Leib einzusetzen; bei der Wesenheit handelt es sich um die urphänomenale

---

51 H. E. HENGSTENBERG, Philosophische Anthropologie, Stuttgart 1957, 343 ff.

menschliche Wesenheit, beim ontologischen Sinn um den einmaligen menschlichen Lebenssinn. Es ist überflüssig, dass wir die Argumente selbst noch einmal wiederholen. Sie gelten aber wegen der soeben herausgestellten metaphysischen Sonderstellung des Menschen verschärft:

Wenn schon der Gestaltungsfaktor einer alten und niederen Tierart keinen neuen Gestaltungsfaktor einer höheren hervorbringen kann, dann sicher ein tierischer Gestaltungsfaktor, der nur über einen Bios herrscht, nicht ein menschliches Personalitätsprinzip, das die einmalige Begegnung von personalem Geist und worthaftem Leib bestimmt. Wenn schon ein Gestaltungsfaktor der alten Art kein psychisches Prinzip einer neuen und höheren Art machen kann, dann erst recht kein tierischer Gestaltungsfaktor einen metaphysisch einfachen personalen Geist; und wenn es schon ausgeschlossen ist, dass ein psychisches Prinzip einer niederen Tierart den Gestaltungsfaktor der höheren Art hervorruft, dann ist erst recht unmöglich, dass eine Tierpsyche das menschliche Personalitätsprinzip hervortreibt. Dass es widersinnig ist, den menschlichen personalen Geist aus einer tierischen Psyche zu erklären, braucht nicht eigens betont zu werden. Es kommt hinzu die unübertreffbare metaphysische Einfachheit des Geistes, eine positive Einfachheit, die im Naturreich nicht ihresgleichen hat. Desgleichen soll „ohne Bewegung" (THOMAS) geschaffen sein.

Entsprechend soll an den Widersinn erinnert werden, Gott als aktualisierendes Formprinzip einer endlichen Materie (einer passiven Potenz) einzuführen, wodurch Gott als Form eines Innerweltlichen eingeweltlicht wird. Es ist widersinnig, sich das Entstehen des ersten Menschen so zu denken, als wenn Gott an einem Keimmaterial, an einer Tierpsyche oder einem tierischen Gestaltungsfaktor genetisch herummodelte, bis daraus die entsprechenden menschlichen Stücke entstanden seien. Was einzig in Frage kommt und dem Schöpfer gemäß ist, ist Neuschaffung. Hier sei noch einmal darauf hingewiesen, dass jede evolutionistische Komplexionstheorie an den einfachen Prinzipien scheitert. Etwas prinzipiell Einfaches kann weder geteilt noch aus Teilen komponiert gedacht werden. Das gilt besonders für die menschliche Geistseele und das Personalitätsprinzip. Sie können dies nur in der überzeitlichen Schöpfungsrelation – und so müssen Seinsakt, Wesenheit und ontologischer Sinn des ersten Menschen neu geschaffen sein. Ganz besonders, wenn wir an die urphänomenale Wesenheit des Menschen und an seinen absolut je-einmaligen Lebenssinn denken, der eine Berufung zu einem natürlich und übernatürlich einmaligen Lebensweg bedeutet.

Der menschliche Leib

Ein Punkt muss indessen noch besonders hervorgehoben werden. Er betrifft das zweite Konstituens, den menschlichen Leib. Wir stellten schon bei der Entstehung eines ersten Individuums einer neuen Art „aus" einer früheren heraus, dass das materiale Prinzip in seiner Ganzheitlichkeit neu geschaffen wird, wiewohl untergeordnete Materie aus dem Keimmaterial der alten Art dabei verwendet wird. Das muss für das materiale Prinzip des Menschen, nämlich seinen Leib, ganz besonders gelten, der ist, was er ist, nur in konstitutivem einmaligem Bezug zu dem entsprechenden einmaligen Geist; und es muss gelten unabhängig davon, ob Gott dabei an ein tierisches Keimmaterial anknüpft oder an einen für uns nicht näher eruierbaren „Lehm".[52] Es wäre also außerordentlich primitiv, wenn man sich die Sache beim Entstehen des ersten Menschen so vorstellen würde, dass Gott nur die Geistseele schüfe und dass alles weitere sich von selbst dadurch ergäbe, dass diese neu geschaffene Geistseele sich als Formprinzip des tierischen Keimmaterials bemächtigte und daraus den menschlichen Leib formte. Denn der menschliche personale Geist ist nur menschlicher personaler Geist in konstitutiver Hinordnung auf den entsprechenden individuierten Leib; und umgekehrt ist dieser Leib nur Leib in der konstitutiven Hinordnung auf den zugehörigen Geist (und in konstitutiver Verbundenheit mit dem individuellen Personalitätsprinzip, dem individuellen Seinsakt, der individuellen Wesenheit und dem individuellen ontologischen Sinn). Jede lebendige Konstitution ist eine unlösbare Einheit von Konstituentien und Konstituierten; wir können nicht ein Konstituens oder Konstituiertes herausbrechen, ohne die Konstitution zu zerstören. Der Geist kann weder in Existenz treten noch wirken, ohne dass entsprechender Leib in Existenz tritt und wirkt. Deshalb muss der erste Mensch ganz neu geschaffen sein mit Geist, Personalitätsprinzip, Leib (sowie Sein, Wesenheit und Sinn), wenn auch das Anknüpfen Gottes an vorgegebene Teilmaterie nicht ausgeschlossen ist. Aus den genannten Gründen ist auch die Theorie unhaltbar, der erste Mensch könne so entstanden sein, dass Gott in ein schon existierendes Tierindividuum den Geist hineingeschaffen habe und dass der Geist dann die menschliche Formung der anderen Konstituenten übernommen habe. Es wird auch nicht besser, wenn man zusätzlich annimmt, auch das Personalitätsprinzip sei so „hineingeschaffen", denn auch dieses setzt ein ab ovo zugeordnetes materielles Konstituens voraus. Sagt man aber, Gott habe bei dem zu „verwandelnden" Individuum selbst die Materie umgeordnet, so verfällt man in die oben abgelehnte Hypothese, dass Gott als deus ex machina durch „Sondereingriffe" ein innerweltliches zeitliches Wirken (durch „Bewegung") zugesprochen wird. Nur so ist die (thomasische) Forderung erfüllt, dass Gott das ganze Seiende schafft mit allen seinen Gründen.[53] Wir stehen mit unserer Auffassung, dass der Leib

---

52 Vgl. BIBEL, AT und NT, Einheitsübersetzung Herder, Freiburg 1996, Buch Genesis.
53 H. E. HENGSTENBERG, Der Wesensunterschied zwischen Mensch und Tier, Wolfsburgreihe Bd. 6, Essen-Ruhr 1962, 44.

des ersten Menschen in seiner Ganzheitlichkeit neu und insofern unmittelbar erschaffen sei, keineswegs allein.

Mag der erste Mensch noch so primitiv, sein Geist noch so „dumpf" gewesen sein (was wir allerdings nicht wissen können!), es besteht ein metaphysischer und kein bloß qualitativer Sprung zwischen „letztem" Tier und erstem Menschen. „Phänomenale" Übergänge, das heißt solche in den messbaren Gegebenheiten der Körperlichkeiten und noch so viele gefundene „missing links" ändern daran gar nichts. Denn Körper ist noch nicht Leib, und Leib mehr als die Summe von mess- und wägbaren Partikeln. Die paläontologischen Funde stellen aber fast reine Körperlichkeit dar, so wie jeder Leichnam menschliche Materie in der Seinsweise potenzierter Verkörperlichung ist. Was soll man da erst von einzelnen Knochenfunden sagen? Angesichts mancher paläontologischer Funde müsste man doch wohl ehrlicherweise sagen, dass man nur dann entscheiden könnte, ob sie zu einem menschlichen Leib oder bloß einem tierischen Organismus gehörten, wenn man die betreffenden Wesen von Angesicht gesehen hätte. Denn der Leib ist nur Leib im ausdruckshaften Durchstrahltsein von personalem Geist, und deshalb erfasse ich Leib als Leib auch nur im persönlichen Erfahren solcher Durchstrahltheit (personare). Deshalb ist es so töricht, irgendwelche „phänomenalen" Übergänge zwischen Tier und Mensch, die doch im wesentlichen das Körperliche (und nicht das Leibliche) angehen, als Argument gegen den metaphysischen Sprung zwischen tierischem Organismus und menschlichem Leib und damit zwischen Tier und Mensch überhaupt zu gebrauchen.

Der metaphysische Sprung zwischen Tier und Mensch ist aber ohne Schöpfung nicht denkbar.

13.3 Der schöpferische Faktor im biologischen Wachstum

Man muss aber zufolge des allgemeinen Prinzips, dass alles Sein unmittelbar von Gott stammt, auch bei jeder gewöhnlichen Zellteilung, bei der ja neues Sein entsteht, einen schöpferischen Faktor annehmen. Denn wenn es stimmt, dass in jeder Zelle ein Gestaltungsfaktor, eine „Entelechie" herrscht, die die biochemischen Prozesse ordnet und lenkt, dann müssen nach der Teilung der „Mutterzelle" notwendig zwei Entelechien vorliegen; denn dass die alte Entelechie der „Mutterzelle" als immaterielles Ordnungsprinzip geteilt würde, ist ein widersinniger Gedanke. Wenn aber erst nur eine Entelechie besteht, nach der Teilung aber zwei existieren, dann entsteht die Frage: woher sollen diese zwei kommen? Eine muss zumindest neu geschaffen sein. Wahrscheinlich sind es aber alle beide. Denn dass die Entelechie der Mutterzelle nach Abspaltung der einen Zellhälfte erhalten geblieben sei, ist doch die unwahrscheinlichere Annahme. In jedem Falle liegt aber Schöpfung von Entelechie vor.

Dann aber ist auch das ganze Wachstumsgeschehen bei einem Metabionten (Vielzeller), das ja auf Zellteilungen beruht, vom schöpferischen Tun Gottes durchwirkt.

Wieder kann gesagt werden: von den biologischen Gesetzen der Mitose (Zellteilung), die die Biologie feststellt, wird nicht das Geringste verändert oder abgebrochen durch Annahme dieses schöpferischen Faktors. Es wird zum Beispiel nichts verändert von dem Vorgang der Trennung der homologen Chromosomen in zwei selbständige Hälften, wobei die beiden Zentralkörperchen und die von ihnen tonnenförmig abziehenden Spindelfasern als „Verteilungsapparat" fungieren.[54] Gott knüpft beim Schaffen der neuen Entelechie oder der beiden neuen an diese „Konditionen" an, ohne sie zu vernichten oder zu verändern. Keine „Sondereingriffe in sein Werk"!

13.4 Zusammenhang von Totalität und Persistenz der Schöpfung

Das Entstehen neuer anorganischer und organischer Moleküle (biochemischer Konstitutionen) sowie die Zellteilung machen ja das Wachstum eines materiell gebundenen Selbstandwesens aus, wie sie auch zur Erhaltung dieser Wesen dienen. So ist das ganze Sein und Wirken aller Geschöpfe bis ins Innerste vom schöpferischen Tun Gottes durchwirkt. Das eben ist das, was wir totale Schöpfung nennen.

Damit verbindet sich unlösbar der Begriff der fortgesetzten Schöpfung. Er hat seinerseits zwei Bedeutungsmomente:

1. Er besagt, dass es sich, wenn Gott das Geschöpf im Worte ins Sein ruft, nicht um ein episodisches Tun (im Sinne des Deismus) handelt, sondern um ein persistierendes Tun, das aber der Überzeitlichkeit der schöpferischen Relation entspricht. Das Geschöpf empfängt Sein, Wesenheit und Sinn nicht episodisch im Zeitpunkt seines Entstehens, sondern dauernd, solange es existiert.[55] Es ist nur im (aktiven) Empfangen. Schöpfung und Erhaltung des Seienden sind, von Gott her gesehen, ein und dasselbe.

2. Das zweite Bedeutungsmoment des Begriffes »fortgesetzte Schöpfung« besagt, dass der Bestand von realen Seienden und von realem Sein in Seienden in der Schöpfung ständig von Gottes Schaffen her erweitert und vermehrt wird, und dass alle Nova an realem Seiendem und realem Sein in dieser Welt unmittelbar von Gott geschaffen werden. Im Rahmen dieses zweiten Bedeutungsmomentes von »fortgesetzter Schöpfung« hat das Stelle, was wir die

---

54 Vgl. SCHUBERT-SOLDERN, Materie und Leben als Raum- und Zeitgestalt, 101.
55 J. HAAS, Biologie und Gottesglaube, Berlin 1961, 157.

Theorie der gestuften Schöpfung genannt haben: Gott schafft weiter an bereits von ihm Geschaffenem.

13.5. Totale Schöpfung und totale Eigentätigkeit des Geschöpfes

Gott tastet in seinem Schaffen niemals die spezifische Eigentätigkeit des Geschöpfes an, sondern setzt sie vielmehr (freiwillig) voraus. Das gliedert sich in zwei Gesichtspunkte:

1. Gott teilt schaffend das Sein so mit, dass er zugleich darin das Geschöpf dazu ermächtigt, eben dieses Sein konstitutiv im „aktiven Empfangen" zu vollziehen (actio immanens) und es zweitursächlich für ein Handeln aus eigener Subjektivität einzusetzen (actio transiens). Das gilt für jedes Geschöpf, sei es ein „erstes" oder ein solches, das in Anknüpfen an schon Geschaffenes von Gott geschaffen wird.
2. Wenn Gott an schon Geschaffenem weiterschafft, dann schaltet er die spezifische naturhafte Eigentätigkeit der dabei beteiligten Geschöpfe nicht aus und er verändert und schwächt nicht deren geschöpfliche Eigenkausalität, sondern knüpft daran an. Das gilt für das Entstehen des ersten Menschen wie für die Zeugung eines Menschen durch die Eltern, für das Entstehen eines ersten Individuums einer Art wie für die natürliche Zygotenbildung innerhalb einer Art. Es gilt auch für das Entstehen anorganischer oder organischer Moleküle wie für die Zellteilung im natürlichen Wachstum. Wir haben im Vorrausgehenden Wert darauf gelegt, zu zeigen, wie in all solchen Fällen die natürliche Eigentätigkeit des Geschöpfes nicht ausgeschaltet, sondern aufgerufen wird und wie keinerlei Gesetzlichkeit, die die Naturwissenschaft aufweist, durchbrochen und willkürlich verändert wird. Mitten inne im eigengesetzlichen atomar-molekularen oder biologischen Geschehen setzt überzeitlich das „ganz andere" schöpferische Geschehen in bezug auf die Prinzipien der Einheit, der Einfachheit, auf den Seinsakt usw. ein.

Überall Schöpfung und doch nirgends „Sondereingriffe"! Der ontogenetische und der phylogenetische Aufstieg im Kosmos ist nicht als ein Geschehen zu verstehen, in dem Gott und Geschöpf irgendwo „Halbpart" machten, dergestalt, dass ein Geschehen in einen Wirkanteil Gottes und einen des Geschöpfes zu teilen wäre.[56] Vielmehr gilt: in dem Maße, wie das Tun der Erstursache total ist, ist es auch das Wirken der Zweitursachen, nur dass diese zu ihrem Tun stets und ständig von der Erstursache ermächtigt werden. Geschöpfliches Wirken kann und darf auch nur von Geschöpfen gewirkt werden, und Potenzen können und

---

56 JOHANNES HAAS, Biologie und Gottesglaube, Berlin 1961, 114.

dürfen auch nur von den Geschöpfen (die Gott dazu ermächtigt) aktualisiert werden. Je totaler die schöpferische Tätigkeit Gottes gesehen wird, umso totaler auch die Eigentätigkeit der Geschöpfe als Zweitursachen. Es handelt sich nicht um zwei Bereiche, die einander begrenzen, so dass Zunahme des einen den anderen zurückdrängte und einschränkte. Das „ganz andere" Tun des Schöpfers ist ganz und ungeteilt im seinerseits ganzen Tun des Geschöpfes gegenwärtig. Treffend sagt H. VOLK:

„Gott tut ein und sein Ganzes, die Kreatur tut ihr Ganzes".[57]

14. Brücke zur Evolutionstheorie

14.1 Verschiedenheit und Beziehung zwischen den Formalobjekten

Die Verbindung zwischen unserer Schöpfungslehre und einer gesunden Theorie der Evolution haben wir bereits in den voraufgehenden Abschnitten hergestellt. Wir haben den in der Einführung aufgestellten Ansatz der naturwissenschaftlichen Evolutionstheorie unter Wechsel des Formalobjektes verwendet: das konditionale Anknüpfen einer höheren und späteren Seinsform an eine frühere und niedere erwies sich uns nun unter diesem Wechsel des Gesichtspunktes als ein freies Anknüpfen des Schöpfers an die alte Form. Materialobjekt ist bei beiden Aspekten der Realzusammenhang zwischen früheren und späteren Formen im Naturreich, der erste Aspekt gibt den zeitlichen (naturgeschichtlichen), der zweite den überzeitlichen (schöpfungsursächlichen) Zusammenhang der Formen. Der Übergang vom ersten zum zweiten Aspekt vollzog sich reibungslos und widerspruchslos.[58]

Man muss aber auch wirklich beachten, dass der gedankliche Übergang von der Evolution zur Schöpfung einen Wechsel des Blickwinkels um hundertachtzig Grad bedeutet. Wenn man sagt: Schöpfung und Evolution sind vereinbar, so ist das nur unter ganz bestimmten Bedingungen wahr. Man muss sich nämlich davor hüten, die beiden Formalobjekte miteinander zu vermischen und Teile des einen in das andere hineinzunehmen. Wenn man den zeitlich-geschichtlichen Gesichtspunkt, der in der Evolutionstheorie legitim ist, auf die Schöpfung überstreckte Handlung Gottes auffasst, wird das Ganze sofort abgründig falsch, man verkennt das Instante, Jetzthafte der Erschaffung jeder Seinsstufe und jedes Individuums durch Gott und verzeitlicht die Tätigkeit Gottes. Und wenn man umgekehrt das schöpferische Tun Gottes, das „ohne Bewegung" (THOMAS) eine

---

57 H. VOLK, Möglichkeit und Grenzen der Entwicklung, in: Die evolutive Deutung der menschlichen Leiblichkeit, Freiburg 1960, 170.

58 JOHANNES HAAS, Biologie und Gottesglaube, Berlin 1961, 190.

neue Seinsform unter Anknüpfung an die alte ins Sein ruft, in die geschichtliche
Evolution hineinträgt, dann macht man die Evolution, die ein nur „naturgeschichtlicher" Begriff ist, zu einer Schöpfung des Späteren aus der Aktivität des
Früheren, und wir haben sämtliche Ungereimtheiten einer „schöpferischen Evo-
lution".[59] Auf keinen Fall also ist Evolution Schöpfung, in keinem Falle ist
Schöpfung Evolution! Sondern korrekt muss es heißen: ein und dasselbe Materi-
alobjekt, nämlich die Seinsstufung im Naturreich, kann einmal unter dem Ge-
sichtspunkt der Evolution, einmal unter dem der Schöpfung betrachtet werden.
Das übereinstimmende und Gemeinsame ist also einzig das Materialobjekt, und
Evolution und Schöpfung sind nicht „dasselbe".

Wenn der Satz gilt: „Schöpfung und Evolution sind zu vereinbaren", dann
gilt unter anderem Gesichtspunkt der entgegengesetzte Satz: „Schöpfung und
Evolution schließen einander absolut aus". Vereinbar sind sie nur bei Wechsel
des Formalobjektes, unvereinbar bei Beibehaltung ein und desselben Formalobjektes. Die beiden Formalobjekte Schöpfung und Evolution schließen einander
in ein und demselben methodischen Denkschritt radikal aus. Was ich unter dem
Gesichtspunkt der Evolution am Gegenstand erblicke, kann ich nicht unter dem
Gesichtspunkt der Schöpfung erblicken, und umgekehrt. Das Schöpferische
steckt in der Evolution nicht drin, das Zeitliche nicht in der Schöpfung. Wenn
man das nicht sauber auseinanderhält, gibt es ein heilloses Durcheinander, und
der Evolutionismus ist die Folge.[60]

Die Versuchung zur Konfundierung der Formalobjekte von Evolutionstheorie und Schöpfungslehre ist besonders groß, weil es sich in beiden Fällen um
Gesichtspunkte des realen Seins und des Kosmos handelt. Die Katastrophe ist
sofort da, wenn der Naturwissenschaftler bei Behandlung der Evolution in die
metaphysische Ebene hinübergleitet. Das ist immer der Fall, wenn er als Naturwissenschaftler die Konditionalitätsthese hinsichtlich des Zusammenhangs der
Formen überschreitet. Damit erweist sich, dass die naturwissenschaftliche Evolutionstheorie in keinem Falle weltanschauliche, geschweige religiöse Valenz
beanspruchen kann und dass sie, wo immer sie es tut, damit ihre Falschheit erweist. Die Katastrophe tritt aber auch ein, wenn der spekulative Philosoph oder
Theologe naturwissenschaftliche Fakten vernachlässigt, abändert oder spekulativ ersetzt. In beiden Fällen wird auf unerlaubte Weise „Weltanschauung gemacht".

Man sollte daher sauber zwischen Theorie der Evolution und Evolutionismus unterscheiden, wie wir es oben taten. Die Terminologie ist manchmal wichtig. Es wäre zum Beispiel, wie bereits vermerkt, sehr irreführend, von einem

59 J. Haas, Biologie und Gottesglaube, Berlin 1961, 157.
60 J. Haas, Biologie und Gottesglaube, Berlin 1961, 106.

„gemäßigten Evolutionismus" zu sprechen und darunter etwa das zu verstehen, was wir über die unter Wechsel des Formalobjektes gültige Vereinbarkeit von Evolution und Schöpfung gesagt haben. Wir können keinen „Evolutionismus light" vertreten, sondern eine Ergänzung jener Aussagen, die eine wissenschaftliche Theorie der Evolution macht, durch einen ganz anderen Aspekt, nämlich den der Schöpfung. Durch diese Ergänzung ist dem Sachverhalt der Evolution weder etwas hinzugefügt noch weggenommen worden, von gemäßigtem Evolutionismus zu reden ist daher sinnlos. Es kann nicht in Frage kommen, einen Evolutionismus erst anzuerkennen und hernach zu „mäßigen". Der Ausdruck „Evolutionismus light" ist umso verwirrender, weil der Evolutionismus wesensmäßig totalitär ist, wenn er sich überhaupt ernst nimmt.

14.2 Berührungspunkte mit der Evolutionstheorie im einzelnen

14.2.1 Die Umprägung des Erbgutes

In den Überlegungen vom Anknüpfen des Schöpfers an schon Geschaffenes haben wir bereits grundsätzlich die Verbindung mit der Evolutionstheorie gewonnen. Denn wir haben vorausgesetzt, dass der Schöpfer an jene natürlichen Kräfte und Tätigkeiten anknüpft, die normalerweise zu einer Zygotenbildung bei der Fortpflanzung führen. Und zwar sind wir von dem Fall ausgegangen, dass ein erstes Individuum einer neuen Tierart auf Grund einer alten entsteht. Diesen Fall wollen wir im folgenden als Paradefall durchsprechen, von hier aus ergibt sich die Deutung der anderen Möglichkeiten (Gottes schöpferische Beteiligung bei der gewöhnlichen tierischen Fortpflanzung, bei der Entstehung des ersten Menschen, bei der menschlichen Zeugung) von selbst.

Für die Erklärung des Zusammenwirkens von Schöpfer und Geschöpf bei der Entstehung eines ersten Individuums einer neuen Art „aus" der alten haben wir einen wichtigen Fingerzeig in der Lehre der Evolutionstheorie,[61] dass die neu auftretenden Formen aus den schon existierenden durch Umprägung des Erbgutes entstehen.[62]

> „Das Werden einer neuen biologischen Art erfolgt wahrscheinlich durch Umprägung eines biologischen Erbgutes. Das ist die einzige Beteiligung, die man den lebenden Geschöpfen zuschreiben kann. Nur in diesem Sinne kann man von einer Abstammung der späteren Arten von den früheren reden. Diese Abstammung ist aber nicht mehr eine formelle Mitwirkung, weil kein Lebewesen Organe und Kräfte besitzt, um Nachkommen einer anderen Art hervorzubringen. Die genannte Abhängigkeit lässt sich aber doch als eine Art entfernter Mitwirkung auffassen, weil die Neu-

---

61 JOHANNES HAAS, Biologie und Gottesglaube, Berlin 1961, 146f.
62 JOHANNES HAAS, Biologie und Gottesglaube, Berlin 1961, 146.

entstehung durch Anschluss an bestehende Verhältnisse, die sich durch die Wirksamkeit schon existierender Lebewesen ergeben haben, vor sich gegangen ist."[63].

Aus diesen Sätzen von J. HAAS ersehen wir, worin das Anknüpfen des Schöpfers wesentlich besteht: darin, dass das Erbgut (Genbestand) und damit das gesamte Keimmaterial (da ersteres ohne das letztere nicht Bestand hat) „umgeprägt wird", und zwar notwendig schon bei der Einwirkung der elterlichen Gameten aufeinander bei ihrer Verschmelzung, so dass schon die neu entstehende Zygote als solche eine Neuschöpfung ist. Denn es ist nicht denkbar, dass der Schöpfer erst einen fertigen Keim (Zygote) der alten Art entstehen lässt und sie dann durch „Umprägung" zugunsten der neuen vernichtete. Und zwar nicht nur deshalb, weil es der Treue Gottes zu dem von ihm Geschaffenen widerspräche und der Sein schenkende Gott wesensmäßig nie vernichtet, sondern aus dem noch viel wichtigeren Grunde, weil eine solche „vernichtende Umprägung" eine Zustandsveränderung im Sinne einer „Bewegung" wäre, die, wenn sie Gott zugesprochen wird, ihn in seiner Tätigkeit verzeitlichen und zur innerweltlichen Zweitursache herabsetzen muss. Aus diesem zweiten Grunde müssen wir aber noch mehr sagen: die Umprägung des Erbgutes hat nicht nur zu erfolgen, bevor eine Zygote der alten Art zustande gekommen sein kann, sondern sie darf überhaupt nicht Gott als Ersturssache zugeschrieben werden. Gott schafft den Gestaltungsfaktor und das psychische Prinzip der neuen Art in Verein mit Sein, Wesenheit und Sinn unmittelbar in das Keimmaterial und die natürlich wirkenden Fortpflanzungskräfte hinein; und diese neu geschaffenen Prinzipien sind es, die, von Gott dazu ermächtigt und gestützt auf Materie, die Umprägung leisten.

Dieses Geschehen der Umprägung unter Anknüpfung an die natürlichen Fortpflanzungskräfte ist aber weithin ein Ordnungsgeschehen. Greifen wir einige der entscheidenden Phasen heraus: Teilung des Ei- und Spermienkernes, Annäherung von beiden und ihre Verschmelzung. Bei Annäherung und Verschmelzung kommt sicherlich eine Zusammenordnung der Chromosomen von Ei- und Spermienkern zustande. Warum sollte bei dieser Zusammenordnung des Genbestandes nicht plötzlich ein Ordnungsfaktor wirksam werden, der weder dem Gestaltungsfaktor (und psychischen Prinzip) des väterlichen noch des mütterlichen Teiles entspricht, sondern einem im oben bestimmten Sinne artmäßig ganz neuen Gestaltungsfaktor (und psychischen Prinzip)? Mit anderen Worten, in diesem „Interregnum", bevor sich ein individueller Gestaltungsfaktor (mit entsprechendem psychischem Prinzip) im Sinne der alten Art aus den Gameten bildet, könnte ein artmäßig neuer — mit neuem Prinzip der Einfachheit, neuem Seinsakt usw. — vom Schöpfer hineingeschaffen und entsprechend ordnend wirksam werden.

---

63 JOHANNES HAAS, Biologie und Gottesglaube, Berlin 196., 156.

Wir lasten also diese Neuordnung des Genbestandes nicht dem Schöpfer als Erstursache an, was wieder zu „Sondereingriffen" Gottes in die geschöpflichen Einzelfunktionen und damit zu einer Verzeitlichung des göttlichen Tuns führen würde, sondern vertrauen sie den artmäßig neuen, in überzeitlicher Weise von Gott geschaffenen Prinzipien der neuen Art an.

Das Hereinkommen des neuen Gestaltungsfaktors und des neuen psychischen Prinzips berührt in keiner Weise die geschöpfliche Eigenkausalität der elterlichen Individuen und der elterlichen Gameten. Denn Ordnungsphänomene sind keine Kausalphänomene. Mit den gleichen Kausalfaktoren können die gleichen Teilchen genauso gut so wie anders geordnet werden. Das ist am Beispiel des Sprachwortes zu ersehen. Man kann die gleichen Laute mit den gleichen Kausaleinsätzen und den gleichen Energien genauso gut so buchstabieren, dass ein sinnvolles, wie so, dass ein sinnloses Lautgebilde herauskommt; und im Falle des sinnvollen bestehen noch bei gleichen Lauten möglicherweise mehrere Möglichkeiten für verschiedene Wörter. Es ist also durchaus gewährleistet, dass mit der Neuordnung des Genbestandes — dies eben wäre ein Moment in der postulierten Umprägung des Erbgutes — durch den neu geschaffenen Gestaltungsfaktor in Verein mit dem neuen psychischen Prinzip ein Individuum einer neuen Art entsteht, ohne dass Kausalgeschehnisse und -ursachen bei den alten Gameten durchbrochen oder willkürlich abgeändert werden. Und wie aus denselben Lauten eines schon bestehenden Sprachwortes durch einfache Umordnung der Laute ein ganz neues Wort mit total anderem Sinn gebildet werden kann, so kann durch Umordnung des Genmaterials unter der Herrschaft eines neu geschaffenen Gestaltungsfaktors und eines entsprechenden psychischen Prinzips in Verbindung mit einem neuen Seinsakt und einer neuen Wesenheit ein ganz neuer ontologischer Sinn zustande kommen.

Diese Umordnung läge nur eine Stufe tiefer und zentraler als jene, die sich bekanntlich bei den Keimteilungsversuchen ergibt, wenn das Keimmaterial, das prospektiv auf die Bildung bestimmter Organe ausgerichtet war, „umgestimmt" und umgeordnet wird, so dass die einzelnen Materialteile eine neue „prospektive Bedeutung" zugewiesen bekommen.[64] Bei der Evolution wäre diese Umstimmung in die Eizelle selbst verlegt und beträfe den Genbestand in der Wurzel, und zwar in einem Augenblick, bevor Gestaltungsfaktor, psychisches Prinzip usw. der alten Art in einem neuen Lebewesen zur Existenz gelangen. So ist bei der Neuschaffung jede Vernichtung ausgeschlossen.

Aber es ist noch etwas zum zweiten Konstituens, dem materiellen, zu sagen. Was wir soeben die Umordnung des Genbestandes nannten, ist sicherlich ein wesentliches Moment der besagten Umprägung des Erbgutes, kann diese aber

---

64 Vgl. H. CONRAD-MARTIUS, Der Selbstaufbau der Natur, Hamburg 1944.

nicht erschöpfen. Es müssen zweifellos auch die anderen materiellen Bestände in den elterlichen Gameten berücksichtigt werden, und sicherlich kommen auch neue Materialien hinzu. Alle diese materiellen Bestände zusammen müssen der Um- und Neuordnung von seiten der neu geschaffenen Prinzipien der Einheit und der Einfachheit unterfallen. Und nur im Zusammenhang mit diesem materiellen Gesamtbestand können die Gene der neuartigen Zygote, sowohl hinsichtlich ihres biochemischen Bestandes als auch hinsichtlich ihres Neugeordnetseins, zur Existenz kommen.

14.2.2 Konstitutives Verhältnis und materieller Gesamtbestand

Hier ist nun etwas Grundsätzliches über das konstitutive Verhältnis zwischen den neu geschaffenen Prinzipien (der Einheit und der Einfachheit) einerseits und dem materiellen Gesamtbestand (hinsichtlich alter und neuer Teile) zu sagen:

α) Zwar finden die neu geschaffenen Prinzipien altes biochemisches Material aus den elterlichen Gameten der schon bestehenden Art — einschließlich deren Gen-bestand — und aus dem Umfeld vor. Aber zwischen ihnen und den neuen biochemischen Beständen kann kein zeitliches Gefälle bestehen, so als wenn die neuen Prinzipien sich erst nachträglich dieses neue Material heranzögen oder produzierten, oder dass umgekehrt das neue Material fertig wäre und die Prinzipien nachträglich hinzukämen. Der konstitutive Gedanke erlaubt ein solches zeitliches Gefälle nicht. Denn »diese« bestimmte Form kann nur in Existenz treten und wirken, wenn „diese" bestimmte Materie reziprok und korrelativ in Existenz tritt und wirkt. Und umgekehrt kann die bestimmte Materie nur in Existenz treten und wirken als Materie der bestimmten korrelativen Form und in konstitutiver Relation zu ihr. Wenn die neuen Prinzipien eingeschaffen werden, müssen im gleichen Augenblick auch die neuen biochemischen Materialien „fertig" sein; und umgekehrt könnten diese ihre „Fertigkeit" nicht erlangen vor dem Augenblick der Einschaffung der Prinzipien, diese geben den Abschluss der „Fertigung".

β) Für diese „Fertigung" der neuen biochemischen Materialien ist den alten Materialien (aus den Gameten der alten Art und aus der Umwelt) durchaus eine aktive Potenz zuzusprechen.

γ) Weder können die alten und neuen Materialien den Gestaltungsfaktor und das psychische Prinzip der neuartigen Zygote – anstelle eines Schöpfungsprinzips – hervorbringen, noch können diese Prinzipien ihrerseits die neuen Materialien, die sie transkausal ordnen, autonom erzeugen. Vielmehr ist der Sachverhalt nach dem konstitutiven Gesetz schlicht dieser: die neuen Prinzipien können nur in Existenz treten und wirken, wenn in Einem altes und neues biochemisches Material in Existenz ist bzw. in Existenz tritt und entsprechend wirkt. Form und Materie sind konstitutiv zueinander und verhelfen sich gegenseitig zu ihrem je-eigenen Sein.

Mit dieser Überlegung haben wir die Materie in ihrer vollen Eigenwirklichkeit und geschöpflichen Wirkmächtigkeit anerkannt und eingesetzt, wie es vor allem ja auch J. HAAS fordert,[65] und zwar sowohl in ihrer konstitutiven Partnerrolle zu den Prinzipien als auch in ihrer aktiven Fähigkeit (aktiven Potenz) für die Hervorbringung neuer materieller Entitäten, einschließlich neuer Genbestände in der neuartigen Zygote.

Es verifiziert sich, dass Gott im Schaffen, in diesem Falle Schaffen der neuen Prinzipien, an schon Geschaffenes anknüpft. Und zwar, so zeigt sich klar, nicht im Sinne einer „undhaften" Dazugabe Gottes zu dem geschöpflichen Bestand, sondern so, dass er die Eigentätigkeit der alten und neuen Materialien aufruft und zum Einsatz kommen lässt: der alten in ihrer aktiven Potenz für die neuen und beider wieder in ihrer konstitutiven Rolle für das In-Existenz-Treten der neuen Prinzipien. Ja, man muss sagen, dass der Schöpfer sich derart in seinem Schaffen freiwillig bindet, dass er die neuen Prinzipien gar nicht einschaffen „kann" ohne die Eigenaktivität der alten und neuen Materialien. Denn diese Prinzipien können ja nur in Existenz treten, sofern altes Material ist und neues gefertigt ist. Das würde eine Einschränkung der göttlichen Schöpfungsmacht bedeuten, wenn nicht der Leitsatz gälte, den wir oben ausdrücklich formuliert haben: dass Gott, wenn er es wollte, auch jedes einzelne Seiende absolut aus dem Nichts schaffen könnte. Seine Bindung an die Aktivität der Materialien, der zufolge diese Aktivität nun konditional ist für das Einschaffen der Prinzipien, ist eine absolut freiwillige, wobei überdies immer zu beachten ist, dass er bei dieser Selbstbindung die Materialien stets und ständig als Schöpfer zu dieser ihrer Eigentätigkeit ermächtigt. Auch haben wir die These der totalen Schöpfung von seiten Gottes in keiner Weise durchbrochen. Denn wir sahen, dass Gottes Schaffen alle Seienden bis in die untersten Schichten (im chemischen Substanzwandel und bei der Zellteilung) durchwirkt und dass alle biochemischen Verbindungen aus der unmittelbaren Schöpfermacht Gottes sind. Gott bindet sich freiwillig an etwas nur, sofern dieses Etwas ein von ihm Geschaffenes ist. Und wenn wir die Materie der erstmalig erstandenen Zygote der neuen Art als ganze (als zweites metaphysisches Konstituens) betrachten, so müssen wir gemäß unserer früheren Formulierung sagen, dass sie in ihrer Ganzheitlichkeit neu ist. Gott schafft das ganze Seiende mit allen seinen Gründen (THOMAS).

Dieser Begriff der Evolution kann bestätigt werden: nämlich als einen naturgeschichtlichen Konditionalzusammenhang zwischen früherer und späterer

---

65 R. SCHUBERT-SOLDERN, Materie und Leben als Raum- und Zeitgestalt, 316.

Art. Naturwissenschaftlich kann und darf man diese konditionale Aussage nicht überschreiten. Das zeigt jetzt seine Berechtigung: alte und neue Materialien bringen die neuen Prinzipien, den neuen Gestaltungsfaktor und das neue psychische Prinzip, nicht hervor. Indem wir nun aber zum ontologischen, metaphysischen Formalobjekt hinübergewechselt sind, können wir die konditionale Aussage überschreiten: es hat sich gezeigt, dass das Verhältnis zwischen alten und neuen Materialien einerseits und den neu eingeschaffenen Prinzipien anderseits ein konstitutives ist und das alte Material eine aktive Potenz zum neuen hin besitzt. Wir können über Wirklichkeit, Wert und Wirken der Materie also eine entschiedenere Aussage machen, als es der Naturwissenschaftler von der bloßen Empirie her vermag. Nichts von Spiritualismus. Und schließlich bestätigt sich die bei der Definition der Evolution gemachte Aussage, dass der Konditionalzusammenhang, von dem der Evolutionsforscher zu sprechen hat, ein echter Realzusammenhang ist: denn die konstitutive Relation zwischen neuen Prinzipien und Materialien und die Wirkbeziehung zwischen altem und neuem Material sind höchst real.

Analog zu der Umprägung des Erbgutes bei Entstehen einer neuen Art „aus" der alten kann die gewöhnliche tierische Fortpflanzung erklärt werden, nämlich aus Um- und Neuordnung des Keimmaterials (unter EinSchluss der Gene) unter Einschaffung eines neuen individuellen Gestaltungsfaktors und eines neuen individuellen psychischen Prinzips, wobei das konstitutive Verhältnis zwischen neuen Prinzipien und Material, sowie die Rolle von altem und neuem Material prinzipiell gleich sind wie im Falle des Entstehens einer neuen Art. Nur wird bei der gewöhnlichen Fortpflanzung kein neuer Artlogos, kein artmäßig neuer Gestaltungsfaktor und kein artmäßig neues psychisches Prinzip geschaffen. Das gleiche Erklärungsprinzip gilt mutatis mutandis bei der Erschaffung des ersten Menschen und der menschlichen Zeugung.

14.3 Großmutation

Das erste Postulat der Evolutionstheorie besteht in der Aussage, dass das Werden einer neuen biologischen Art durch Umprägung des Erbgutes erfolge. Das haben wir im vorigen Abschnitt ontologisch interpretiert. Das zweite Postulat besagt, dass diese Umprägung des Erbgutes durch Mutationsraten erfolge. Beim Entstehen einer neuen Art müsste es sich um eine Großmutation handeln.

Von der naturwissenschaftlichen Theorie allein her kann dieser Begriff nur sehr schwer oder gar nicht zu einer sinnvollen Anwendung zwecks Erklärung des Entstehens einer neuen Art gelangen. Erstens, weil Großmutationen, die einen wirklich neuen Bauplan ergeben, empirisch noch nicht beobachtet worden sind. Zweitens wegen einer grundsätzlichen Schwierigkeit: ein Gestaltungsfaktor ist etwas Einfaches, und zwar ein einfaches Prinzip, und ein solches kann man nicht kornpositiv durch eine Summe von Teilen oder Eigenschaften erklären oder ableiten. Die Evolutionstheoretiker denken sich oft das Entstehen eines neuen Bauplanes so, dass dieser sich aus den Individuen früherer Arten über gewaltige Zeiträume durch winzige Veränderungsschritte entwickelt habe. Das heißt, die Großmutation wird auf eine Summe von Kleinmutationen zurückgeführt.[66] Aber was ontologisch unmöglich ist, die Erklärung eines Einfachen aus Komposition, Summierung von Teilen oder Eigenschaften, wird nicht dadurch ontologisch möglich, dass man es in unbegrenzt kleine Schritte aufteilt und unbegrenzt lange Zeiträume dafür in Anspruch nimmt (zudem ist die Zeit immer nur condicio und nicht causa bei allen Hervorbringungen in der Natur). Eine solche Erklärung ist eine Selbsttäuschung. Dass man sich eine Entwicklung in unendlich viele Teile zerlegt denken kann, erlaubt nicht die Folgerung, dass sie auch in Wirklichkeit in solche Teile zerlegt ist und dass sie durch eine der Zerlegung korrelative Summierung zustande gekommen ist. Der Schluss vom Denken auf das Sein ist unerlaubt.

In Wahrheit ist jede echte Gestalt unteilbar und daher auch nicht aus Teilen zusammensetzbar. Schon eine einfache geometrische Gestalt wie ein Kreis ist keine Summe aus unendlich vielen Punkten, denn etwas Dimensionsloses kann nichts Dimensionales bilden (nur die Darstellung des Kreises an der Tafel ist eine Summe von sehr vielen Kreidepartikelchen); auch ist der Kreis nicht aus unendlich vielen unendlich kleinen geraden Strecken zu erklären, denn die Krümmung, das in sich Geschlossensein der Kreislinie, ist in keinem solcher „Teile"; und sagt man, der Kreis sei aus kleinen gekrümmten Linien zusammengesetzt, so setzt man dabei schon die Kreisgestalt voraus. Erst recht kann die „Gestalt" eines Lebewesens, womit wir den Bauplan mit dem Ineinander und Zusammen der zahllosen Aufbaumomente meinen, nicht aus Teilen komponierbar sein, so klein die Teile auch sind und wie lange ich die Zeiträume zu ihrer Aneinanderfügung annehme. Das Entsprechende gilt dann für den Gestaltungsfaktor, nach dem eine solche Gestalt gebildet ist. Eine besondere Schwierigkeit ergibt sich für die mechanistischen Genetiker, wenn sie aus der mechanischen zufälligen Kombination von Genen die Struktur eines Organismus erklären wollen; denn die Gene sind nicht die Erwirker des Lebens, sondern können immer nur innerhalb der bereits lebendigen Zelle Leben haben (wie alle organischen Großmoleküle!); sie sind nur dienende „Maschinen" der Zelle, die einen Teil ihres materiellen Bestandes bilden.

Da die Großmutationen ein praktisch nicht verifizierbarer und leerer Grenzbegriff für die Evolutionstheorie im naturwissenschaftlichen Sinne sind, so ist

---

66 Vgl. JOHANNES HAAS, Biologie und Gottesglaube, 147.

hier eine „Leerstelle", die legitimerweise für die ontologische Interpretation frei
bleibt. Nach unserer obigen ontologischen Interpretation der Umprägung des
Erbgutes bei Entstehen einer neuen Art bestehen keine Schwierigkeiten, auf diese Weise auch die sogenannten Großmutationen verständlich zu machen. Ja, was
wir im vorigen Abschnitt interpretierten, ist bereits eine solche Großmutation:
denn der in das Wirken der Gameten hineingeschaffene neue Gestaltungsfaktor
vermag (im Verein mit dem neuen psychischen Prinzip, der Aktivität der Materialien und gestützt auf das konstitutive Verhältnis zwischen Prinzipien und Materialien) eine totale Neu- und Umordnung sowie Ergänzung des Genmaterials
herbeizuführen, wobei die „werde-bestimmenden" Potenzen der einzelnen Gene
alle totaliter von vornherein aufeinander abgestimmt werden, so dass störende,
„einzelgängerische" Spezialentwicklungen, die aus sinnindifferenten oder sinn-
widrigen Gensprüngen folgen könnten, ausgeschaltet sind.

15. Die Unabdinglichkeit der Lehre von der Totalen Schöpfung

Die These von der totalen Schöpfung ist für die philosophia perennis und die
christliche Theologie von existentieller Lebensbedeutung. Wir nennen dafür
noch einige zusätzliche Gründe.

1. Wenn man die unmittelbare Erschaffung der stets neu erstehenden Seinsakte
    auf einen Teilbereich einschränkt, etwa auf die Erschaffung der Einzelseele
    durch Gott bei der menschlichen Zeugung, dann lässt sie sich letzten Endes
    auch auf diesem Teilgebiet nicht mehr halten.
    Denn Seinsakte, die unmittelbar zu Gott sind und solche, die es nicht sind,
    können nicht den gleichen Sinn haben. Sein ist dann nicht mehr das, was jeg-
    lichem Seienden als universellste Wirkung des göttlichen Schaffens zu-
    kommt. Es zerfällt infolgedessen die Einheit des Kosmos. Das Universum
    zerfällt in einen Teil, dessen Seiende durch ihr Sein im Kommen zur Existenz
    und im Persistieren ihrer Existenz unmittelbar zu Gott sind und in einen Teil,
    dessen Seiende nicht in dieser Weise gottbezogen sind. Ein Gott, der sich mit
    einer solchen Dualität im Kosmos abfinden muss, ist aber kein Schöpfer
    mehr, weil es dem Begriff des göttlichen Schöpfers widerspricht, einem
    Kosmos gegen-überzustehen, den er nicht unter einem einheitlichen Sein, ei-
    nem einheitlichen Sinn und damit nicht unter seiner einheitlichen Herrschaft
    von innen her vereinigen kann.
    (Überdies fallen mit dem einheitlichen Sinn von Sein auch die transzendenta-
    len Bestimmungen: ens=verum=bonum=unum usw., was wiederum die
    transzendentale Beziehung aller Seienden zu Gott angreift). Schränkt man al-

so die Schöpfung von Sein auf einen Teilbereich ein, so lässt sie sich überhaupt nicht mehr, also auch nicht auf diesem Teilgebiet, halten.

Das ist auch durchaus verständlich. Denn ein metaphysisches Gesetz gilt entweder ausnahmslos oder überhaupt nicht. Hier handelt es sich um das metaphysische Gesetz des Seinsaktes als der universellsten Bestimmung am Selbstandseienden und der universellsten Wirkung Gottes an diesem Seienden. Man muss also sagen: weil dieses Gesetz, dass jeder Seinsakt unmittelbar aus dem Schaffen Gottes kommt, gültig ist, deshalb gilt es auch für das In-Existenz-Treten der menschlichen Geistseele bei der Zeugung, nicht aber umgekehrt. Der Weg der Induktion ist hier absolut ungangbar. Es gilt nur die Deduktion: vom allgemeinen Seinsgesetz zu dem der Erschaffung der Einzelseele bei der Zeugung oder dem der Erschaffung einer neuen Art „aus" der alten. Schränke ich Gottes Schaffen der immer neu in der Welt entstehenden Seienden auf die Einzelseele bei der Zeugung ein, so schafft Gott außerhalb des universalen Seins — ein Ungedanke. Dann ist Gottes Schaffen der Einzelseele bei der Zeugung kein Fall des Seins, sondern gleichsam ein „Un"-Fall des Seins, der keine innere (transzendente) Beziehung mehr zu allen übrigen Seienden einschließt. Und das ist dann tatsächlich ein „Sondereingriff Gottes in sein Werk". Deshalb ist dieser Terminus so gefährlich, weil er von vornherein die Aufhebung der Universalität des Seins und des Seinsgesetzes voraussetzt; und wer diesen Terminus aufgreift und braucht, hat sich damit schon in die Hand des (evolutionistischen) Gegners gespielt.

Wir kommen also zu dem Ergebnis: wenn man die Lehre von der totalen Schöpfung preisgibt, lässt Schöpfung sich auch auf einem Sondergebiet nicht mehr halten.

2. Christliche Theologie steht heute in einem Kampf mit dem Evolutionismus auf Leben und Tod. Nur die These von der totalen Schöpfung kann hier Stand bieten. Im Allgemeinen wird — mit dem Rücken an die Wand — dem Evolutionismus die These von der unmittelbaren Erschaffung der Einzelseele durch Gott beim Entstehen des ersten Menschen und bei der menschlichen Zeugung als letztes Bollwerk entgegengestellt. Diese Basis ist viel zu schmal, der Verhandlungsspielraum viel zu gering. Der anbrandende Evolutionismus wird immer versuchen, auch dieses letzte Bollwerk noch hinwegzuspülen, und nicht ganz ohne Hoffnung. Denn wenn man die Erschaffung der menschlichen Geistseele nicht als Sonderfall der totalen Schöpfung nimmt, sondern als isoliert zu begründenden Einzelfall oder Un-Fall des Seins, so ist man verloren. Der Evolutionismus spürt diese Schwäche auch durchaus, wenngleich seine Vertreter nichts von Metaphysik verstehen. Und seine Versuche kommen schon darin zu einem wesentlichen Teilerfolg, dass man die tückische Rede von einem besonderen Eingreifen Gottes, von einem Sonderein-

griff in sein Werk zur Charakterisierung des theistischen Standpunktes ins Spiel bringt. Wer den Ball auffängt und ihn selbst weiterwirft, ist verraten und verkauft.

So sind die Theisten gestrickt: sie bauen sich da ein Reservat, um ihr Dogma von der unmittelbar geschaffenen und unsterblichen Seele zu retten, aber ihre Position ist windig. Wenn es doch sonst mit dem Sein ohne Schöpfung geht, dann werden wir auch diesen „dunklen Punkt" der Einzelseele noch überwinden. Und in der Tat: wenn man nicht eine allgemeine Metaphysik des Seins hinter sich hat und damit eine allgemeine Schöpfungslehre im Sinne der totalen Schöpfung, die dem Evolutionismus auch schon auf dem Felde der gewöhnlichen Natursubstanzen heimzuleuchten vermag und den der Komplexionstheorie nachweist, dann ist die Erschaffung der Einzelseele nur noch ein isolierter, nicht verallgemeinerungsfähiger Einzelfall, ein „Schutzgebiet" für den ansonsten aus der Schöpfung vertriebenen Gott, der nun „möglichst wenig" schaffen soll; und man muss es sich gefallen lassen, dass diesem Gott ein „besonderes Eingreifen" in seine Schöpfung, ein Willkürakt, angelastet wird, wenn er sich im Sinne der Theisten überhaupt noch gegenwärtig schöpferisch betätigt. Als Fremdkörper steht die Erschaffung der Einzelseele in einem Kosmos, der sich nach der evolutionistischen Lehrverkündigung so einheitlich erklären lassen soll.

In Wahrheit muss man, wie dargetan, dem Evolutionismus auf viel weiter vorgeschobenem Posten begegnen: bei der Erschaffung jedes neu entstehenden Seienden, das echte Konstitution ist. Das geht nur mit der Lehre der totalen Schöpfung, wie wir sie vorgelegt haben. Wer heute über die naturwissenschaftliche Theorie der Evolution hinaus, also als Philosoph, Theologe oder als Vertreter einer sonst den Sinn behandelnden Wissenschaft, über den Kosmos und den Aufstieg in ihm handelt, der ist berechtigt und verpflichtet, den Schöpfungsgedanken — und zwar im Sinne der totalen Schöpfung — zu berücksichtigen und ihm von vornherein einen wohldefinierten Platz im Sinngefüge seiner denkerischen Aufstellungen anzuweisen. Auch TEILHARD DE CHARDIN war dazu verpflichtet.[67] Aber er verbaute sich die Möglichkeit dazu, weil er nur Komplexionen und Zustandsänderungen zur Erklärung des sinnvollen Kosmos und der in ihm bestehenden Konstitutionen heranzog. Was von seinen Versicherungen zu halten ist, man könne „nach Belieben" solche „metaphysischen" und „spiritualistischen" Gesichtspunkte zur Ergänzung der von ihm aufgewiesenen „Phänomene" heranziehen, haben wir schon gesagt, und das Gesagte bestätigt sich in den letzten Überlegungen.

---

67 BRUNNER AUGUST, Stimmen der Zeit 166, Herder, Freiburg 1959, 216 ff.

3. Mit der These der totalen Schöpfung im Verein mit der korrelativen der totalen Eigentätigkeit des Geschöpfes allein ist es möglich, methodische Sauberkeit in der Abgrenzung und sinnvolle Verbindung zwischen Theologie und Philosophie einerseits und den Naturwissenschaften — einschließlich Evolutionstheorie — anderseits zu erreichen. Gliedert man, wie wir es zuvor taten, die Ursprungsbeziehungen in Kausalität im engeren naturwissenschaftlichen Sinne, (konstitutive und kompositive) Begründung und Mitteilung (die aber echtes Wirken einschließt!), so kann man sie einerseits den Geschöpfen gemäß ihrem jeweiligen kategorialen Aufbau zusprechen, so dass die Eigentätigkeit des Geschöpfes nach seiten der actio immanens und transiens voll zum Zuge kommt; man kann dann aber anderseits festhalten, dass die Ursprungsrelation der Mitteilung in Form des persönlichen Ausdrucks in metaphysischem Sinne ganz allein Gott vorbehalten ist, sofern er das Seiende ins Sein ruft und ihm ständig Sein, Wesenheit und Sinn mitteilt. Und zwar tut er es so, dass die Eigentätigkeit des Geschöpfes in all ihren Formen dadurch nicht nur nicht eingeschränkt, sondern gerade aufgerufen wird: Gott ermächtigt das Seiende zur konstitutiven Begründung in sich, dem Seienden, selbst (actio immanens) und zur Eigenkausalität (actio transiens). Nichts von dem, was wir voraufgehend über die Schöpfung gesagt haben, bricht von irgendwelchen Gesetzlichkeiten im Sinne der Naturwissenschaften auch nur das Geringste ab; und es gibt keine natur-wissenschaftliche Entdeckung, einschließlich Evolution, die wir zu fürchten hätten, wir können vielmehr alle nur begrüßen.

Denn es ist der Ausdrucksrelation eigen, dass sie nichts von jenen Beständen willkürlich abändert und abzuändern braucht, die ihr Dasein den Ursprungsrelationen der konstitutiven oder kompositiven Begründungsrelation und der Kausalität verdanken; und der unendlich behutsamen persönlichen Ausdrucksrelation zwischen Geschöpf und Schöpfer ist es ganz besonders eigen, dass sie nichts von jenen Beständen willkürlich abändert und abzuändern braucht, die der geschöpflichen Betätigung der Ursprungsrelationen des persönlichen Ausdrucks (beim Menschen!), des ontologischen Ausdrucks (innerhalb des Seienden), der konstitutiven und kompositiven Begründungsrelation innerhalb der Geschöpflichkeit und der innerweltlichen Kausalität ihr Dasein verdanken. So gibt die Doppelthese von der totalen Schöpfung und der totalen Eigentätigkeit des Geschöpfes Gott, was Gottes, und dem Geschöpf, was des Geschöpfes ist.

Der Weg zu einer sauberen weltlichen Wissenschaft ist frei, die nicht mehr nötig hat, in die ihrem Formalobjekt entsprechenden Ursprungsbeziehungen kurzschlüssig Erklärungsgründe einzuführen, die ihrem Formalobjekt fremd und der

Theologie entnommen sind. Jeder deus ex machina, den auch TEILHARD DE
CHARDIN in Gestalt von Omega einführt wird vermieden. Und doch entsteht
kein Autonomismus, weil alles geschöpfliche Kausalwirken, Begründen, Ausdrücken und Ur-heben von der schöpferischen Relation des persönlichen Ausdrucks zwischen Geschöpf und Gott getragen ist. Sobald man aber in falscher
Scham die Front der totalen Schöpfung zurückzieht auf ein Reservat wie die Erschaffung der Einzelseele, bilden sich im Bereich der weltlichen 'Wissenschaft
Hohlräume, die sofort von den Positionen des Evolutionismus besetzt werden.

Aber die verschiedenen Formalobjekte der Wissenschaften — grob gesprochen Theologie, Philosophie und Naturwissenschaft — sind nicht nur sauber
unterschieden, sondern sie lassen sich auch am gemeinsamen Materialobjekt zu
einer gegliederten und hierarchischen Einheit bringen. Alle drei zusammen können nur ganz sagen, was Mensch, Kosmos und Sinnentfaltung des Kosmos sind,
ohne dass die Aussage der einen dabei aus der einer anderen abgeleitet oder mit
ihr vermischt wäre. Die Einheitlichkeit des Weltbildes, die TEILHARD DE CHAR-
DIN anstrebt, aber nicht erreicht, ist also tatsächlich — unter ausdrücklichem
Verzicht auf den Evolutionismus, aber unter Anerkennung einer Theorie der
Evolution — möglich, und wir haben sie in unseren Schriften weitgehend verwirklicht.

Es ist daran zu erinnern, dass die Theorie der Evolution eine gewisse Bedeutung für die religiöse Existenz des Menschen hat, sofern sie zeigt, wie Gott die
Geschöpfe ernst nimmt, sie in ihrer Eigentätigkeit aufruft und beim Weiterschaf-
fen an sie anknüpft. Es erweist sich damit auch, wie Gott die Zeit ernst nimmt,
wie seine Ewigkeit und sein überzeitliches Schaffen nicht im geringsten die einzelnen Stufen zeitlicher Erfüllung durchbrechen, sondern umgekehrt geradezu
auf diese innerzeitlichen und geschichtlichen Erfüllungen „warten", um den so
jeweils natürlich erfüllten Zeitpunkt von oben her außerdem mit seiner Ewigkeit
zu erfüllen, wobei freilich zu bemerken ist, dass dieser bestimmte und natürlich
erfüllte Zeitpunkt nur „dieser" sein kann, sofern in ihm Gottes Ewigkeit als das
absolut „Andere" gegenwärtig ist. Denn Gott ist Sinngeber und Sinnerfüller der
Geschichte, nicht der Mensch. Dieses Anknüpfen Gottes an die sich erfüllende
Zeit bei seiner überzeitlichen Mitteilung aus der Ewigkeit wird besonders klar in
dem Bibelwort ausgedrückt: Als die Zeit erfüllt war, sandte Gott seinen Sohn.

Aber die Evolutionstheorie hat keine Bedeutung für den christlichen Glauben in dem Sinne, dass sie in den Inhalt des Glaubensbekenntnisses hineinge-
nommen werden dürfte oder könnte. Das ist eben ganz anders als bei der Schöpfungslehre. Ich kann nicht die übernatürlichen Offenbarungen wahrhaft annehmen, wenn ich nicht glaube, dass Gott die Welt und damit den Menschen geschaffen hat.

Deshalb heißt es im christlichen Glaubensbekenntnis:

Ich glaube an Gott, den allmächtigen Schöpfer des Himmels und der Erde.[68]

Es ist aber ganz unmöglich, als Glaubensinhalt hinzuzufügen, dass Gott sich bei seiner Schöpfung der Evolution bediene. Denn es ist für das Stehen des Menschen vor Gott vollkommen unwesentlich, ob Gott den Menschen unmittelbar aus dem Nichts oder in Anknüpfung an eine für uns nicht näher bestimmbare Materie (Genesis) oder in Anknüpfung an eine zeugende Aktivität irgendwelcher tierischer Eltern geschaffen hat. Denn wäre es anders, so wäre unser christlicher Glaube substanziell vom Fortschritt der Naturwissenschaft abhängig, und alle Christen früherer Zeiten, einschließlich AUGUSTINUS und THOMAS, hätten ein unvollkommenes und daher falsches Christentum gehabt.

Die Entscheidung für die Lehre von der totalen Schöpfung ist von existentieller Lebensbedeutung für die philosophia perennis und die christliche Theologie. Dabei ist diese Lehre im Lichte eines THOMAS V. AQUIN eigentlich selbstverständlich. Sie ist nur heutigen Tages verdunkelt worden dadurch, dass die Repräsentanten von Philosophie und Theologie diese Lehre nicht mehr zu innerem fruchtbarem Besitz haben und dass sie sich darum vom Evolutionismus haben blenden lassen.

---

68 Symbolum Constantinopolitanum, vgl. HENRICUS DENZINGER, ADOLFUS SCHÖNMETZER S. J., Enchiridion, Editio XXXIV, Herder, Freiburg im Breisgau, 1965, 150-151.

ANHÄNGE
1. TRADITION – ÜBER DEN BEGRIFF
CHRISTOF GRUBER

Tradition gibt es ja nicht nur im Bereich der Offenbarung und des Glaubens, sondern im natürlichen Bereich des menschlichen Daseins überhaupt. Ohne diese in der Natur des Menschen liegende natürliche Tradition würde ja die auf Offenbarung und Glauben aufruhende übernatürliche Tradition ohne festen Anknüpfungspunkt im Menschen sein und sozusagen in der Luft schweben. Wenn aber das Traditionsprinzip weithin abgelehnt wird, so hat dies seinen Grund darin, dass unsere geistige Entwicklung seit DESCARTES dahin geführt hat, dass der Tradition ihre geistigen Grundlagen entzogen sind. Diese im Einzelnen darzulegen würde zu weit führen. Dafür sei auf die eingehenden Analysen GERHARD KRÜGERS[1] verwiesen . Angesichts der materiellen und geistigen Trümmer, die uns der autonome Mensch — und dahinter stehen auch die „Führer" mit ihrer absoluten Autorität der totalitären Staaten — beschert hat, muss unsere geistige Lage als die Zeit erscheinen,

> „die der Verlust der Tradition überhaupt als ein unheilvolles Schicksal überfällt, als ein Verlorengehen von Halt und Geborgenheit, als ein Entgleiten des Beständigen, als eine atembeklemmende Entleerung und Vernichtung des geistigen Lebensraumes"[2]

Mit unheimlichem prophetischem Blick schaut man den grauenhaften Nihilismus, der hinter einem Leben lauert, das alle naturgegebene Tradition von sich wirft:

> „Wäre die Tradition wirklich ganz verzehrt, wäre der Nihilismus vollendet; gäbe es gar nichts, was immer noch feststeht, dann könnte man überhaupt nicht mehr an selbstverständliche und gemeinsame Grundlagen unseres Menschseins appellieren."[3]

Wenn so die Tradition das sich Gleichbleibende im Verlauf der geschichtlichen Wandlung ist, so zeigt sie damit, dass die geschichtliche Wandlung zu ihrem Wesen gehört, die ihr belebendes, vorwärtstreibendes Moment ist. Fehlt letzteres, dann wird aus dem Beharrenden ein Starres, Lebloses und Mechanisches, ein Konservatismus, der die Zeichen der Zeit nicht versteht und genauso verhängnisvoll werden kann wie das Entgleiten von allem Beständigen, als die atembeklemmende Entleerung unseres geistigen Lebensraums. Andererseits scheint

---

1   GERHARD KRÜGER, Die Geschichte im Denken der Gegenwart, Frankfurt/Main 1947, 32, in: Freiheit und Wertverantwortung (Freiburg-München 1958) 123.

2   GERHARD EBELING, Die Geschichtlichkeit der Kirche und ihrer Verkündigung als theologisches Problem, Tübingen 1954, 6.

3   G. KRÜGER, Die Geschichte im Denken der Gegenwart, Frankfurt/Main 1947, in: Freiheit und Wertverantwortung (Freiburg-München 1958) 123, 32.

der Begriff der Tradition überfordert zu sein, wenn man das entscheidende Bedeutungsmoment darin sehen möchte,

> „dass von Anfang an ausschließlich das Empfangene und also uranfänglich Emp-
> fangenes weitergegeben werde".[4]

Es bilden sich Bräuche, Sitten, Gewohnheiten in menschlichen Gemeinschaftsgebilden (Familien, Stämmen, Völkern), die, irgendeinmal entstanden, Bestand
haben und damit zu Traditionen werden, wie etwa die Trachten, die militärischen
Uniformen, die aber auch wieder verschwinden und dann nur noch bei Jubi-
läumsfeiern getragen werden, um nachher aufs neue abgelegt zu werden. In allen
diesen Fällen wird kein Uranfängliches weitergegeben, und doch sind sie im
wahren Sinne des Wortes Tradition. Und ob ein Fortschritt hier keinen Platz habe, mag ebenfalls bezweifelt werden. Trachten können der Zeit angepasst werden; wenn sie aber in ihrem Wesentlichen erhalten sind, bleiben sie Trachten, d.
h. eine durch Tradition und Herkommen bestimmte Kleidung. Tradition ist etwas
Lebendiges und damit Anpassungsfähiges und Anpassungsbedürftiges. Anders
verhält es sich allerdings, wenn es um das Wahre (τό αληθές)[5] geht. Dies ist
aber ein besonderer Fall von Tradition. Und zum Wesen der Tradition kommt als
Weiteres, wesentliches Moment die *Freiheit,* worauf GERHARD EBELING[6] besonders hinweist. Allerdings ist die Wahl und Entscheidung der Freiheit hier keine
unbeschränkte; denn sie kann sich nur innerhalb des vorgegebenen Raumes der
Tradition bewegen. Mit Recht sagt EBELING:

> „Tradition ist vorgegebene Entscheidung."[7]

Es gibt Verhaltensweisen der Tradition gegenüber, bei denen von freier, innerer
Bejahung keine Rede sein kann, wie beim Konformismus. Das Individuum
Mensch kann innerhalb des ihn umgebenden Raumes der Tradition diese aus in-
nerster Überzeugung bejahen; er kann sie als ein ihm mehr oder weniger Lästiges
passiv hinnehmen und sich nach ihr nur äußerlich richten, ohne innerlich beteiligt zu sein; er kann sie auch ablehnen, wobei er in Kauf nehmen muss, als Außenseiter zu gelten: in allen Fällen ist es die Tradition, die ihn als Außenseiter
erscheinen lässt. Es kann sich da um die Sitte handeln, um bestimmte Formen
von Gemeinschaft, um Religion, um Gebilde, denen es eigentümlich ist, dass sie
als geformte Vergangenheit den Lebensraum der Gegenwart abgrenzen und so
durch ihre Herkunft die Zukunft zum voraus in etwa gestalten. Die Geschichte ist

---

4   JOSEPH PIEPER, Über den Begriff der Tradition, München 1958, 1.

5   PLATO, Phaidros 274 c. 1

6   GERHARD. EBELING, Die Geschichtlichkeit der Kirche und ihrer Verkündigung als
     theologisches Problem, Tübingen 1954, 32.

7   GERHARD. EBELING, Die Geschichtlichkeit der Kirche und ihrer Verkündigung als
     theologisches Problem, 34.

ein wesentliches Moment der Tradition. Sie macht, dass das bewahrende Moment nicht zur Starrheit, zum leblosen und geistlosen Konservatismus wird. Andererseits bewahrt das Kontinuierliche der Tradition das Geschichtliche davor, sich in lauter subjektive, individuelle Anschauungen von Welt, Religion, Wissenschaft aufzulösen und damit den gemeinsamen kulturellen, religiösen, geistigen Lebensraum zu vernichten, wo der Mensch einfach aufhören müsste, Mensch zu sein. Jetzt, wo wir am Ende der Neuzeit angelangt sind (R. GUARDINI), setzt die Reflexion über die vorausgegangene Epoche abendländischen Geistes ein. Jetzt erkennt man in ihr „ein besonders veränderliches und zur Veränderung geneigtes, besonders unruhiges, revolutionäres Zeitalter", dessen bestimmendes Gesetz die geschichtliche Wandelbarkeit ist, und sieht auch die damit verbundenen Gefahren, nämlich dass das Neugeschaffene keinen bleibenden Wert hat; dass mit dem immer Neuen die Kontinuität im geschichtlichen Ablauf, die Identität des Beharrenden im Wechsel, d. h. die Identität der Substantialität verlorengeht; dass hier nur mehr *ein* Absolutes gilt: die Wandelbarkeit. Mit der bloßen Wandelbarkeit haben wir aber das Wesen des Geschichtlichen verfälscht. Eine absolute Wandelbarkeit gibt es nicht. Denn Wandel setzt immer ein Etwas voraus, an dem sich der Wandel vollzieht; setzt die Identität eines Seienden voraus, das sich im Verlauf der Geschichte wandelt und im Verlauf der geschichtlichen Wandlungen doch sich selber gleich bleibt. Gerade dies aber meinen wir mit Tradition.

„So setzt die Geschichte als einheitlicher Zusammenhang eine Tradition voraus."

Bricht die Tradition ab, dann beginnt eine neue Geschichte.

„Geschichte und Tradition gehören zusammen."[8]

Dies wird von PIEPER dahin ergänzt, dass er nicht vom Inhalt des Überlieferten ausgeht, sondern vom Akt des Überlieferns her dem Wesen der Tradition beizukommen sucht. Im Akt des Überlieferns wird aber etwas, das man selbst empfangen hat, mitgeteilt; wird etwas weitergereicht, was durch das englische Verbum „to hand down" anschaulich illustriert wird, in den beiden Formen: „to hand down *from*" und „to hand down *to*", d. h. etwas herunterreichen von anderswoher bzw. etwas hinunterreichen zu jemandem. Das heißt: Es wird etwas ausgehändigt, was einem zuvor eingehändigt ward. Denn das Übergeben hat als sein notwendiges Korrelat das Annehmen des Überreichten. Nur so ist der Akt des Überlieferns vollendet.

Es bedarf einer Einschränkung. Dass das entscheidende Bedeutungsmoment im Begriff der Überlieferung darin liege,

---

8   G. KRÜGER, Geschichte und Tradition, Stuttgart 1948, 11-12; jetzt in: Freiheit und Weltverantwortung, München 1958.

„dass von Anfang an ausschließlich und also ein *uranfänglich* Empfangenes weitergegeben werde",[9]

gilt nicht schlechthin, sondern nur in bestimmten Fällen. Es bilden sich Bräuche,
Sitten in menschlichen Gemeinschaftsgebilden (Familien, Stämmen, Völkern),
die weiterleben dadurch, dass sie von den späteren Generationen übernommen
werden, die aber auch wieder erlöschen können. Dies gilt selbst von Gewohnheiten
innerhalb der Kirche und anderer Religionsgemeinschaften. So ist die Verschleie-
rung der Frauen im Islam üblich, nicht nur beim Gottesdienst.

In allen diesen Fällen wird kein uranfänglich Empfangenes weitergegeben.
Letzteres ist ein besonderer Fall von Tradition. Und ob in diesem Fall ein Fortschritt keinen Platz habe, muss ebenfalls bezweifelt werden. Tradition ist nicht
das Hüten der Asche, sondern die Weitergabe des Feuers (JOHANNES XXIII.)

Der Begriff Tradition darf nicht ein starrer sein. Sie ist etwas Lebendiges
und damit Anpassungsfähiges. Anders verhält es sich, wenn es um das Wahre
(αληθές)[10] geht. Allein, auch hier ist mit dem Beharrenden des Empfangenen das
Geschichtliche und damit Wandelbare des stets neuen, sich vertiefenden Verständ-
nisses oder sogar des totalen Abfalles verbunden.

Mit dem „Wahren" scheint allerdings ein weiteres Moment an der Überlieferung auf: die Autorität. Denn hier gehören Überlieferung und Autorität zusammen.
Es gibt keine das Wahre betreffende Überlieferung ohne Autorität. Welches sind
aber die Träger dieser Autorität und worin gründet sie? Sie ist darin begründet,
dass der Übergebende näher an dem Ursprung des Empfangenen steht. Darauf
weisen die Namen hin, mit dem diese Überliefernden belegt werden: antiqui, maio-
res, Vorfahren, οι παλαιοί, οι αρχαιοι,[11] „die dem Ursprung Nahen, die Frühen, die
Anfänglichen,"[12] die des Wahren Kundigen: „τό αληθές αυτοί ίσασιν,"[13] die
uns der Sorge entheben, sich um Menschenmeinungen zu kümmern, deren
Weisheit im Munde aller ist[14] Die Autorität der Alten ist darin begründet, dass
sie aus göttlicher Quelle eine Kunde empfangen haben und das auf solche Weise
Empfangene weitergeben[15].

Tradition ist so das ewig Lebendige und ist nie von bloß historischem
Interesse. Worin hat dies seinen Grund? Darin, dass das Wissen der dem Ur-

---

9   J. PIEPER, Über den Begriff der Tradition, 19.

10 PLATO, Phaidros 274 c. 1

11 Επίσκοποι αρχαιοι, gemeint sind Papst Dionysius und Dionysios von Alexandrien, Konzil
    von Ephesus 431, MANSI IV, 1183 ff., vgl. patristica.net/mansi.

12 J. PIEPER, Über den Begriff der Tradition, 21.

13 PLATO, Phaidros 274 c. 1

14 PLATO, Nomoi 881 a. 2.

15 PIEPER, Über den Begriff der Tradition, 14.

Sprung Nahen eben nicht ein Selbsterworbenes, sondern eine Göttergabe (θεῶν δόσις) ist. Sie,

> „besser als wir und näher den Göttern siedelnd, haben uns diese Kunde überliefert,"[16]

ein Gedanke, der bei CICERO wiederkehrt,dem ja auch die Ur-Zeit den Göttern am nächsten steht. Ihm geht es darum, die

> „Ritus familiae patrumque servare, i.e. quoniam antiquitas proxime accedit ad Deos, a Diis quasi traditam religionem tueri."[17]

Für CICERO ist die Religion von den Göttern übergeben, die es uns zu bewahren und zu schützen gilt. Die αρχαιοι sind von den Göttern inspiriert; darin liegt ihre Autorität. Als Analogon dazu dürfen aber nicht die inspirierten Verfasser der HeiligenSchrift herangezogen werden; denn bei ihnen bezieht sich die Inspiration nur auf das Niederschreiben eines schon vorher Geoffenbarten. Mit Recht grenzt aber PIEPER die Verbindlichkeit der „Tradition" von anderen Verbindlichkeiten gegenüber Überkommenem ab, etwa gegenüber dem kulturellen Besitzstand eines Volkes. Wenn ALEXANDER RÜSTOW z. B. meint, auf Autorität, Achtung, Vertrauen und Ehrfurcht beruhe das soziale Gefälle der Kultur von Generation zu Generation und wer diese Gefühle untergrabe, der erschüttere die letzte Grundlage der menschlichen Kultur", so wird eine absolute Verpflichtung zu dieser Art von Tradition schon deshalb nicht vorliegen, weil jede kommende Generation ein Neues und Eigenes hinzufügt. Nur die innerste Zelle der Kultur eines Volkes, die *heilige* Überlieferung, muss unverändert entgegen-genommen und weitergegeben werden, weil sie aus göttlicher Quelle stammt und jede Generation ihrer bedarf und weil kein Einzelner, mag er auch noch so genial sein, ihr aus Eigenem inhaltlich etwas hinzuzufügen vermag, was ihr gleichkäme. Erst wenn *sie* nicht mehr weiter-gegeben wird, tritt Traditionsbruch und Verlust der Tradition ein. Und selbst der Verlust von religiösen Familientraditionen — PIEPER erwähnt das Bezeichnen des Brotlaibes vor dem Anschneiden mit dem Kreuzeszeichen — ist noch kein Traditionsverlust, solange noch an der unbedingt zu bewahrenden heiligen Überlieferung festgehalten wird. Mit letzterer ist daher die Pflege der sog. „Traditionen" nicht zu verwechseln, weil diese oft einem überalterten Konservatismus gleichkommt, der geradezu ein Hindernis für die Bewahrung der Tradition werden kann. Doch haben auch die „Traditionen" ihren tieferen Sinn. Sind sie doch die geschichtlich gewordenen Schalen, die sich schützend, hegend und konkretisierend um den Kern der Tradition legen, so dass, wer diese Hüllen wegwirft, damit Gefahr läuft, auch des Kernes verlustig zu gehen.

---

16 PLATO, Philebos 16 c. 5-9.
17 CICERO, De legibus 2, 27;

Als geschichtliche Formen heiliger Überlieferung führt PIEPER[18] auf: die christliche Lehrüberlieferung, die mythische Überlieferung, in der er einen Nachklang der Uroffenbarung sieht, endlich die Uroffenbarung. Was letztere betrifft, so beklagt PIEPER den durchschnittlich anzutreffenden willkürlich eingeengten theologischen Traditionsbegriff, der im Widerspruch zu den eigenen theologischen Voraussetzungen nicht ausdrücklich die durch die Ur-Offenbarung begründete heilige Überlieferung einschließt, deren Restbestand in den Mythen der Völker anzutreffen sei.

Durch das Zurückschreiten in das Vergangene verbindet die Tradition die aufeinander folgenden Generationen mit dem ursprünglichen Ereignis, das den Riten Geltung verschafft und Bedeutung gibt. An dieser Tatsache lässt sich ablesen, wie *Kontinuität* und *Aktualität* die beiden Pole sind, um welche die religiöse Tradition schwingt.

Und damit kommen wir auf das sechste Gesetz der religiösen Tradition: Die Tradition wird bestimmt durch das Gegensatzpaar von Kontinuität und Aktualität.

Die Tradition wird einmal bestimmt durch die Kontinuität. So gesehen, sind die Einweihungsriten der primitiven Kulturen außerordentlich lehrreich. Rein formal betrachtet, sind sie von Anfang an durch das Herkommen bestimmt und durch unveränderliche Strukturen festgelegt, die von den Verantwortlichen und Stammeshäuptlingen von Hand zu Hand weitergereicht werden. Mag es sich nun um die Art der Absonderung der Herangewachsenen handeln, die von der Gemeinschaft getrennt und, manchmal symbolisch, von ihren Müttern in Wald oder Busch isoliert werden, oder mag es sich um die Zeit und um die Dauer der Trennung handeln oder um das Alter der Einzuweihenden, die zu dem Initiationsritus zugelassen werden sollen, um die eigentlichen Riten mit ihrer Mischung von Belehrungen, Zeremonien, Tapferkeitsbeweisen und Torturen — die Tradition hat alle diese Punkte festgesetzt, indem sie bei den Teilnehmern das Gefühl einer unberührbaren Fixierung erweckt, die dem Schoße uralter Zeiten entstammt. Dieser strenge Rahmen, der bis ins kleinste festgelegt ist, ist das Mittel, durch das die „mythische" Tradition fortgeerbt wird, die dem Einzuweihenden die religiösen Stammesgeheimnisse kundtut, deren Inhaber und Hüter er von nun an sein soll. Ist die Einweihung in die Geheimnisse vollendet, dann ist er ein „Wissender", und willig wird er das Geheimnis als einen Schatz, der ihm anvertraut ist, vor jeder Indiskretion hüten — eine Arkandisziplin, die sich in verschiedenen Mischungen in der Mehrzahl der Religionen findet und besagt, dass die „Eingeweihten" Träger von Wahrheiten sind, von denen sie den andern keine Mitteilung machen können und dürfen, denen nämlich, die „draußen" bleiben, die „die

---

18 J. PIEPER, Über den Begriff der Tradition, 29-30.

Tradition nicht empfangen haben" — ein Phänomen, das im christlichen Raum in den geheimen Traditionen weiterlebt.

Es ist bemerkenswert, dass die Grundworte der Tradition, nämlich: übergeben — empfangen, mitteilen — behüten, unwillkürlich im Geiste die Initiationsriten wachrufen. In der Tat, in der Art, wie sie angelegt sind, sind sie eine Begegnung der Alten mit den Jungen, der Alten, die eine Gnosis mitteilen und übergeben, die in Riten und in verwickelte Formulierungen eingekleidet ist, mit den Jungen, die das Geheimnis empfangen sollen und die Verpflichtung auf sich nehmen, es treu und unverletzt zu behüten.

Tradition leitet sich her von tradere (übergeben, überreichen) und entstammt als Substantiv der lateinischen Rechtssprache, wo es den rechtlichen Akt der Übergabe einer Sache in den rechtsrelevanten Verfügungsbereich eines Empfängers im Rahmen eines Kaufvertrages oder einer Erbschaft bezeichnet. Diese im Vertragsrecht gründende Bedeutung findet sich heute noch im englischen *trade*. Zu einer Veränderung des römisch-rechtlichen Wortgebrauchs kommt es in den ersten beiden christlichen Jahrhunderten, indem traditio im übertragenen Sinne verwendet wird: Nicht mehr werden nur Gegenstände übergeben, sondern Regelungen, Bräuche, Sprüche und Geschichten. Zwar ist der metaphorische Gebrauch schon bei römischen Autoren belegt, allerdings nur selten und in nachklassischer Zeit. Die Etablierung der Übergabemetapher geht auf den Einfluss der griechischen Sprache zurück. Von besonderer Bedeutung sind dabei christliche Theologen, die *tradere* und *traditio* für das neutestamentlich vielfach belegte παραδίδωμι *(paradidomi)* und παράδοσις *(paradosis)* verwenden.[19] Anders als beim lateinischen *traditio* gehört der metaphorische Gebrauch bereits vorchristlich zum griechischen Begriffsfeld παραδίδωμι und seinen Derivaten.

Welche Funktion hat der Begriff der Paradosis? Am Anfang des Christentums stand das mündliche Weitergeben beispielsweise von angeblichen Aussprüchen Jesu, Geschichten etwa über Wunderhandlungen oder von bestimmten Regelungen zur Durchführung ritueller Handlungen mit der Repetition begleitender Sprechhandlungen (Abendmahlsparadosis; Taufpraxis). Mit der Verschriftlichung und anschließenden Kanonisierung der Texte kamen als zweiter Punkt Auslegungsweisen ursprünglicher Jesusworte sowie Ergänzungen hinzu, durch die z.B. auf sich verändernde Umstände reagiert wurde. Hieraus entwickelte sich später die Unterscheidung von Schrift und Tradition, also der Unterscheidung des schriftlich vorliegenden, kanonisierten Überlieferungsbestandes in der Bibel von den Glaubensüberlieferungen, die sich entlang den Auseinandersetzungen in der Alten Kirche bildeten. Die zentrale Funktion des theologischen traditio-Verständnisses war

---

19 PETER LENGSFELD, Überlieferung, Tradition und Schrift in der evangelischen und katholischen Theologie der Gegenwart, Paderborn 1960, 12 ff.

deshalb die Bewahrung christlicher Lehrmeinungen, die nicht im schriftlich fixierten Kanon enthalten waren. In der Auseinandersetzung mit häretischen und schis-
matischen Bewegungen entwickelte VINZENZ VON LERINS seine die Legitimation
einer Tradition klärende Formel, dass wahrhaft katholisch sei,

„quod ubique, quod semper, quod ab omnibus creditum est",[20]

das heißt, nur wenn eine Aussage überall und von allen geglaubt wurde, sollte
sie zur Tradition gerechnet werden können.

Tradieren als Überliefern lässt sich als metaphorische Übertragung von Vererben, Schenken, Ausliefern und ähnlichem verstehen, und es ist — wie diese —
ein dreistelliges Verb: jemand tradiert/überliefert jemandem etwas. Um diesen
drei Aspekten jeweils eigene Namen zu geben, nenne ich denjenigen, der
überliefert, den *Tradens*. Derjenige, dem überliefert wird, soll *Rezipient* heißen.
Das, was überliefert wird — also aus Sicht des Tradens das Tradendum, aus
Sicht des Akzipienten das Traditum — es ist der Inhalt oder das Material.

Satz 1. Tradition ist eine dreiwertige Funktion, jemand hat also jemandem
etwas überliefert und lässt sich mit folgenden Begriffen formulieren: Der Tradent (Tr) tradiert einem Rezipienten (Rz) ein Traditum (Tm).

Den Träger einer Tradition haben wir den Tradens genannt. Was macht einen Tradens zum Tradenten und unterscheidet ihn von einem Vererbenden oder
Schenkenden? Diese Frage ist nach den Überlegungen zum Traditionsbegriff
leicht zu beantworten: Der Tradens muss selbst einmal Rezipient gewesen sein,
und er kann den Rezipienten als künftigen Tradenten verstehen. Dies ist die entscheidende Abweichung des ursprünglichen vom metaphorischen Gebrauch des
Ausdrucks *Tradition*. Der ursprüngliche Begriff bezeichnet den performativen
Akt der Besitzübergabe: Etwas geht vom Besitz des einen in den Besitz des anderen über. Anders ist es nach der metaphorischen Wende, in deren Folge das
Begriffsverständnis nun auch auf den Übergabeakt von Dingen rückwirkt, denn
wer in einem Zugabteil seine ausgelesene Zeitung verschenkt, ist nur Schenkender.
Verschenkt der Beschenkte die Zeitung aber weiter, wird er zum Tradens. Natürlich kann diese kleine Sachtradition wie jede Tradition abreißen, es kann
aber auch die Absicht bestehen, das Verschenkte weiter und weiter zu verschenken: Der Tradens wird dann zum *bewussten* Tradenten. Anhand des Beispiels
wird aber noch ein weiterer Punkt deutlich:

Satz 2. Der Tradens ist traditio subjektiva und gliedert sich in Person bzw.
Sache, Tradens des Mündlichen und Tradens des Schriftlichen.

---

20 Vgl. WOLF DIETER, Lehrbuch der Kirchen- und Dogmengeschichte (Band 1), Gütersloh
    1995, 244.

Satz 2. 1. Der *Tradens (Tr) einer Sache* muss Besitzer des Traditionsmaterials oder -inhalt sein.

Eine öffentlich aufliegende Zeitung, die nacheinander von mehreren Lesern genutzt wird, ist eine Leihgabe, kein Traditionsmaterial.

Etwas schwieriger ist die Situation bei mündlicher und Literaltradens. Natürlich kann man ein bestimmtes Buch, etwa die Familienbibel, tradieren, aber es geht bei diesem Übergabeakt nicht um den Text, den das Buch enthält, sondern um den Gegenstand. Deshalb ist der Familienbibeltradent ein Sachtradent. Bei der mündlichen und der Literaltradition geht es aber um die Weitergabe eines Textes. Literaltradition entsteht deshalb zum Beispiel durch Textkopie.

Satz 2. 2. Der Tradens(Tr) des *Mündlichen* tradiert, indem er erzählt oder lehrt.

Dafür gibt es nicht nur historische, sondern auch viele gegenwärtige Beispiele: sog. Moderne Mythen, Gerüchte, Sprichworte, Witze. Wie sehr Oraltraditionen einem Wandel unterliegen, kann man sich durch die Situation vergegenwärtigen, in der jemand einen Witz erzählt und jemand anders darauf reagiert: „Den kenne ich ganz anders" – so kann man auch daran denken, dass erst durch die Verschriftlichung der Wandel evident wird. Früher glaubte man gerade im Blick auf in der Mündlichkeit verwendete Mnemotechniken, dass es auch in mündlichen Traditionen eine bleibende Bewahrung des Ursprünglichen gebe. Anthropologische Forschungen seit dem letzten Jahrhundert haben aber etwas Anderes zutage gebracht: Die vom Forscher schriftlich fixierte mündliche Tradition wich später von der schriftlich fixierten Tradition ab. Wer das Medium Schrift nicht kennt, hat kaum Kriterien, anhand derer er einen Wandel feststellen kann. Ihm erscheint das Überlieferte unverändert und unveränderlich. Es kommt ihm wahrscheinlich gar nicht in den Sinn, dass es sich ändern könnte.[21]

Literaltradens: Er unterscheidet sich vom mündlichen Tradens vor allem dadurch, dass er sich durch die Verwendung des Mediums Schrift selbst überflüssig macht. Die mündliche Tradition ist vom Tradens abhängig: Ohne jemanden, der sich an das Traditionsmaterial erinnert und es redend weitergibt, verschwindet sie.

Satz 2. 3. Beim Literal -Tradens (Tr) wird das Medium der Schrift selbst zu einer Art Gedächtnis.

Dem Literaltradens kommt nur noch die Aufgabe zu, den Text zu erhalten (Archivar und Kopist) und auf ihn zu verweisen (Zitat). In der mündlichen Tradition begegnen sich Tradens und Rezipient face-to-face. In der Literaltradition

---

21 Vgl. Jack Goody, Die Logik der Schrift und die Organisation von Gesellschaft, Frankfurt 1990, 36ff.

braucht der Rezipient diese Begegnung nicht, es muss ihm nur möglich sein, Zugang zu den Texten zu haben (Bibliothek, Internet). Allerdings bilden sich im Zusammenhang mit Literaltraditionen schnell mündliche Traditionen. Auch der Koran (wenn es der Islam selbst anders sieht) ist nicht als Werk vom Himmel gefallen, sondern in einem langwierigen Prozess mündlicher wie literaler Traditionen gewachsen. Mit der zeitlichen Distanz zur Verschriftlichung und Redaktion stellten sich durch gesellschaftliche, kulturelle oder sprachliche Veränderungen zunehmend Fragen danach, was denn mit dieser oder jener Stelle gemeint sei. Aus den Antworten entstanden divergierende mündliche Interpretationstraditionen, die die Übermittlung der Literaltradition begleiten (oder auch nicht).

Anders verhält es sich mit dem Rezipient. Er wird nach dem hier vorgestellten Begriff zur zentralen Gestalt im Traditionsprozess. Wir möchten den Rezipienten als aktiv Beteiligten verstehen:

Satz 3. Zwei Schritte prägen den Prozess der Rezeption (Rz) der Tradition: der *autoritative* und der *hermeneutische*.

Um zum ersten Schritt zu gelangen, benötigen wir eine Rehabilitierung und Konzipierung des Autoritätsbegriffs.

Satz 3.1. Für eine gelingende Tradition ist es wichtig, dass der Rezipient(Rz)) dem Tradens(Tr) *Autorität zuspricht* .

Diese zugesprochene Autorität, die vom Rezipient (Rz) angenommen wird, kann von verliehener (oder ererbter) Macht und Gewalt (Lehrer, Pastor, Polizist), oder wie bei PIEPER durch die Nähe zum Urheber, Anstifter, Erfinder oder Begründer kommen. Wem Autorität zugesprochen wird, der wird vielmehr als Gewährsmann, Zeuge, Bürge oder auch als Anrater und Berater akzeptiert. Dass es auch eine Bindung an ererbte oder verliehene Machtrollen geben kann und oft gibt, soll und kann damit nicht bestritten werden. Da dem Rezipienten eine besondere Bedeutung zukommt, will seine Rolle etwas ausführlicher diskutiert werden. Nach GIDDENS' Auffassung vom Leben unter posttraditionalen Bedingungen hätte sich die Situation der Aneignung von Denk- und Handlungsweisen in der Moderne grundlegend verändert. Indem als Tradenten (Tr) aus-schließlich die Traditionshüter in Frage kommen, die ihre Bedeutung zwar nicht schlagartig, aber doch sukzessive eingebüßt haben, verschwindet auch der Empfänger von Tradition. An die Stelle der Hüter treten die wissenschaftlichen Experten an die Stelle des Empfängers ein Individuum, das wählen muss, wer es ist und was es will. Autoritative Tradition stützt sich aber auf eine Wissenschaft, die in einer Moderne die Autoritätsansprüche gegenüber Rezipienten (Rz) relativieren.

Kurz: Es gibt mehr Möglichkeiten, alternativen Denk- und Handlungsweisen zu begegnen. Ich nehme an, dass der Grad von Modernisierung (im Sinne von Erneuerung) korreliert mit der wachsenden technischen Möglichkeit von Kontakten mit dem Fremden und Anderen.

Was bedeutet das nun für die Rolle des Rezipienten (Rz)? Je weiter der Erfahrungsraum eines Individuums oder einer Gruppe von Menschen wird, desto größer wird die Zahl potentieller Tradenten (Tr), desto stärker kommt dem Rezipienten (Rz)? die Aufgabe zu auszuwählen, welche Traditionen oder welche Elemente eines Traditionskomplexes er akzipiert und welche nicht. Dabei ist es unerheblich, um welche Art von Traditum (Tm) es sich handelt: heiliges oder profanes Wissen, moralische oder technische Handlungsanweisungen, theologische oder naturwissenschaftliche Theoreme; wenn Tradieren als Weitergabe von durch Menschen geschaffene Denk- und Handlungsweisen bestimmt wird und nicht als Bindung an kollektive.

Wenn man von Multitraditionalität spricht, so hängt dies damit zusammen, dass man sowohl die Rede von einem prinzipiellen Traditions- wie von einem Autoritätsverlust bestreiten will, weil die Ursache der Liberalisierung von Traditionen nicht in einem Verlust von Traditionalität und Autorität zu suchen ist, sondern darin, dass die Autorität als potentieller Tradent (Tr) sich gewissermaßen multipliziert hat. Mit dieser Interpretation von Tradition verlagert sich die Gewichtung im Traditionsprozess von der Fixierung auf Tradent (Tr) und Traditionsmaterial (Tm) hin zur Orientierung am Rezipienten (Rz), der unter möglichen Tradenten (Tr) wählt. Der Begriff der Wahl ist hier allerdings alles andere als eindeutig. Was wir in der Regel mit der Möglichkeit des Wählens verbinden, ist die freie Wahl zwischen Alternativen. Das ist zwar auch hier durchaus angesprochen, trotzdem kann wohl kaum bestritten werden, dass das Wahlverhalten bereits Einflüssen unterliegt, die zum Beispiel darin bestehen, dass das neu Gewählte nicht ein radikal neu Gewähltes ist, sondern mit manchen Überzeugungen korrelieren muss, die man bereits hat.

Nehmen ewir nun noch die Bedingungen für das Gelingen von Tradierungen bezüglich des Rezipienten (Rz) in den Blick: Ohne die Anerkennung einer Autorität als Tradenten (Tr) durch den Rezipienten (Rz) scheitert die Traditionshandlung bereits auf der ersten Stufe. Ich denke, dass das Charakteristikum dieser Anerkennung bei PIEPER durchaus richtig getroffen ist, wenn er den Begriff des Glaubens anführt — würde er ihn nicht von Lernen und Wissen abgrenzen.

Bei WITTGENSTEIN heißt es,

> „Das Kind lernt, indem es dem Erwachsenen glaubt."

Aber es ist ein Fehler, hierbei stehen zu bleiben. WITTGENSTEIN führt deshalb fort:

„Der Zweifel kommt nach dem Glauben."[22]

Dieser Zweifel ist kein grundsätzlicher Zweifel, sondern ein Zweifel, der kommt, wenn sich das gelernte Bewahrte nicht bewährt. Nur aufgrund dieses Prozesses ist zum Beispiel eine Veränderung und Verbesserung von Praxen möglich. Grundlage des Fehlers bei PIEPER ist, wenn man ihn als solchen überhaupt sehen will, dass PIEPER Tradition auf ein formales Traditionsverständnis erweitert. Tradition ist der konkrete Akt der Übergabe, so wie bei dem Grundbegriff der Gegenstand erst durch traditio in den Besitz des anderen übergeht. Mit der metaphorischen Wende wird der performative Akt prozessual erweitert. Dieser Prozess ist ein hermeneutischer. Der Rezipient (Rz) muss zum Akzipienten werden, wobei sich ihm die Wahrheit entbirgt.

Satz 3. 2. Die Tradition *als Hermeneutik* hat die Aufgabe, das Traditum (Tm) als Wahrheit dem Rezipienten (Rz) selbst zugänglich zu machen, mitzuteilen, und der Selbstentfremdung, mit der der Rezipient (Rz) geschlagen ist, nachzugehen. In der Hermeneutik bildet sich für den Rezipienten (Rz) die Möglichkeit aus, Wahrheit für einen selbst verstehend zu werden und zu sein.

> „Hermeneutik ist die Kundgabe des Seins eines Seienden in seinem Sein."[23]

Die Leistung der Tradition ist es, etwas als offen da, als vorhanden seiend zugänglich machen. Als solches hat die Tradition die Möglichkeit des αληθευειν – Verborgenes, Verdecktes als unverborgen, offen da, verfügbar machen.[24]

> „In den christlichen Kirchen besagt dann ερμηνεία soviel wie Commentar; ...dem nachgehen, was in einer Schrift eigentlich gemeint ist, und so das Gemeinte zugänglich machen." „Ερμηνεία = εξήγησις"[25] – Exegese.

AUGUSTINUS gibt die erste »Hermeneutik« großen Stils. In welcher Ausstattung der Mensch an die Auslegung nicht durchsichtiger Stellen der Schrift herantreten soll: in der Furcht Gottes, in der alleinigen Sorge, in der Schrift Gottes Willen zu suchen; durchgebildet in der Frömmigkeit, auf dass er nicht Gefallen habe an Wortzänkereien; ausgerüstet mit Sprachkenntnis, dass er nicht an unbekannten Worten und Redeweisen hängen bleibe; versehen mit der Kenntnis gewisser natürlicher Gegenstände und Begebenheiten, die zur Illustration beigezogen sind, damit er nicht ihre Beweiskraft verkenne, unterstützt durch den Wahrheitsgehalt.[26]

---

22 LUDWIG WITTGENSTEIN, Über Gewißheit, § 160. Frankfurt/Main 1992.
23 MARTIN HEIDEGGER, Ontologie (Hermeneutik der Faktizität), Bd. 6. Frankfurt 1988, 10.
24 Vgl. MARTIN HEIDEGGER, Ontologie, 11.
25 MARTIN HEIDEGGER, Ontologie, 11-12.
26 Aus „De doctrina christiana. Patrologia latina", ed. MIGNE (i. w. zit.: MIGNE) XXXIV. Paris 1845, Liber III, cap 1,1, p. 65.:. Homo timens Deum, voluntatem ejus in Scripturis sanctis diligenterinquirit. Et ne amet certamina, pietate mansuetus; praemunitus etiam scientia lin-

Die Hermeneutik hat die Aufgabe, den Seinscharakter der Wahrheit dem Rezipienten selbst zugänglich zu machen, mitzuteilen, der Entfremdung durch das Periphere nachzugehen. Hermeneutik der Tradition ist nicht eine künstlich ausgeheckte und der Wirklichkeit aufgedrungene Weise neugierigen Zerlegens. Aus der Faktizität – dem Gegebenen als Gegebenes – ist zu erheben, inwiefern und wann Auslegung Tradition fordert. Die Beziehung zwischen Hermeneutik der Tradition und Faktizität der Wahrheit ist die Auslegung des Wie einer Tradition. Das Sein ist die Auslegung des Seins von Tradition als Faktizität des Wahren. Als konstitutiv, und zwar entscheidend, der Auslegung durch Tradition, teilt sie ihren Seinscharakter mit: die Wahrheit. Die Tradition ist ein umgrenztes, faktisch unveränderlich von der Lage her, auf die die hermeneutische Tradition geht; Tradition als Vorgabe ist also nicht beliebig willkürlich. Die Tradition als Hermeneutik ist das Wachsein für die Faktizität des Wahren.

Tradition ist kein Abschildern von etwas, sondern Herausbilden der Ordnung selbst; es bildet von sich selbst aus der Wahrheit für den Rezipienten die Möglichkeit eines universalen Prozesses aus. Sein Resultat ist das universale Durchlaufen des in sich selbst verklammernden Beziehungszusammenhanges einer Hermeneutik der Tradition und der Faktizität der Wahrheit als einer an sich gültigen Ordnung. Diese relationale Bestimmtheit der Ordnung sind kein Nebeneinander in der Weise des einen und des anderen und des nächsten und so weiter, sondern das eine ist bestimmt als das eine des anderen.

Die Sprache der Tradition spricht; denn dies würde heißen: Die Sprache der Tradition erwirkt und ergibt erst den Menschen. So gedacht wäre der Mensch ein Versprechen der Sprache der Tradition.

Konkret legt sich das Bewusstsein von Tradition als Hermeneutik nach vier Hinsichten vor:

1. als objektive Tradition. In ihr werden die standpunktfreien, reinen Wahrheiten heraus-gestellt; die unkritischen Willkürlichkeiten der Weltanschauungsphilosophien und deren zufällige Ausmalungen des Lebens sind unschädlich gemacht. Die Tradition ist jene Schutzwehr, in der der Rezipient vor einem bodenlosen *Relativismus* bewahrt wird.
2. als Tradition bietet sie dem Rezipienten die ihm zukommende Aussicht auf die Wirklichkeit, in der allein es einen möglichen Halt findet. Sie ist nicht nur nicht bloße Weltanschauung, sondern bietet jeder möglichen

---

guarum, ne in verbis locutionibusque ignotis haereat; praemunitus etiam cognitione quarumdam rerum necessariarum, ne vim naturamve earum quae propter similitudinem adhibentur, ignoret; adjuvante etiam codicum veritate, quam solers emendationis diligentia procuravit: veniat ita instructus ad ambigua Scripturarum discutienda atque solvenda...

Weltanschauung die grundsätzliche Orientierung und Verfestigung. Sie gibt damit im Durcheinander der weltanschaulichen Meinungen und Experimente die objektive Möglichkeit einer objektiven Übereinstimmung, d. h. sie präsentiert dem Rezipienten selbst die Aussicht auf die ruhige Sicherheit des allgemein übereinstimmeden „Ja" gegenüber der unproduktiven Zerissenheit des herrschenden *Skeptizismus*.

3. Diese objektive, rationale, eigentliche Sicherheit bietende Tradition ist ferner so wenig eine lebensflüchtige Verschrobenheit, die sich in eine über den Leben liegende Transzendenz verliert, dass gerade in ihr „das Leben" gleichsam eingefangen ist. Die Tradition als System hat selbst, und zwar als dynamisches, gerade den Prozesscharakter des Lebens, d. h. diese hat allein, was „man" heute im Dasein von ihr verlangt, die sogenannte *Lebensnähe*.

4. Als solche lebensnahe und doch nicht „bloß" subjektive ist die Tradition zugleich universal und konkret, d. h., sie hat gerade das zu bieten, wonach allgemein das Bedürfnis steht: weg vom *Spezialistentum* und kurzsichtigen, trivialen Problemperspektiven.

Die Bedingungen für eine gelingende Tradierung hängen bei PIEPER an der Frage,

Satz 4. ob das tradierte Material als traditio objektiva Kern oder Peripherie einer Tradition ist.

Beim Traditionsmaterial im Kern ist es 1.4.1. substantiell oder in der Peripherie ist es 1.4.2. akzidentell.

Handelt es sich um den Kern, findet Tradition statt; geht es um die Peripherie, ist es falsche Tradition; wird weder Kern noch Peripherie weitergegeben oder empfangen, findet keine Tradition statt. Allerdings ist hier die Frage bereits falsch gestellt, weil sie einen wichtigen Schritt überspringt, beziehungsweise nur beiläufig vollzieht, nämlich die Frage danach, was Tradition konstituiert.

Die Prädikatoren *geben* und *weitergeben-* wie sie sich in den Präfixen *trans-* und *para-* andeuten- ließen sich einführen. Tradieren als Weitergeben zu bestimmen hat aber den Nachteil, dass die einzelnen Akte $T \rightarrow R$ an Gewicht verlieren. Für das *Kettenmodell der Tradition* ist dies nicht weiter von Bedeutung, weil ähnlich wie bei einer Umzugskette jede einzelne Weitergabe unbedeutend ist, relativ zum dem Zweck, Kartons von einem Lastwagen in eine Wohnung zu schaffen: Bei PIEPER ist eine Kette von Tradierungen wichtiger als jeder einzelne Akt; dieser gerät nur dann in den Blick, wenn die Kette der Tradenten abreißt. Die Betonung einer Gebehandlung ist mit dem Prädikator *übergeben* möglich, und die Frage wäre dann, welchen Handlungen dieser Prädikator zuzusprechen wäre. Rein äußerlich unterscheidet sich das Übergeben nicht vom Geben einer Sache, denn jedes Übergeben ist zunächst einmal ein Geben — aber nicht jedes Geben ein Übergeben. Schon in der Alltagssprache machen wir aber Unterschiede, denn die Sätze „Er hat mir das Buch gegeben" und „Er hat mir das Buch übergeben" beschreiben zwar beide eine Gebehandlung, aber im zweiten Fall hat der Satz einen beinahe feierlichen, den Akt des Gebens hervorhebenden Unterton. Die Übergabe unterscheidet sich vom bloßen Geben dadurch, dass sie ein *wirksameres* Geben ist, das heißt, dass die Wirkung des Gebens betont wird: etwas geht — stärker als bei einem bloßen Geben — in die Verfügungsgewalt eines anderen über. Dies war, wie wir bereits gesehen haben, der zentrale Bestandteil des älteren juristischen Traditio-Verständnisses. Beispiele für ein Übergeben sind deshalb das Schenken, Verkaufen oder Vererben einer Sache, aber auch das Ausliefern einer Person oder eines Gegenstandes, was in einer veralteten Ausdrucksweise ein Überliefern genannt wurde. Genauso, wie wir vom Geben zum Weitergeben übergehen können, lässt sich nun eine Übergabe auch als Weiter-Übergabe verstehen, denn ein Geschenk ist prinzipiell weiter-verschenkbar, ebenso ein Erbe weiter vererbbar. Damit haben wir einen ersten Schritt gemacht, um Tradierungshandlungen schärfer einzugrenzen: Wird etwas weiter-übergeben, so können wir auch sagen, dass etwas tradiert wird.

Nur die Handlungen sollen also Tradierungen heißen, die als ein Weiterübergeben in diesem Sinne rekonstruierbar sind, wobei Tradierung eine jeweils einzelne Handlung T→ A innerhalb einer Folge von Tradierungen bezeichnen soll. Eine solche Folgebeziehung habe ich — auf der folgenden Seite schematisch dargestellt — als *Grundmodell der Tradition* bezeichnet:

Das Grundmodell der Tradition

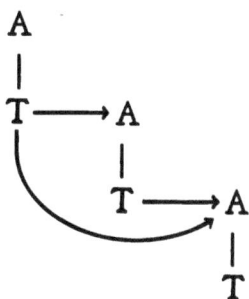

Satz 4: Die Tradition hat obige Grundform

Der Tradent (Tr) tradiert, was er *akzipiert* hat, einem Rezipienten (Rz). *Akzipieren* möchte ich als Oberbegriff gebrauchen für Akte des Empfangens, Annehmens, Übernehmens etc. *Tradieren* nenne ich die Handlung des Tradenten. Dabei bilden Tradieren und Akzipieren zugleich ein einzelnen *Traditionsakt* und eine Reihe einzelner Traditionsakte eine *Tradition*.

Unter *Tradition* soll die Rekonstruktion einer Folge von Weiterübergaben verstanden werden. Beim Vererben einer Uhr über mehrere Generationen wäre demnach jede Vererbung ein Beispiel für eine *Tradierung,* während die Rekonstruktion der Abfolge von Vererbungen insgesamt als *Tradition* bezeichnet werden soll. Ein möglicher Einwand gegen diesen Vorschlag könnte sein, dass diese Einführung zirkulär sei, weil einerseits Tradition das sein soll, was als Abfolge von Tradierungen rekonstruierbar ist, Tradierungen aber erst dann zu identifizieren sind, wenn sie als einzelne Handlungen innerhalb eines Traditionszusammenhangs auszumachen sind. Tatsächlich ist es ein zentrales Problem, dass Tradierungshandlungen nur rekonstruktiv als solche auszumachen sind. Allerdings erlaubt es die Herleitung über Übergabehandlungen, die Gefahr eines Zirkels zu vermeiden, denn was Übergabe- und Weiterübergabehandlungen sind, lässt sich zirkelfrei erklären. Wenn darüber hinaus eine Folge von zwei oder mehr Weiterübergabehandlungen auszumachen sind, und wir eine solche Abfolge von Weitergabehandlungen als Tradition bezeichnen, ist es rekonstruktiv möglich zu sagen, dass genau dann jede einzelne Weiterübergabe eine Tradierung heißen soll. Der Terminus *Tradition* wird also nicht hergeleitet über eine Abfolge von Tradierungen, sondern von Weiterübergabehandlungen.

Die Termini *Tradent (Tr)* und *Rezipient (Rz)* sind mit dieser Einführung implizit zwar schon bestimmt, sollen nun aber noch einmal explizit genannt werden. Der damit beschriebene Vorgang kann als Teilaspekt eines umfassendern Traditionsverständnisses beschrieben werden.

Tradieren ist ein Vorgang, der sich nur rekonstruktiv erschließt. Das heißt, man sieht einer Handlung nicht an, ob es sich bei ihr um ein Tradieren handelt, oder nur um ein Geben und Sagen oder Weitergeben und Weitersagen.

Bevor ich auf die Unterschiede von Tradieren und Akzipieren eingehe, zunächst noch vier kurze Anmerkungen: *Zuerst* gilt es, einem möglichen Missverständnis vorzubeugen: Nur in der Analyse erscheinen Tradieren und Akzipieren wie zwei unabhängige Teilhandlungen eines Traditionsaktes. Die Unterscheidung folgt aber dem Zweck, einen Traditionsakt hinsichtlich der Handlungsanteile der beiden an dem Akt Beteiligten zu betrachten. Tradieren und Akzipieren sind also zu verstehen als zwei Seiten eines Aktes. *Zweitens* ist die Tradition hier auf gelungene Tradition beschränkt: Der Rezipient (Rz) akzipiert, was der Tradent tradiert. Dies soll durch die Pfeilverbindung T ---> A ausgedrückt sein. Das äußere Merkmal einer vollzogenen Akzipierung ist die erneute Tradierung. *Drittens* gibt es einen Wechsel der Rolle, wenn der Rezipient (Rz) nun seinerseits das von ihm Akzipierte als Tradent wieder tradiert.

Der Wechsel ist hier zum Behelf und vorläufig durch das grafische Element

$$T$$
$$\downarrow$$
$$A$$

ausgedrückt. Dadurch soll betont sein, dass jeder einzelne Traditionsakt einen eigenen Schritt oder eine Stufe beinhaltet Der gebogene Pfeil in der Grafik von Satz 4 – vom ersten Tradenten zum dritten Rezipienten (Rz) *schließlich* verweist darauf, dass Traditionsakte meist erst nachträglich als Teile einer *Tradition rekonstruiert* werden können. Ein der Grundbedeutung sehr nahes, aber problematisches Modell einer Tradition wäre eine Kette von Menschen, sie sich bei einem Umzug Kisten hinüberreichen oder ein Hinüberreichen der Butter von dem einen Tischende zum anderen. Es sind dies Paradigmen für eine *direkte Tradition*. Paradigma für eine *indirekte Tradition* wäre, etwas, das man geschenkt bekommen hat, weiter zu verschenken. Die Übergänge sind hier allerdings fließend, denn aus einer indirekten Tradition kann sich im Laufe der Zeit eine direkte Tradition entwickeln.

Das Grundmodell stellt eine Mikrostruktur von Tradition dar: Es fokussiert auf die minimalen Bedingungen, die es erlauben, eine Folge von Weitergabehandlungen als Tradition zu rekonstruieren. In vereinfachender Weise gibt es den Zusammenhang wieder, in dem die drei Valenzen im Traditionsbegriff stehen. Was Traditionsprozesse aber interessant macht, sind Zusammenhänge, die sich auf einer makrostrukturellen Ebene ergeben. Unsere übliche Rede von Tradition ist dabei von zwei Konzeptionen geprägt, dem *Kettenmodell* und dem *Baummodell*. Beide Modelle sind durchaus legitime Modelle zur Vereinfachung komplexer Traditionsprozesse, trotzdem gilt es zu berücksichtigen, dass die ihnen zugrundeliegenden Paradigmen nicht schon die ganze Komplexität traditionaler Prozesse wiederzugeben vermögen. Dies deutet sich bereits dadurch an, dass das Baummodell eine höhere Komplexität birgt als das Kettenmodell. Betrachten wir aber die Modelle im einzelnen.

Das Kettenmodell der Tradition

Das Kettenmodell der Tradition findet seinen begrifflichen Ausdruck in der Rede von Traditionsstrang, Traditionsstrom oder auch – und namensgebend — in der Kette der Zeugen. Es hat folgende vereinfachende Form:

O–O–O–O–O–O–O–O–O

Satz 4.1. Das Kettenmodell der Tradition ist eine Modifizierung der Tradition

Tradition als eine Kette von Traditionsakten geht unmittelbar aus dem Grundmodell hervor. Dabei steht jedes Kreiszeichen „O" für einen Traditionsakt der Form

T
↓
A

Satz 4.1.1. Der Traditionsakt ist die Traditio activa als Akt der Übergabe und das Traditionsmaterial als Inhalt artikuliert sich in der traditio passiva[27]

Warum dies ungenügend ist, wird bereits das nächste, komplexere Modell zeigen. Trotzdem hat das Kettenmodell durchaus seine Berechtigung, weil es den Idealtypus einer Sachtradition darstellt. PIEPERs wie MACLNYTERs Traditionskonzeption, wahrscheinlich auch die von GIDDENS, orientiert sich vorwiegend an diesem Modell: Auch wenn sich mit jedem Akt Veränderungen einstellen sollten, bleiben die einzelnen Glieder der Kette durch eine Art Traditionskern miteinander verbunden. Und weil vom Ursprung bis zum letzten Akzipienten ein einheitlicher Zug festzustellen ist, ist die Kette zugleich ein Strang oder eine Linie. Verbunden ist die Gemeinschaft der Kettenglieder durch eben diesen Kern. Eine solche Kette gliche jener, welche wir manchmal durchaus bei der Entstehung von Gerüchten rekonstruieren können: „Ich habe es von Anton, der hat es von Berta, die hat es von Carla ...". Allerdings bleibt dabei unberücksichtigt, dass es nicht nur durchgängige Linien, sondern auch Verzweigungen geben kann. Dazu aber mehr beim nächsten Modell.

Neben der Reduktion von Tradition auf eine *Kette der Zeugen* ist das Problem dieses Modells, dass es unmittelbar von Tradent und Akzipient zu Tradenten- und Akzipientengenerationen übergeht. Das ist schon deshalb nicht möglich,

---

27   Vgl. JOH. BRUNNENBERG, *Lebendige Treue zum Ursprung*, Mainz 1989, 163.

weil sich gar keine genauen Generationengrenzen angeben lassen, die der Unterscheidung einzelner Personen gleichkäme. Die Diachronität ergibt sich vielmehr aus der Synchronität von Sprechern und Hörern, die älter und jünger sein können — auch wenn der Sprecher ein sedimentierter Sprecher ist wie der Orakelspruch über dem Tempel oder der in Form eines Schriftstücks geäußerte letzte Wille.

Das Baummodell der Tradition

Das Baummodell der Tradition, wie wir es zum Beispiel bei BURKE in Ansätzen finden, erlaubt gegenüber dem Kettenmodell feinere Differenzierungen, wobei die folgende Darstellung nur einen Ausschnitt aus einer nach gleichem Muster fortfahrenden Struktur darstellen kann:

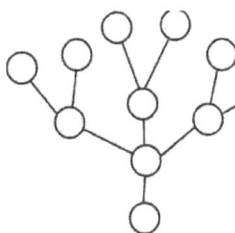

Satz 4. 3. Das Baummodell der Tradition ist eine weitere Formalisierung der Tradition

Während in der Sachtradition ein Gegenstand normalerweise nur jeweils an eine Person weitergeben werden kann, kann eine Nachricht oder ein Gerücht von einer Person auch an mehrere Personen tradiert werden: Berta hat es nicht nur Anton erzählt, sondern auch Erich und Frida. Auf dieser Möglichkeit beruht zum Beispiel eine gut organisierte Telefon-‚Kette' zur Nachrichtenübermittlung. Da in jedem Traditionsakt Verschiebungen und Veränderungen vorkommen können, können sich verschiedene Varianten bilden, die weitertradiert und auf der Basis der Variation weiter variiert werden können. Begrifflichen Ausdruck findet dieses Modell in der Rede vom *Stammbaum*. PIEPER, der diese Redeweise nicht benutzt, könnte im Stamm den Kern einer Tradition sehen, also das, worauf sich die unterschiedlichen, historischen Konkretionen beziehen. Mit dem Baummodell ist eine höhere Variabilität der Traditionsmaterialien ausgedrückt, denn während das Kettenmodell einen einheitlichen Traditionsstrang suggeriert und die Rolle von Tradent und Akzipient unbedeutend erscheinen lässt, erlaubt das Baummodell abhängige Verzweigungen, die die Akzipierung betonen. Aber dieses Modell ist nicht in der Lage, den Grund der Verzweigung durch Einflüsse zu erklären, die möglicherweise nicht auf dem gleichen ‚Stamm' gründen. Genau das scheint aber offenbar zu geschehen, wenn WEBER orientale und okzidentale Einflüsse für die Entwicklung moderner Rationalität sieht. Hierzu müssten gewissermaßen zwei Bäume mit unterschiedlichen Stämmen an ihren Zweigen zusammenwachsen. Da das Bild vom Baum hier an seine Grenzen kommt, müsste ein noch komplexeres Paradigma gefunden werden, um solche Prozesse zu veranschaulichen. BURKE und mit ihm manch weitere konservative Position bleibt diesem Bild aber verhaftet, und er naturalisiert letztlich Traditionsprozesse, wenn er gegen die Weiterentwicklung von Tradition das Bild vom unnatürlichen, eine Kulturtechnik anwendenden Aufpfropfen anführt. Auch wenn das Baummodell adäquater als das Kettenmodell Entwicklungen von Tradition veranschaulicht, sind die möglichen Varianzen als Differenzierungen des im Stamm bereits Enthaltenen.

2. GETROFFENHEITEN

CHRISTOF GRUBER

DIE GETROFFENHEIT DES "NUNC"

Vorwort

Das Eigenartige am Gefühl der Sinnlosigkeit – welches heute immer mehr um sich greift, wie die Selbstmordziffern beweisen – und der Gegensatz zur Sinnerfüllung scheint nicht ausschließlich die Verzweiflung zu sein, sondern die Gleichgültigkeit, die Unfähigkeit zum freudvollen und sich engagierenden Über-sich-hinaus-Sein. Wo die Fähigkeit zu allozentrischer Einstellung entwickelt ist, die Fähigkeit, die Welt (funktionelle Komponente), die Mitmenschen (personale Komponente), sich selbst und in all dem das unbedingte Gut (transzendente Komponente) freudvoll zu erleben und zu bejahen, da ist die Unfähigkeit zur Ich-Aus-dehnung und Ich-Bindung, der Autismus, die "intentionale Hemmung" und Gleichgültigkeit überwunden und die Fähigkeit zur Sinnerfahrung („Betroffenheit") grundgelegt.

Die Kirche muss immer jener Sozio-Topos des *Leibes Jesu Christi* (archi-topos) werden, wo sich der Neo-Topos (Kirche hic et nunc) der Betroffenheit verwirklicht. Nur dann wird es gelingen, den Menschen in seinem Wesens-topos zu treffen.

Gegenwart als Antwort auf den Sinn

Es ist eine Illusion, zu glauben, dass die Sinnfrage, menschliches Hoffen und Streben sich dann vor der Umklammerung durch den Mythos ewiger Wiederkehr freimachen, wenn sie eine Mystik des Augenblicks, eine präsentische Eschatologie vollziehen. Mit dem Augenblick „tritt die Ewigkeit zur Zeit in Beziehung", indem sie sich in ihm intemporiert. Darum beansprucht er „echatologischen" Rang, denn er erneuert das Zeitliche durch seinen Rückgriff auf das Ewige, indem er zum Katapult der Wiederholung wird. Der Augenblick in seinem eschatologischen Bedeutungswert (Kairos) ist ein vollzogener Zirkelschluss der ontologischen Rückkehr zum Ursprung, der Zirkel konzentriert sich in einem Punkt (der im Übrigen ebenso ausdehnungs-los bleibt wie die Ewigkeit, weil sich nur die Zeit dehnen kann, die für ihre Dauer dem Augenblick seinen einmaligen Charakter rauben muss); der Augenblick ist die aktua-lisierte Vollendung. Versucht die Eschatologie, sich am Kairos auszurichten, dann verrät sie sich als konsequenter Schluss des archaischen Mythos. Zyklik und Punktua-lität entsprechen und bedingen einander.[1]

---

1   G. SAUTER, Zukunft und Verheißung, Zürich 1965, 170.

Sie ist geboren aus der Verzweiflung, aus der Überzeugung, dass Zeit und Geschichte heil- und hoffnungslos sind, dass Heil nicht in und durch Geschichte, sondern nur durch Flucht aus ihr in ein zeitloses, statisches Sein erreicht werden kann. Damit erweist sich ein Motiv antiken griechischen Denkens als noch immer bestimmend für *gewisse* Strömungen der Neuzeit und der Gegenwart; dieses Motiv hat bei PARMENIDES seinen klassischen Ausdruck gefunden. Auf seine tiefgründige Analyse des Seins kann sich bis heute jedes Denken stützen, das sich durch die christliche Hoffnung auf Zukünftiges um die ewige Gegenwart des Seins betrogen glaubt.

> „Es ist nicht nur der Vorwurf des Lebens gegen die Qual der Hoffnung, die ihm auferlegt wird, sondern auch der Vorwurf der Gottlosigkeit im Namen jenes Gottes, dessen wesentliche Eigenschaft das Numen praesentiae ist."

Doch im Namen welchen Gottes macht sich „Gegenwart" gegen die Hoffnung auf das, was noch nicht ist, geltend? Es ist im Grunde noch immer wieder der Gott des PARMENIDES, von dem es im Fragment 8 heißt:

> „Das eine Sein war niemals, niemals wird es sein, denn jetzt ist es zumal als Ganzes."

Dieses „Sein" ist nicht „immer", wie es noch bei HOMER und HESIOD hieß, sondern es „ist" und ist „jetzt". Es hat keine Erstreckung in den Zeiten, seine Wahrheit steht im „jetzt", seine Ewigkeit ist Gegenwart, es „ist" zumal und in einem. Die Zeiten, in denen Leben ensteht und vergeht, verblassen vor der Epiphanie der ewigen Gegenwart des Seins zu bloßen Erscheinungen, in denen Sein und Nichtsein, Tag und Nacht, Bleiben und Vergehen vermischt sind. Im Schauen der ewigen Gegenwart aber ist „das Entstehen verloschen und verschollen der Untergang". Der Mensch wird in der Gegenwart des Seins, im ewigen Heute, unsterblich, unverletzlich und unantastbar.

Der Gott des PARMENIDES ist „denkbar", weil er das ewige, eine und volle Sein ist. Nichtseiendes, Vergangenes und Zukünftiges sind hingegen nicht „denkbar". Im Schauen der jetzigen Ewigkeit dieses Gottes wird das Nichtseiende, werden Bewegung und Wandlung, Geschichte und Zukunft undenkbar, denn sie „sind" nicht. Das Schauen dieses Gottes ermöglicht keine sinnvolle Erfahrung der Geschichte. Der Logos dieses Seins befreit und enthebt von der Macht der Geschichte zur ewigen Gegenwart.[2]

KIERKEGAARD ist überzeugt, dass wahres Christsein Eschatologie des Augenblicks als der Ewigkeit ist und damit auch Antwort auf die Sinnfrage.

> „Der Begriff, um den alles im Christentum sich dreht, das, was alles neu machte, ist die Fülle der Zeit; die Fülle der Zeit aber ist der Augenblick als das Ewige, und doch ist dieses Ewige zugleich das Zukünftige und das Vergangene.

---

2   J. MOLTMANN, Theologie der Hoffnung, München 1964, 319.

Das Gegenwärtige ist nicht ein Begriff der Zeit. Das Ewige als das Gegenwärtige ist die aufgehobene Sukzession der Zeit. Der Augenblick bezeichnet das Gegenwärtige als ein solches, das kein Vergangenes und kein Zukünftiges hat. Der Augenblick ist ein Atom der Ewigkeit. Er ist der erste Reflex der Ewigkeit in der Zeit, ihr erster Versuch, die Zeit gleichsam anzuhalten ...

Dass man mit des Ewigen Hilfe mit sich selbst heute ganz und gleichzeitig ist, das ist der Gewinn der Ewigkeit."[3]

Wir sagten bereits, dass die präsentische Eschatologie als Sinnantwort den Mythos der ewigen Wiederkehr nicht wirklich zu überwinden vermag. Sie kontrahiert das Rad der wiederkehrenden Zeiten und Situationen lediglich in einem mathematischen Punkt der Entscheidung, der Erleuchtung, der Ewigkeitsschau (oder wie immer die Realisierung der Sinnfülle der Ewigkeit im Gegenwartsmoment in den einzelnen Variationen präsentischer Eschatologie genannt wird). Darüber hinaus ist aber kritisch zu vermerken, dass diese Sinnfülle immer in Gefahr ist, zur Illusion zu werden, weil sie ontologisch nicht verankert ist. Das Jetzt, die Gegenwart, gibt es ja nicht als Sein, wie wir bereits sehen konnten. Die Zeit hat keine ontologische Beständigkeit und Greifbarkeit. Sie ist die Bewegung zum Noch-nicht der Zukunft, die als erreichte das Nicht-mehr der Vergangenheit ist. In dieser Spanne zwischen dem doppelten Nichts ist kein punctum mathematicum als Gegenwart, in die sich die Dignität des Ewigen herablassen könnte, auszumachen. Wollte man aber diesen mathematischen Punkt der Gegenwart wegen seiner Sinnfülle aus der Zeit herausnehmen, als zeitlos und zeit-enthoben ansprechen, so wäre dies lediglich eine Abstraktion und leere Negation (der Zeit), eine Entwertung der Geschichte, Entgeschichtlichung, womit wir wieder auf eine Gemeinsamkeit zwischen dem archaischen Mythos der ewigen Wiederkehr und der präsentisch punktuellen Eschatologie stoßen würden.

Mit dem soeben Gesagten ist nicht die Erfahrbarkeit Gottes in Zeit und Geschichte geleugnet, sondern nur jede Art präsentischer Eschatologie und damit der Erfahrbarkeit der Sinnhaftigkeit als unmöglich erwiesen, weil das Pathos der Seligkeit, ewiger Sinnerfülltheit im Augenblick, eschatologischer Abrundung des Lebens im punctum mathematicum der Gegenwart Selbstbetrug ist angesichts der „ontologischen" Gewalten der ständig ins Nichts zerfließenden Zeit und des alles zermalmenden Todes. Sinn- und Wirklichkeitssphäre sind in der präsentischen Eschatologie durch eine unüberbrückbare Kluft getrennt.[4]

---

3   SØREN KIERKEGAARD, Der Begriff der Angst, Jubiläums-Ausgabe II hrsg. v. H. DIEM u. W. REST, Berlin 1984, 548f.

4   R. BULTMANN, Die Geschichte der synoptischen Tradition, Göttingen 1921, 42.

Existentielle Konsequenz auf diese Utopie

Die präsentische Eschatologie ist zutiefst von den „Heiden" verkörpert. Die Heiden kennen Gott nicht, sie müssen sich die letzten Seinsgründe mit den Kräften ihrer Natur, ihres Denkens, selbst erschließen. Letztlich produziert ihr transzendierendes Streben nur Götzen, deren Ähnlichkeit zur Welt größer ist als die Unähnlichkeit, vor denen sie dann anbetend die Knie beugen. Die Bibel ist voll des Spottes über die Heiden, die sich in der manuellen Produktion hinfälliger Götzenbilder verausgaben, in denen sie die Transzendenz des Letztgültigen eingefangen glauben.[5]

Allerdings legen die Götter der Heiden Zeugnis ab von der Ursehnsucht des Menschen nach einer Antwort auf die Frage nach dem Sinn der Existenz. Wir haben die Ursehnsucht des Geistes nach seinen letzten Gründen „Transzendenz" genannt und dürfen sie mit KARL RAHNER auch als das berühmte „übernatürliche Existential" ansprechen. Der transzendentaltheologische Ansatz wird von uns jedoch heftigst zu kritisieren sein, indem wir ihn allein der a-historischen Dimension des Heidentums zuschreiben und indem wir zeigen, dass der sich selbst naturhaft transzendierende Mensch nie aus sich heraus der „anonyme Christ" wird, sondern immer der „anonyme Heide" bleibt, denn: Gott ist immer größer oder wie ANSELM sagt: id quo maius cogitari nemo potest (etwas Größeres als Gott kann man nicht denken):

> „Mit wem wollt ihr Gott vergleichen, und was wollt ihr neben ihn stellen?"[6]

Während die Bewegung des Judentums historisch auf ein in der Geschichte Verheißenes zuläuft, transzendiert der Heide gerade den Raum der Geschichte: die heidnische Bewegung ragt aus dem linearen Bereich hinaus in den Raum der Sinnfrage. Der Heide ek-sistiert (steht hinaus) im eigentlichsten Sinn des Wortes.

In den verschiedenen heidnischen Meditationstechniken des Ostens tritt der „Beter" bewusst hinaus aus Raum und Zeit, aus der Sphäre des Bewusstseins in die scheinbare Weite des letzten Lebenssinnes. Und schließlich gilt das heidnische Griechenland als die Wiege der Philosophie. Philosophie ist nichts anderes als die Sublimation der Urfrage des Menschen nach sich selbst in den Raum seiner Umwelt: Seinsphilosophie fragt nach den letzten Ursachen des Seins, des Existierens; sie ist das Suchen des Menschen nach Sinn und Grund der Wirklichkeit.[7] Diese Suche kann nicht in der vertikalen Ebene des historisch-weltlichen Vorwärts erfolgen, sondern sie tritt an einem konkreten Punkt des historischen Prozesses hervor in die Dimension der Sinnfrage. Wir wollen ihr deshalb den Namen der „transzendierenden Statik" beilegen, wobei wir uns bewusst bleiben müssen, dass die heidnische Bewegung nicht statisch im Sinn der Bewegungslosigkeit, sondern statisch im Sinn des zeit- und raumgebundenen „Nach-oben-Strebens" ist. In der Ebene der Transzendenz

---

5 WEISH 13, 10 – 14.
6 JES 40, 18.
7 KARL WALLNER, Aktualität des Juden- u. Heidentums, Heiligenkreuz 1985, 22.

ist nämlich auch das Heidentum enorm zielstrebig, sprich dynamisch: das beweisen etwa die kühnen Versuche der großen griechischen Philosophen, sich des „ens a se" gedanklich zu bemächtigen, und auf primitiverer Ebene die Energie, die viele Völker in der Verehrung ihrer Gottheiten entwickelten, die oft bis zur Selbstopferung und Selbstverstümmelung reichte.[8]

Es ist göttlicher Wille, dass der Mensch aus seiner naturhaften Veranlagung nur bis zu einem gewissen Grad zum Wesen Gottes hin „transzendieren" kann. Die volle Antwort auf seine Fragen kann der Mensch jedoch nicht aus sich selbst gewinnen. Wir folgern deshalb, dass der Heide seiner eigenen Seins-verlorenheit letztlich immer einen Götzen wird bauen müssen, der eine Projektion seiner selbst ist. Das Unternehmen scheint ohnehin ein sehr fragwürdiges: Ausschweifung, Orgien und Gelage, sexuelle und soziale Perversion in vielen Variationen sind zu allen Zeiten die Kennzeichen des Heidentums.[9] Der Versuch, des Absoluten habhaft zu werden, ist von vornherein dem Misserfolg überliefert: Das Absolute kann nicht vom Relativen überholt werden, es muss sich einholen lassen. Der unvermeidliche Misserfolg äußert sich in den selbst-zerstörerischen Ersatzhandlungen eines ungehemmten Hedonismus, die schließlich das transzendentale Element zugunsten des bloß-materialistischen Elementes völlig verschütten.

Graphik des Heidentums

Die individuelle Sinnantwort des traszendentalen-dynamischen Heidentums lässt sich mittels einer graphischen Linie darstellen: die Grundbewegung des Heidentums verläuft in der Vertikalen, welche zeitlich punktual und a-historisch ist.[10]

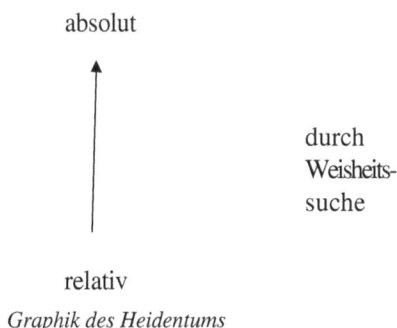

absolut

↑

durch
Weisheits-
suche

relativ

Graphik des Heidentums

---

8   1 KÖN 18, 28.
9   RÖM 1, 18 – 32.
10 KARL WALLNER, Aktualität des Juden- u. Heidentums, 27.

Neo-Heidentum: „Die kapitalistische" Welt

Die „freie", westliche Welt, „der Kapitalismus" prägt die alte heidnische Vertikale in neuer Form aus. Immer stärker treten ja heute auch in unseren Ländern die christlichen Elemente in den Hintergrund, sodass wir ohne Bedenken die westliche Welt im kollektiven Sinn heidnisch nennen dürfen; Enklaven des Christentums gibt es in beiden neuzeitlichen Systemen, doch scheinen sie für die Gesamtqualität immer mehr an Relevanz zu verlieren.[11]

Die Römer und Griechen deuteten den Menschen als einen, der Immanenz hat und Transzendenz ist. Man denke etwa an die platonische Überordnung der Seele über den Leib.

Wie beschrieben spielte die Beherrschung der Welt in politischer und kultureller Hinsicht eine subalterne Rolle. Sie war quasi automatisch gegeben als Kompensation des immer versagenden transzendenten Strebens. Im eigentlichen galten alle Bemühungen der Pflege des geistigen Elementes und der Selbstprojektionen mit Göttercharakter. Dieselbe Entwicklung lässt sich im Augenblick in den großen Wirtschaftsnationen Europas, Nordamerikas und des Fernen Ostens beobachten: Maximaleres Erdenglück gilt immer weniger. Und obwohl die westliche Welt jenes wirtschaftliche Paradies de facto bereits erreicht hat, welches der Kommunismus de jure für seine Zukunft proklamiert, bleibt gerade der Mensch des Westens unendlich glücksarm. Ein satter Bauch allein beglückt den Menschen eben nur in seiner sehr peripheren Weise oder meist gar nicht. Die Sehnsucht nach Lebenssinn, nach einer endgültigen Antwort auf sich selbst, auf das Woher und Wohin lässt die Wohlstandsmenschen die vertikale Dynamik des Transzendierens neu entdecken.[12]

DIE GETROFFENHEIT DES "VIELLEICHT"

Zukunft als Antwort auf den Sinn

Ihrem Gravitationsgesetz, der Tendenz, zum Gewordensein zurückzukehren, um das Wesen der Wirklichkeit zu finden, folgt die Sinnfrage auch dann, wenn sie Hoffnungsphilosophie sein will. Sinn betreiben, den Logos der Zukunft auszumachen, kann sie nur auf Grundlage des herausgefundenen Logos des Gewesenseins, in Analogie zu ihm, unter Herausarbeitung der noch im Gewesensein liegenden Möglichkeiten. Sie muss in die Vergangenheit schauen, um Zukunft zu ermitteln. Will die Sinnfrage in wagemutiger Entschlossenheit ihr Gravitationsgesetz überspringen, so hört sie auf, Sinnfrage, dem Logos verpflichtetes Nach-denken zu sein. Ihre Spekulation möge dann wirkliches Neuland betreffen oder gar erschließen. Aber

---

11 KARL WALLNER, Aktualität des Juden- u. Heidentums, 41.
12 KARL WALLNER, Aktualität des Juden- u. Heidentums, 42.

dass dem so ist, konnte sie nicht begründen, nicht verifizieren. Denn um das zu können, müsste sie das erschlossene Neuland mit bereits verifizierter oder aufgewiesener Vergangenheit vergleichen, von dieser her als möglich erscheinen lassen. Nur wenn sie – und dies gilt für die Sinnfrage besonders – diese als Verlängerung der Vergangenheit aufzuweisen vermag, besitzt sie jene methodische Rückvergewisserung und Rückversicherung, die sich an das Faktische und seine Wiederholung orientiert und deshalb glaubwürdig erscheint.

Die Überzeugung von der Wiederholbarkeit des Gewesenen ist die latente, aber lebensnotwendige Voraussetzung für jede Prognose in der Sinnfrage. Das Künftige ist mit der erkannten Struktur des Vergangenen mitgesetzte, durch die Vergangenheit bedingte Möglichkeit. *In diesem* Hinblick gibt es keine unbedingte Möglichkeit. Wenn man meint, ein Konstitutivum des Menschen sei das Prinzip Hoffnung, so kann auch diese These nur aus dem vergangenen Wesen des Menschen, im Rückblick auf seine je schon vorhandenen Tendenzen gefolgert werden. So schließt sich der Kreis. Der Mythos des Kreises wird durch die Sinnfrage rationalisiert, aber im Grunde nicht überwunden.[13]

Im Gewesensein und Gewordensein ist die Zukunft eine eingeschlossene und beschlossene. Der Zukunftshorizont der Sinnfrage ist nichts als ein umfassender Rückspiegel. Hoffnung erkennen – und damit Sinn erkennen – ist Kreislaufbewegung in immanentistischer, geschlossener Welt: Denken vom Vergangenen her auf das Vergehende hin, ist Einsicht aus dem Erfahrenen und das Erfahrene im Erfahrenen bereits wieder Vergangenheit.[14]

Wichtiger als die Frage, was kommen wird und was gekommen ist, ist auch heute die Frage, was sein wird und was immer ist, die alte platonische Frage nach dem Guten und Rechten und nach der bleibenden Urgestalt der Dinge. Wichtiger als wechselndes Schicksal im für wahr Halten ist die bleibende Wahrheit im Sinn, auf die wir immer angewiesen sind.[15]

Man muss die ständige Rückschau und Rückkehr zum Gegebenen und Gewesenen vollziehen, um dessen fragmentarischen Charakter und damit die noch zu verwirklichenden, der Zukunft vorbehaltenen Möglichkeiten auszumachen. Inmitten der universalen Welt-Materie, als Ort aller Bedingungen, als durchgehender Bedingungszusammenhang,[16] als umfassende Regel der Immanenz, der ausschließliche Deutung der Welt aus sich selber auffasst, erhebt sich die zukünftige Menschheit zu einzigartiger Größe, zur Weltgottheit.

---

13 vgl. H. MYNAREK, Religionen und Utopien der Hoffnung, 57, in: Hoffnung für alle. Weihnachts-Seelsorgertagung 19.-31. Dez. 69, Hrsg. H. ERHARTER/ J. SCHRAMM, Wien 1968.

14 P. SCHÜTZ, Parusia, Heidelberg 1960, 527.

15 G. KRÜGER, Die Geschichten im Denken der Gegenwart, Frankfurt 1947, 33f.

16 ERNST BLOCH, Das Prinzip der Hoffnung Bd. I., Frankfurt 1959, 238.

Das, was

> „einmal unter der mythologischen Bezeichnung Gott intendiert", ist „Agens wie Kern der sich entwickelnden Materie"

und gleichzeitig der

> „noch nicht herausgebrachte Zielinhalt des Existierens"[17].

Die Materie ist

> „ein noch unausgetragenes Sein; sie ist der Boden und die Substanz, worin unsere Zukunft, als ihre ebensoeigene, ausgetragen wird".[18]
>
> Die „Materie bewegt sich selber formend, ausformend",

die Welt ist

> „Laboratorium possibilis salutis"[19],

ist das Arbeitsfeld, auf dem sich der Mensch selbst erlöst, in dem der Gott ins Humanum, das „transzendente ins Selbst" zurücknimmt, Gott „in einem einzigen humenen Allerheiligen" aufgehen lässt. Und so in einem bloßen Humanismus auflöst.

Weil das Heil und die Göttlichkeit in der Zukunft liegen und sein Heil und seine Göttlichkeit werden sollen, muss der l aus seiner Passivität ausbrechen und sich zum schöpferischen Tun, zum Schöpfer der Welt aufschwingen.

> „Der Mensch lebt noch überall in der Vorgeschichte, ja alles und jedes steht noch vor Erschaffung der Welt, als einer rechten. Die wirkliche Genesis ist nicht am Anfang, sondern am Ende, und sie beginnt erst anzufangen, wenn Gesellschaft und Dasein radikal werden, das heißt sich an der Wurzel fassen. Die Wurzel der Geschichte aber ist der arbeitende, schaffende ... Mensch".

Die Radikalität, von der hier die Rede ist, ist sicherlich als göttliches Attribut gemeint, das heißt: Welt und Mensch, sind zwar schon gegeben, aber sie sind so stückartig, um nicht zu sagen stümperhaft, dass die „Umbildung und Überholung"[20] dieser Gegebenheiten einer creatio ex nihilo gleichkommt. Diese neue Schöpfung ist – wie im Christentum – gleichbedeutend mit Erlösung.

> „Sinn und Erlösung der Menschheit werden geschichts-immanent. Das Reich ist von dieser Welt; die Geschichte ist das Werden des Reiches; der Mensch wirkt am Schicksal Gottes in der Welt mit, er ist aufgerufen und will gebraucht sein, um in seinem Tun und Handeln daran mitzuwirken. Dem Menschen in seinen Gegebenheiten und Gemeinschaften ist es zur Hand gegeben, Verwirklichung heiliger Wirklichkeit zu sein".[21]

---

17 ERNST BLOCH, Das Prinzip der Hoffnung Bd. I., 347.

18 ERNST BLOCH, Das Prinzip der Hoffnung Bd. I., Das Prinzip der Hoffnung Bd III, 1623.

19 ERNST BLOCH, Phil. Grundfrage. Zur Ontologie des Noch-Nicht-Seins, 15f.

20 ERNST BLOCH, Das Prinzip Hoffnung Bd III, 1520.

21 JOCHANAN BLOCH, Sozialismus u. Judentum, in: Neue Deutsche Hefte 93, 1963, 57.

Von der konkreten Gestalt der ganz am Ziel angekommenen Selbsterlösung ist die Menschheit allerdings noch weit entfernt.

> „Die Menschen sind noch immer, oder wieder, im Endgültigen schutzlos und ohne Himmel; aber in unserer Kraft zu wenden und zu rufen, in unserem tiefsten, noch namenlosen Innern schläft der letzte, unbekannte Christus, der Kälte-, Leere-, Welt- und Gottbesieger, Dionysos, der ungeheure Theurg, von Moses geahnt, von dem milden Jesus nur umgeben, aber nicht verkörpert".[22]

Das „Prinzip Hoffnung" droht in sich selber zu verfallen. Denn entweder überragt die unendliche Hoffnung alle ihr endlichen Hoffnungsgegenstände, die sie sich voraus entwirft. Dann wird die Hoffnung zum ewigen, ungeschichtlichen Existential des Menschen, und der Lebensprozess der Welt wird zu einem endlosen Prozess. Das aber wäre eine Abstraktion von der realen Geschichte. Das Sein-in-Hoffnung würde zur abstrakten Gattungsbestimmung des Menschen. Oder aber die transzendierende Hoffung passt sich irgendwann einem utopisch herausdefinierten Hoffnungsgut an und erklärt sich für befriedigt; beispielsweise mit „sozialistischen Errungenschaften".[23]

Alle Utopien vom Reiche Gottes oder des Menschen, alle Hoffnungsbilder vom glücklichen Leben, alle Revolutionen der Zukunft hängen

> „solange in der Luft und tragen den Keim der Verwesung und Langeweile in sich, gehen darum auch militant und erpresserisch mit dem Leben um, wie es keine Gewissheit im Tode und keine Hoffung gibt, die die Liebe über den. Tod hinaus trägt".[24]

Existentielle Konsequenz aus dieser Utopie

Die futurische Eschatologie ist im „Judentum" verwirklicht. Die Geschichte des jüdischen Volkes lässt sich in zwei Worten Ausdrücken: Erwählung in der Vergangenheit und Verheißung in der Zukunft. Gott offenbart sich einem halbnomadischen Volksstamm innerhalb eines langwierigen historischen Prozesses mit zunehmender Deutlichkeit. Er sondert „sein Volk", das er sein eigen nennt, aus dem bunten Stämmegewirr des Orients aus, indem er ihm ein spezifisches Ziel vor Augen stellt.

Der Kontakt mit Jahwe trägt für die Juden vom ersten Augenblick an eine charakteristische Dynamik in sich:

> „Ziehe fort aus deinem Land, aus deiner Vaterschaft und aus deinem Vaterhaus in das Land, das ich dir zeigen werde"[25],

---

22 ERNST BLOCH, Geist der Utopie, Dunkler und Humblot, München 1918, 322.
23 J. MOLTMANN, Theologie der Hoffnung, 319.
24 J. MOLTMANN, Theologie der Hoffnung, 324f.
25 GEN 12, 1.

mit diesen Worten setzt Gott den Stammvater ABRAHAM in Bewegung. Seitdem sind die Juden nie zur Ruhe gekommen, wie die Geschichte zeigt.

Es bleibt noch, über das Ziel der jüdischen Erwartungen zu reflektieren. In den ältesten Verheißungen Gottes wird der Terminus ad allem bereits mit einer Person, einem Heilsbringer verknüpft: „Ein Held geht zahlreiche Völker"[26.] Der Messias ist die Gestalt, die am Zukunftshorizont Israels auftaucht. Er ist der stets zukünftige Punkt der Geschichte, dem Israel in nie ruhender Bewegung der Geschichte, dem Israel hoffnungsvoll zueilt:

> „Ich sehe ihn, doch nicht jetzt, ich schaue ihn, doch nicht nahe"[27]

Israels Religion streckt sich in unablässiger Dynamik in die Zukunft. Das Wandern und Umherziehen ist das schicksalhafte Wesensmerkmal des alten Gottesvolkes. Im Kern strebt jüdisches Denken und Glauben immer nach vorne, und zwar in eine historische Zukunft. Für das Israel der Gegenwart bedeutete dies das stete Bewusstsein des "Noch-nicht". (Jesus konnte nicht angenommen werden, weil man den Messias "noch nicht" erwartete). Als Charakteristikum des Judentums dürfen wir somit die dynamische Erstreckung auf einen, von Gott verheißenen, historischen Zielpunkt festhalten.

Das Diagramm des Mosaischen

Nach allem, was wir gesagt haben, entspricht die horizontale Linie am besten der Metastruktur des Judentums:[28]

als Volk

Erwählung   Verheißung

durch Zeichen

——————————————————▶

Diagramm des Mosaischen

Israel entspringt einer historischen Setzung in der Vergangenheit. Die gezeichnete Linie versinnbildet die Ebene der Geschichte, den linearen Verlauf der Zeit von Vergangenem zu Zukünftigem. Die Kontinuität der Sukzession von dem Zeitpunkt der Vergangenheit zum Zeitpunkt der Zukunft ist durch die Kollektivität des Judentums ge-

---

26 GEN 24, 7.
27 NUM 24, 17.
28 K.ARL WALLNER, Aktualität des Juden- u. Heidentums, 18.

geben: Von Geschlecht zu Geschlecht geht Israel dem Heil entgegen, was auch bedeutet, dass in der Kontinuität der stetigen, nach vorn schreitenden. Dynamik der Einzelne nichts zählt, die augenblickliche Generation wenig: Alles Heil gehört dem kom-
menden Äon, alles Heil ist zukünftiges "Noch-Nicht".

Der einzelne Jude fällt ohne Schaden für die Dynamik des Ganzen, ja sogar
zu deren Förderung, dem Holocaust anheim. Und weil sich das nichtige Jetzt stets in
ein niemaliges Eschaton prolongiert, hat HANS URS VON BALTHASAR das Judentum
mit Recht als u-topische, das heißt ort-lose (ου τοπος — kein Ort) Geistesströmung bezeichnet.

Israel, das historische Judentum ist hoffnungslos in die Geschichte hinein aus-
gespannt zwischen den beiden Orten der Vergangenheit und der Zukunft.

Literatur

Nachschlagewerke und Enzyklopädien

Der neue Herder, Freiburg 1970.
DENZINGER HENRICUS, SCHÖNMETZER ADOLFUS S. J., Enchiridion, Editio XXXIV, Herder, Freiburg im Breisgau, 1965, 150-151.
Enzyklopädie Naturwissenschaft und Technik, Zweiburgen-Verlag, Sonderausgabe München Verlag Moderne Industrie.
EISLER R., Kant Lexikon, Hildesheim 1930.
NAAS J., SCHMID H. L, Mathematisches Wörterbuch Band II, B. G. Teubner Verlagsgesellschaft GmbH, Stuttgart, 3. Auflage 1967.

Monographien

ASM, Positionierung der österreichischen Forschung in der Weltraummedizin und Space Life Science Facultas Verlag 2007, ISBN 978-3-85076-783-5.
BAVINK B., Die Naturwissenschaft auf dem Wege zur Religion, Frankfurt am Main 1934.
BEHE MICHAEL J., Darwins black box, Resch-Verlag, Gräfelfing, 2007, ISBN 978-3-935197-54-0.
BIBEL, AT und NT, Einheitsübersetzung, Verlag Herder, Freiburg 1996.
BIRKENBIHL V.F., Kommunikationstraining, mgv-Verlag München 1992, ISBN 3-478-03040-4E.
BLECHSCHMIDT E., Die Erhaltung der Individualität, Hänssler, Neuhausen-Stuttgart, 1982.
BLECHSCHMIDT E., Die pränatalen Organsysteme des Menschen, Stuttgart, 1973.
BLECHSCHMIDT E., Wie beginnt das menschliche Leben, Stein am Rhein, 1984.
BLOCH ERNST, Phil. Grundfrage. Zur Ontologie des Noch-Nicht-Seins, Frankfurt am Main, Suhrkamp, 1961.
BLOCH ERNST, Das Prinzip Hoffnung Bd III, 9. Aufl. 1983.
BLOCH ERNST, Geist der Utopie, Dunkler und Humblot, München 1918.
BRUNNENBERG JOHANNES, Lebendige Treue zum Ursprung, Mainz 1989.
BULTMANN R., Die Geschichte der synoptischen Tradition, Göttingen 1921.
de Chardin Teilhard, Le Coeur de la Matiere, in: Tresmontant Claude, Einführung in das Denken Teilhard de Chardins, Freiburg, 1960.
CICERO MARCUS TULLIUS, De legibus, lateinisch und deutsch, Paradoxa Stoicorum, Stoische Paradoxien, 3. Aufl., Düsseldorf 2004.
CONRAD-MARTIUS H., Der Selbstaufbau der Natur, Hamburg 1944.
CONRAD-MARTIUS H., EMMRICH C., Das Lebendige — Die Endlichkeit der Welt — Der Mensch, Drei Dispute, München 1951.
DAWKINS RICHARD, Der Gotteswahn, Ullstein Buchverlag GmbH, Berlin 2007, ISBN 978-3-550-08688-5.
EBELING GERHARD, Die Geschichtlichkeit der Kirche und ihrer Verkündigung als theologisches Problem, Tübingen 1954.
ECCLES J.C., POPPER KARL R., Das ich und sein Gehirn, Piper München 1997, ISBN 3-492-21096-1.

EWALD GÜNTHER, Gibt es ein Jenseits? Topos plus Verlagsgemeinschaft, Mathias-Grünewald-Verlag, Mainz 2000, ISBN 3-7867-8350-0.

FALKNER GERNOT, Die Unvereinbarkeit des darwinistischen Paradigmas mit systemtheoretischen Erklärungen biologischer Entwicklungsprozesse in: HERZOG E. M. u. BAUER H. (Hrsg.), Blickpunkt Darwin, Verlag: Books on Demand GmbH, Norderstedt 2011.

DE FINETTI B., Teorie delle Probabilita, Turin 1970.

GALVAN SERGIO, Einführung in die Unvollständigkeitstheoreme, mentis Verlag, Paderborn 1998.

GALBRAITH J., Die moderne Industriegesellschaft, München 1970.

GITT W., Logos oder Chaos, Stuttgart, 1980.

GOODY JACK, Die Logik der Schrift und die Organisation von Gesellschaft, Frankfurt 1990.

GUTTENBERG A.CH.V., Mensch, Tier und Schöpfung, Graz 1961.

HAAS J., Biologie und Gottesglaube, Berlin 1961.

HAECKEL ERNST, Die Lebenswunder, Gemeinverständliche Studien über Biologische Philosophie. Ergänzungsband zu dem Buche über die Welträtsel, Volksausgabe, Stuttgart, 1906.

HALDANE J.B.S., The Causes of Evolution, 1932.

HAUSCHILD WOLF-DIETER, Lehrbuch der Kirchen- und Dogmengeschichte (Band 1), Gütersloh 1995.

HEIDEGGER MARTIN, Ontologie (Hermeneutik der Faktizität), Bd. 6. Frankfurt 1988.

HENGSTENBERG H.E., Der Wesensunterschied zwischen Mensch und Tier, Wolfsburgreihe Bd. 6, Essen-Ruhr 1962.

HENGSTENBERG H.E., Freiheit und Seinsordnung, Stuttgart 1961.

HENGSTENBERG H.E., Philosophische Anthropologie, Stuttgart 1957.

HIS, WILHELM, Unsere Körperform, Leipzig 1874.

ILLIES JOACHIM, Der Jahrhundert-Irrtum: Würdigung und Kritik des Darwinismus, Frankfurt, 1983.

JECKLIN ERICA, Arbeitsbuch Anatomie und Physiologie, Stuttgart, Jena, New York [7]1992.

JENNE ANDREAS, In-vitro-Selektion und Charakterisierung eines Ribozyms mit Aminoacyltransferase-Aktivität, Herbert Utz Verlag, München 1999.

JOST M., Der fetale Kreislauf – Zufall oder Notwendigkeit, factum, Berneck 9/1980.

JUNKER REINHARD, SCHERER SIEGFRIED, Evolution ein kritisches Lehrbuch, Weyel Lehrmittelverlag Gießen, 4. Auflage 1998, 6. Auflage, 2006, 7. Auflage 2013.

KAHLE HENNING, Evolution, Irrweg moderner Naturwissenschaft? Moderner Buch Service, Claus Peter von Nottbeck, Bielefeld 1980.

KANT IMMANUEL, Kritik der Urteilskraft, Bd. VI. §72. Frankfurt 1977.

KIERKEGAARD SÖREN, Der Begriff der Angst, Jubiläums-Ausgabe II, hrsg. v. H. DIEM u. W. REST . Berlin 1984.

KOCH H., Der Sozialdarwinismus. Seine Genese und sein Einfluss auf das imperialistische Denken. München 1973.

KÖHLER, MANDL, REUER, Biologie f. 8. Klassen, Wien.

KÖNIG PETER, Biologie, Ökologie und Warenlehre IV, 4. Jahrgang der HAK; Wien 1998.

KÖSTLER A., Der göttliche Funke. Der schöpferische Akt in Kunst und Wissenschaft, Wien 1966.

KONCSIK, Wissen und Weisheit Band 61/2, Sonderdruck Dietrich-Coelde-Verlag, Werl 1998.

KRÜGER GERHARD, Die Geschichten im Denken der Gegenwart, Frankfurt am Main 1947.

KRÜGER GERHARD, Freiheit und Weltverantwortung, München 1958.

KRÜGER GERHARD, Geschichte und Tradition, Stuttgart 1948.

KUHN W., Darwin im Computerzeitalter, Schwengeler-Verlag 1989, CH-9442 Berneck, ISBN 3-85666-229-4.

KUHN W., Stolpersteine des Darwinismus, Christiana Verlag, Stein am Rhein 1999, ISBN 3-7171-1072-1.

KUMMER CHRISTIAN, Der Fall Darwin, Pattloch, München 2009.

KUTSCHERA F. V., Wissenschaftstheorie – Grundzüge einer allgemeinen Methodologie, Band 1, München 1972.

LENGSFELD PETER, Überlieferung. Tradition und Schrift in der evangelischen und katholischen Theologie der Gegenwart, Paderborn 1960.

LENK HANS (Hrsg.), Neue Aspekte der Wissenschaftstheorie, in: MOSER SIMON, SCHMIDT SIEGFRIED J. (Hrsg.), Wissenschaftstheorie, Wissenschaft und Philosophie, Band 8, Springer, Braunschweig 1971.

LENNOX JOHN, Hat die Wissenschaft Gott begraben, SCM R. Brockhaus 2009, ISBN 978-3-417-26261-2.

LÖFFLER GEORG, Basiswissen Biochemie, 5. Auflage, Springer, Berlin-Heidelberg-New York 2003.

LORENZ KONRAD, Vorlesung 1976.

LUHMANN N, Soziale Systeme, Suhrkamp-Verlag, Frankfurt 1984.

LYELL CHARLES, Principles of geology. Murray, London 1875.

MADER J. K., Der Philosoph 1, Verlag Carl Ueberreuter, Wien-Heidelberg 1966.

MIGNE ed., De doctrina christiana, Patrologia Latina, XXXIV, Liber III, Paris 1845.

MOLTMANN J., Theologie der Hoffnung, München 1964.

MONOD J., Zufall und Notwendigkeit,dtv, [3]1977.

OESER E., Wissenschaft und Information. Systematische Grundlagen einer Theorie der Wissenschaftsentwicklung (3. Band), Wien 1976.

ОПАРИН А. И. Возникновение жизни на Земле. — 2-е изд., значительно дополненное. — М.—Л.: Издательство Академии Наук СССР, 1941.

PIEPER JOSEPH, Über den Begriff der Tradition, München 1958.

PLATO, Nomoi, Buch IV –VII, Übersetzung von SCHÖPSDAU KLAUS, Göttingen 1940.

PLATO, Phaidros oder Vom Schönen, Übertragen und eingeleitet von KURT HILDEBRANDT, Nachdruck, Stuttgart 1994.

PLATO, Philebos 16 c. 5-9., Nachdruck Plato, Philebos v 427-v347, Übersetzt und erläutert von Otto Apelt, 2. Verb. Aufl., Leipzig, Meiner, 1922.

PLAXCO KEVIN W., MICHAEL GROß, Astrobiologie für Einsteiger, Wiley&Sons, Berlin 2013.

POPPER KARL, Ausgangspunkte, Hamburg, 1979.

POPPER KARL, Objektive Erkenntnis – Ein evolutionärer Entwurf, Hamburg, 1974.

RIEDL RUPERT, Die Strategie der Genesis. Naturgeschichte der realen Welt, München 1976.

RIEDL RUPERT, PAREY P., Biologie der Erkenntnis, Berlin 1981.

RUSSEL BERTRAND, Probleme der Philosophie, Frankfurt am Main 1967.

SCHERMAIER, WEISL, „bio@school" – Allgemein bildende höhere Schulen, 8. Klasse, Veritas-Verlag, Linz, 2. Auflage 2008.

SAUTER G., Zukunft und Verheißung, Zürich 1965.

SCHÖNBORN CHRISTOPH, Schöpfung und Evolution zwei Paradigmen und ihr gegenseitiges Ver-
    hältnis, Picus-Verlag Wien, 2009, ISBN 978-3-85452-546-2.
SCHRÖDINGER ERWIN, What is life, Frankfurt,1971.
SCHUBERT-SOLDERN R., Materie und Leben als Raum- und Zeitgestalt, München 1959.
SCHUSTER, J., Handbuch zur Biblischen Geschichte, Freiburg, 1886, XIX.
SCHÜTZ P., Parusia, Schneider, Heidelberg 1960.
SOHNS J., Zufall, Selbstorganisation und Emergenz, SCM Hänssler im SCM-Verlag, 71088
    Holzgerlingen 2011.
STEGMÜLLER W., Das Problem der Induktion. Humes Herausforderung und moderne Antwor-
    ten, siehe LENK HANS.
STEGMÜLLER W., Probleme und Resultate der Wissenschaftstheorie und analytischen Philoso-
    phie, Heidelberg 1969.
STOCKHAUSEN, ALMA VON, Mythos-Logos-Evolution, Neuhausen-Stuttgart, 1981.
THOMAS V. A: De Veritate, S. Thomae Aquinatis Liber de veritate catholicae Fidei contra er-
    rores Infidelium: qui dicitur Summa contra Gentiles / cura et studio D. Petri Marc o.s.b. +
    in Abbatia Quareriensi S. Theol. Lectoris – coadiuv. Fr. Ceslao Pera o . p . S. Theol. Ma-
    gistro et C. Petro Caramello Praelato Palatino, in Seminario Ripulitano Theol. Moral.
    Professore. – Augustae Taurinorum: marietti, Lutetiae Parisiorum: Lethielleux.
TRESMONTANT CLAUDE, Einführung in das Denken Teilhard de Chardins, Freiburg 1960.
VOLK H., Möglichkeit und Grenzen der Entwicklung, in: Die evolutive Deutung der men-
    schlichen Leiblichkeit, Freiburg 1960, 170.
VOLLMERT BRUNO, Das Molekül und das Leben, Rowohlt, Reinbek bei Hamburg, 1985.
VOLLMERT BRUNO, Die Entstehung der Lebewesen in naturwissenschaftlicher Sicht, Schrif-
    tenreihe der Gustav-Siewerth-Akademie Band 5, 1995, ISBN 3-928273-05-1.
WALLNER KARL, Aktualität des Juden- u. Heidentums, Heiligenkreuz bei Baden, 1985.
WEHRMANN WOLFGANG, Freiheit und Prädestination im Spannungsfeld zwischen Tradition
    und Zeitgeist, in: Heiligenkreuzer Studienreihe Band 9, Heiligenkreuz 2000, ISBN 3-
    85105-121-1.
WEHRMANN WOLFGANG, Innovation Quantitativ, Schriftenreihe der Technischen Universität
    Wien, Metrica Fachverlag, 2. Aufl., Wien 1994.
WEHRMANN WOLFGANG, Kaum zu glauben, Peter Lang Verlag, internationaler Verlag der
    Wissenschaften, Frankfurt a. M. 2011, ISBN 978-3-631-59820-7,
WEHRMANN WOLFGANG, Komplexe Wirklichkeiten Band I, Heiligenkreuzer Studienreihe
    Band 8, Heiligenkreuzer Verlag 1994.
WEHRMANN WOLFGANG, Korrelationstechnik, Kontakt+Studium Band 14, Lexika-Verlag
    7031 Grafenau 1/Württ., 1977, ISBN 3-88-146-104-3.
WEINRICHTER H., HLAWATSCH F., Stochastische Grundlagen nachrichtentechnischer Signale,
    Springer Verlag Wien, New York 1991, ISBN 3-211-82303-4.
WEISCHEDEL W., Der Gott der Philosophen, wissenschaftliche Buchgesellschaft, Darmstadt 1998,
    ISBN 3-89678-085-9.
WETTER GUSTAV A., Der dialektische Materialismus und das Problem der Entstehung des Lebens,
    München 1958.
WILDER SMITH A. E., Die Naturwissenschaften kennen keine Evolution, Experimentelle und
    theoretische Einwände gegen die Evolutionstheorie, Basel/Stuttgart, 1978.
WITTGENSTEIN LUDWIG, Über Gewißheit, Frankfurt am Main 1992.

Sonderdrucke

EIGEN M. u. WINKLER R., Ludus vitalis. In: DITFURTH HOIMAR V., Mannheimer Forum 73/74, 53-140.

Fides et ratio, Enzyklika von JOHANNES PAUL II, kathpress Sonderdruck, Wien 1988.

MYNAREK H., Religionen und Utopien der Hoffnung, in: Hoffnung für alle. Weihnachts-Seelsorgertagung 19.-31. Dez 69, H. ERHARTER/ J. SCHRAMM (Hrsg.), Wien 1968, 57.

6. Jahresbericht Bundesgymnasium Steyr 1978/79, I-VIII.

Zeitschriften

BLOCH JOCHANAN, Sozialismus u. Judentum, Deutsche Hefte 93, Mai/Juni 1963, Sigbert Mohn Verlag, Gütersloh, 57.

BRUNNER AUGUST, Stimmen der Zeit 166, Herder, Freiburg 1959.

SIMON CONWAY MORRIS, Evolution like any other science it is predictable. Philosophical Transactions of the Royal Society B, 365, London 2010, 133-145.

EIGEN MANFRED and SCHUSTER PETER, The Hypercycle, A Principle of Natural Self-Organization. Part A: Emergence of the Hypercycle, Naturwissenschaften, 64, Berlin-Heidelberg 1977, 541-565.

LORENZ KONRAD, Gestaltwahrnehmung als Quelle wissenschaftlicher Erkenntnis. Zeitschrift für experimentelle und angewandte Psychologie 4, Göttingen 1953.

MILLER STANLEY L., A production of amino acids under possible primitive earth conditions, Science, Band 117 (3046), New York 1953, 528–529.

RIDLEY MATT, The search for LUCA. Natural History 109, 9 November 2000, Research Triangle Park, North Carolina, USA, 82-85.

RAJAKUMAR R. et al., zitiert in Studium Integrale Journal 19. Jg, Heft 2, Okt. 2012, Baiersbronn, 98-99 ISSN 0948-6135.

SCHUSTER PETER, s. EIGEN MANFRED

Genes, Basel 2012, 3, 81-87; doi:10.3390/genes3010081.

Oberösterreichische Nachrichten, Linz 31.12.2011, 4.

Die Presse, Wien 12.2.2009.

Vorlesungen

WEHRMANN WOLFGANG, Grenzfragen der Philosophie, Komplexe Wirklichkeiten am Beispiel von Evolutionstheorie und Schöpfungsbericht, SS 2007. Philosophie der Natur, SS 2008. Glaube und Naturwissenschaften im heutigen Diskurs: Kraft des Logos – Kraft des Wortes, SS 2009. Philosophie der Natur: Die Wahrheit im Spannungsfeld zwischen Natur- und Geisteswissenschaften. Was ist Natur, die vielen Gesichter der Wahrheit, die Dualität des Seins, Materie und Geist – neue Aspekte, Leben-Wunder-Mysterium-Gott, Evolution und Schöpfung, der Mensch als Ebenbild Gottes, SS 2010, SS 2011 ...Grundriss einer neuen metasymbolischen Wahrheitstheorie, ... Wissenschaftliche Kompatibilitäten zu Sündenfall, Erlösung, Eschaton u.a.gehalten an der Philosophisch-Theologischen Hochschule Heiligenkreuz Benedikt XVI in 2532 Heiligenkreuz bei Baden.

Internet

patristica.net/mansi

www.kath-info.de

www.uni-protokolle.de/Lexikon/Genetischer_Code.html.

http://en.wikipedia.org/wiki/Gastric-brooding_frog,

http://www.oekosystem-erde.de/html/leben-01.html

muehlemann.dcb.unibe.ch/.../Entstehung_des_Lebens_101106.pdf?, 15-17.

http://www.hanskrause.de/HKHPD/hkhpd0301.htm

http://www.actionbioscience.org/newfrontiers/poolepaper.html

http://www.actionbioscience.org/newfrontiers/poolepaper.html

http://www.biosicherheit.de/lexikon/860.epigenetik.html

http://de.wikipedia.org/wiki/TRNA.

http://www.wissenschaft.de/leben-umwelt/chemie/-/journal_content/56/12054/941188/Am-
    Anfang-war-der-Schlamm/.

www.gottesbibel.info/;focus=CMTOI_de...

Personenregister

Sachregister

DIES ACADEMICUS
Schriftenreihe des Instituts für Philosophie
der Hochschule Heiligenkreuz

Herausgegeben von Marian Gruber und Wolfgang Wehrmann

Band 1 Marian Gruber / Imre Koncsik / Wolfgang Wehrmann: Die Wahrheit im Zeitalter interdisziplinärer Umbrüche. 2010.

Band 2 Wolfgang Wehrmann: Kaum zu glauben. Grundriss einer metasymbolischen Wahrheitstheorie. 2011.

Band 3 André Derndarsky / Marian Christof Gruber / Wolfgang Kammerer / Wolfgang Wehrmann / Alois Wimmer: Kritische Studie zur Evolutionstheorie. Paradigmenkritik der Evolutionstheorie aus neuerer interdisziplinärer Sicht. 2014.

www.peterlang.com